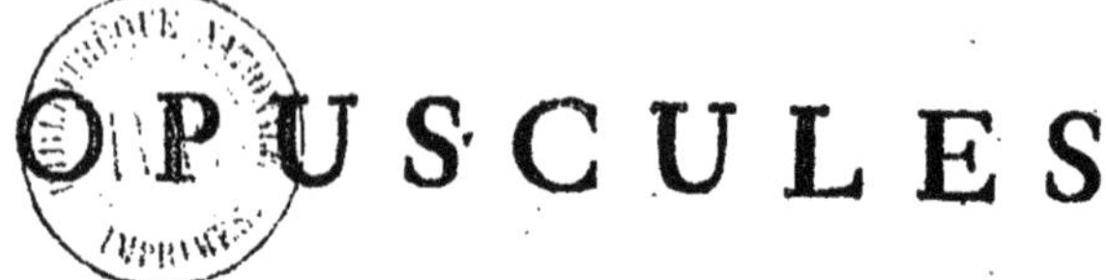

# OPUSCULES

## MATHÉMATIQUES.

TOME VII.

# OPUSCULES MATHÉMATIQUES,

OU

MÉMOIRES sur différens Sujets de GÉOMÉTRIE, de MÉCHANIQUE, d'OPTIQUE, d'ASTRONOMIE, &c.

*Par M.* D'ALEMBERT, *Secrétaire perpétuel de l'Académie Françoise, des Académies Royales des Sciences de France, de Prusse, d'Angleterre & de Russie, de l'Institut de Bologne, & des Sociétés Royales des Sciences de Turin & de Norwege.*

TOME VII.

*A PARIS, RUE DAUPHINE,*

Chez CLAUDE-ANTOINE JOMBERT, fils aîné, Libraire du Roi, près le Pont-Neuf.

M. DCC. LXXX.

*AVEC APPROBATION ET PRIVILÉGE DU ROI.*

# AVERTISSEMENT.

LA plupart des morceaux que renferment ce Volume & le ſuivant, ſont faits il y a trois ou quatre années, & quelques-uns même depuis bien plus long-temps. Ce ſeront vraiſemblablement, à peu de choſe près, mes derniers Ouvrages Mathématiques, ma tête, fatiguée par quarante-cinq années de travail en ce genre, n'étant plus guère capable des profondes recherches qu'il exige. Un de mes amis a même bien voulu m'épargner le travail pénible de la correction des épreuves. Les imperfections inévitables du manuſcrit ont occaſionné des fautes d'impreſſion, dont j'ai remarqué quelques-unes en parcourant les feuilles imprimées ; on trouvera les principales dans l'*Errata ;* je me flatte que les autres ſeront aiſées à corriger. On pourra aussi, pour certains éclaircissemens, consulter l'*Appendice* qui termine chaque Volume.

Je demande donc aux Géometres pour ces deux Tomes de mes *Opuscules*, plus d'indulgence encore qu'ils n'ont bien voulu en avoir pour les précédens; & je serai content de ce dernier fruit de mon travail, s'ils y trouvent au moins quelques vues dont ils puissent tirer un meilleur parti que moi, ce qui ne leur sera pas difficile.

# TABLE DES TITRES

Contenus dans ce septiéme Volume.

## CINQUANTE-DEUXIÉME MÉMOIRE.



## CINQUANTE-TROISIÉME MÉMOIRE.

*Sur l'attraction des sphéroïdes elliptiques.*

## REMARQUES SUR LE MÉMOIRE PRÉCÉD.



## CINQUANTE-QUATRIÉME MÉMOIRE,

*Contenant différentes Recherches d'Optique.*

## CINQUANTE-CINQUIÉME MÉMOIRE.

### *Recherches sur différens Sujets.*



## NOTES SUR LES DÉMONSTRAT. PRÉCÉD.

## *APPENDICE contenant quelques Remarques relatives à différens endroits de ce VII^e Volume.*



Fin de la Table.

## *EXTRAIT des Regîtres de l'Académie Royale des Sciences.*

Du 5 Juillet 1780.

MESSIEURS LE MONNIER, l'Abbé BOSSUT, & moi, ayant rendu compte à l'Académie des Volumes VII & VIII des *Opuscules Mathématiques* de M. D'ALEMBERT, l'Académie a jugé cet Ouvrage digne de paroître sous son Privilége. En foi de quoi j'ai signé le présent Certificat. A Paris, ce 5 Juillet 1780.

Le Marquis DE CONDORCET,
Secrétaire perpétuel de l'Académie Royale des Sciences.

## *Ouvrages de M. d'Alembert, qui se trouvent chez le même Libraire.*

Opuscules mathématiques, ou Mémoires sur différens sujets de Géométrie, de Méchanique, d'Optique, d'Astronomie, &c. 8 vol. *in*-4°, pet. format, avec 30 planches, 1761 — 1780, 84 l.
Les Tomes V, VI, VII & VIII, séparément, 12 liv. chaque.

Recherches sur différens points importans du systême du Monde, 3 vol. *in*-4°, pet. format, avec 6 planches, 1754 — 1756, 21 l.
Tome III, séparément, 7 l. 10 f.

*Nova Tabularum Lunarium emendatio*, 20 pag. *in*-4°, br. 12 f.

Nouvelles Tables de la Lune, 32 pag. *in*-4°, pet. format, br. 18 f.

Traité de Dynamique, dans lequel les loix de l'équilibre & du mouvement des corps sont réduites au plus petit nombre possible, & démontrées d'une maniere nouvelle, &c. *in*-4°, petit format, nouvelle édition, 1758, avec 5 planches, 9 l.

Traité de l'équilibre & du mouvement des Fluides, pour servir de suite au Traité de Dynamique, in-4°, pet. format, nouv. édit. considérablement augmentée, avec 10 planches, 1770, 12 l.

Recherches sur la précession des Equinoxes & sur la nutation de l'axe de la Terre dans le systême Newtonien, *in*-4°, pet. format, avec 4 planches, 1749, 7 l. 10 f.

Essai d'une nouvelle Théorie de la résistance des Fluides, *in*-4°, petit format, avec 2 planches, 1752, 7 l. 10 f.

Réflexions sur la cause générale des Vents, Pièce qui a remporté le prix de l'Académie des Sciences de Berlin, en 1746, *in*-4°, petit format, avec deux planches, nouvelle édition, corrigée. *Sous presse.*

Elémens de Musique théorique & pratique, suivant les principes de M. Rameau, éclaircis, développés & simplifiés, nouvelle édition considérablement augmentée, *in*-8°, avec 10 planches, 1772, 4 l. 10 f.

Mêlanges de Littérature, d'Histoire & de Philosophie, 5 vol. *in*-12, nouvelle édition, augmentée, 1770, 13 l.

OPUSCULES

# OPUSCULES MATHÉMATIQUES.

## LII. MÉMOIRE.

### §. I.

### *Réflexions sur la Théorie des Ressorts.*

1. Il me semble que la Théorie de la tension des ressorts, telle que les Géometres l'ont donnée jusqu'à présent, laisse beaucoup à desirer. Voici quelques doutes sur ce sujet; je les soumets à leur jugement.

2. On suppose ordinairement que le ressort $BA$ (Fig. 1) étant fixe en $B$, & tendu par un poids $P$, l'effort du poids $P$ en $M$ est proportionnel au moment $P \times AQ$ de ce poids, & que cet effort est outre cela en raison de la courbure en $M$, c'est-à-dire, en raison

inverſe du rayon oſculateur ; ce qui donne l'équation de la courbe que les Géometres ont nommée élaſtique.

3. On peut demander d'abord comment le poids *P* peut agir en *M* par un bras de levier ? On le concevroit aiſément ſi *AM* étoit une ligne roide & inflexible, mais elle ne l'eſt pas.

4. Cette premiere difficulté (Fig. 2) a pourtant une ſolution ; car on peut évidemment conſidérer le reſſort bandé comme une ſuite de lignes droites infiniment petites & inflexibles *BR*, *RG*, *GO*, *OA*, &c. faiſant entr'elles des angles infiniment obtus *BRG*, *RGO*, &c. & auxquelles ſoient appliquées en *R*, *G*, *O*, &c. ou même, ſi l'on veut, dans tous les points des petits côtés inflexibles *BR*, *RG*, &c. des puiſſances que je nomme *K*, & qui tendent à remettre tous ces petits côtés en ligne droite les uns avec les autres. Ces puiſſances (pour rendre la ſolution plus générale) peuvent être ſuppoſées dirigées comme on voudra, & faiſant avec ces petits côtés des angles variables quelconques.

5. Cela poſé, il eſt facile de démontrer par les principes de la Méchanique, que le moment du poids *P* par rapport à un point quelconque, *R*, par exemple, eſt égale à la ſomme des momens des puiſſances *K* de tout l'arc *RA*, par rapport au même point *R*.

6. En effet, les petites lignes *BR*, *RG*, &c. étant ſuppoſées mobiles autour des points *R*, *G*, *O*, &c.

il eſt clair que pour l'équilibre entre le poids $P$ & les puiſſances $K$, il faut qu'à chaque angle $R$, $G$, &c. la force réſultante de l'action du poids $P$ & de toutes les puiſſances $K$ de l'arc $AR$, $AG$, &c. ſoit dirigée ſuivant $RG$, $GO$, &c. autrement les petites lignes $RG$, $GO$, &c. ſouffriroient encore quelque flexion autour des points $R$, $G$, &c.

7. Or dans cette ſituation d'équilibre, qu'on ſuppoſe ſucceſſivement un point fixe en $R$, en $G$, &c. & la partie $RGOA$, $GOA$, &c. abſolument roide & inflexible, il eſt évident que l'équilibre ſubſiſtera.

8. Donc la ſomme des momens des puiſſances $K$ en $R$, en $G$, &c. eſt $=$ au moment du poids $P$ par rapport à $K$, à $G$, &c.

9. Imaginons maintenant les puiſſances $K$ décompoſées (Fig. 1) en puiſſances $X$ parallèles aux $x(AQ)$ & en puiſſances $Y$ parallèles aux $y(QM)$ & nommant l'arc $AM$, $s$; nous aurons la différence du moment du poids $P$ par rapport à $M$, c'eſt-à-dire, $Pdx =$ à la différence des momens des puiſſances $Y$ par rapport à $M$, c'eſt-à-dire, $dy\int Yds$, plus la différence des momens des puiſſances $X$ par rapport à $M$, c'eſt-à-dire, $dy\int Xds$; donc ſi l'on appelle $\omega$ le complément de l'angle $AMQ$ que la courbe fait en $M$ avec la verticale $MQ$, on aura, à cauſe de $dx = ds$ coſ. $\omega$, & $dy = ds$ ſin. $\omega$, l'équation

$Pds$ coſ. $\omega = ds$ coſ. $\omega \int Yds + ds$ ſin. $\omega \int Xds$, ou $P - \int Yds =$ tang. $\omega \times \int Xds$, & en différentiant de nouveau, $-Yds = \text{tang.}\ \omega\, Xds + d\ \text{tang.}\ \omega \int Xds$, ou $-\frac{Yds - \text{tang.}\ \omega\, Xds}{d(\text{tang.}\ \omega)} = \int Xds$. Donc en suppoſant tang. $\omega = z$, on aura $d\left[\left(\frac{ds}{dz}\right)(Y + zX)\right] = -Xds$, & suppoſant encore $ds = p\,dz$, on aura $d(pY + pzX) = -pX\,dz$.

10. On peut conſidérer encore que $d(\text{tang.}\ \omega) = \frac{d\omega}{\text{coſ.}\ \omega^2}$, d'où $-Yds$ coſ. $\omega^2 -$ ſin. $\omega$ coſ. $\omega \times Xds = d\omega \int Xds$; ce qui donne une autre forme à l'équation.

11. Or ſans pouſſer plus loin cette analyſe, il me ſemble d'abord que la ſolution eſt impoſſible, ſi la direction $AP$ du poids $P$ n'eſt pas tangente de la courbe en $A$; car il eſt d'abord évident que pour l'équilibre la force en $A$ réſultante de l'action du poids $P$ & des forces $X$ & $Y$ appliquées en $A$, doit être dirigée ſuivant (Fig. 2) $AO$; autrement il y auroit une nouvelle flexion en $O$. Donc, ſi l'on ſuppoſoit l'angle $OAZ$ aigu, les forces $X$, $Y$ appliquées en $A$, devroient être chacune du même ordre que la force du poids $P$. Donc les forces $X$ & $Y$ voiſines de celles du point $A$, devroient auſſi être du même ordre que $P$, autrement il y auroit un défaut de continuité dans l'expreſſion de ces forces; & il ſeroit de plus néceſſaire (pour l'obſervation de la même loi de continuité) que cela fût toujours ainſi, excepté tout au plus en quelques points iſolés de la courbe $BRGOA$; puiſque

les forces *X* & *Y*, après avoir été finies dans un certain eſpace de la courbe, ne peuvent être ſuppoſées infiniment petites dans le reſte de cette même courbe.

12. Mais ſi d'un autre côté les puiſſances *X* & *Y* étoient par toute la courbe du même ordre que le poids *P*, elles ne pourroient lui faire équilibre, puiſque la ſomme des momens de ces puiſſances par rapport à un point quelconque *R*, ſeroit infiniment plus grand que le moment du poids *P* par rapport au même point *R*; ce qui ſeroit contraire à l'article 5 ci-deſſus.

13. Donc dans tous les points de la courbe *AOGR*, & par conſéquent auſſi au point *A*, les forces *X* & *Y* doivent être infiniment petites par rapport au poids *P*.

14. Donc la puiſſance *K* en *A*, réſultante des forces *X* & *Y* eſt auſſi infiniment petite par rapport au même poids *P*; & puiſque la force réſultante du poids *P* & de la force *K* en *A* doit être dirigée ſuivant *AO*, il s'enſuit que le premier côté *AO* de la courbe fait un angle infiniment petit avec la direction du poids *P*, c'eſt-à-dire qu'il eſt dans cette direction, & par conſéquent vertical.

15. Imaginons préſentement que les forces qui tendent le reſſort, au lieu d'être décompoſées parallélement aux $x$ & aux $y$, le ſoient en chaque point dans la direction des petits côtés $ds$ de la courbe, & dans une direction perpendiculaire à ces petits côtés, & nommons *S* les premieres de ces puiſſances, & $\rho$ les autres, on verra d'abord, 1°. que $\rho$ doit être infiniment

petit au point $A$. 2°. Que $P - \int S ds$ sera la force qui tirera chaque petit côté de la courbe suivant sa longueur. 3°. Que cette force en produira une autre perpendiculaire au petit côté suivant, & égale à $\frac{ds}{R}(P - \int S ds)$, $R$ étant le rayon osculateur en $M$ (Fig. 1). 4°. Que cette derniere force $\frac{ds}{R}(P - \int S ds)$ doit être $= \rho$, afin que le côté suivant soit tiré en ligne droite. D'où il est clair que chacune des forces $\rho$ doit être infiniment petite par rapport au poids $P$.

16. On voit aussi que les forces $S$ doivent de même être infiniment petites par rapport à $P$, excepté tout au plus en quelques points isolés de la courbe $AM$, puisqu'autrement $\int S ds$ seroit infini par rapport à $P$, ce qu'on ne sauroit supposer ici.

17. Imaginons donc que $g$ soit la pesanteur, & $M$ la masse du poids $P$, on aura d'abord $P = g . M$; supposons ensuite que $\alpha^2 ds$ soit la masse de chaque petite portion de la courbe $AM$, que je regarde comme un corps solide très-mince, dont l'épaisseur en $M$ est $\alpha^2$; soient enfin $\gamma$, $\sigma$, les forces variables appliquées en chaque point, on pourra supposer $S = \sigma\alpha^2$, & $\rho = \gamma\alpha^2 ds$, d'où l'on aura $g . M - \int \sigma\alpha^2 ds = R\gamma\alpha^2$; donc $-\sigma ds = d(\gamma R)$, en supposant pour plus de simplicité $\alpha^2$ constant dans toute l'étendue de la courbe.

18. Si $\sigma = 0$, c'est-à-dire, si le ressort est inextensible suivant sa longueur, & simplement flexible, il ne

reſtera que les forces $\gamma$, & on aura $\gamma R =$ à une conſtante, c'eſt-à-dire, $\gamma$ en raiſon inverſe de $R$, ce qu'on ſait depuis long-temps; de plus il eſt clair, par l'article 15, que dans cette hypothèſe il ne peut y avoir d'équilibre, à moins que la direction $AP$ ne ſoit tangente de la courbe en $A$.

19. Or tous les Auteurs qui ont donné juſqu'ici des ſolutions du problême de la courbe élaſtique, ſuppoſent, ce me ſemble, que la direction du poids $P$ fait en $A$ un angle aigu avec la courbe, la tangente au point fixe $B$ étant horiſontale. Voyez l'Ouvrage de M. Euler, *Methodus inveniendi lineas curvas*, &c. page 268.

20. Cette hypothèſe, dira-t-on, paroît confirmée par l'expérience; car ſi on fixe en $B$ un reſſort d'acier, par exemple, il paroît ſe courber de maniere que l'angle $RAM$ eſt aigu.

21. On pourroit dire que l'expérience trompe les yeux là-deſſus, & qu'il eſt abſolument néceſſaire que l'extrêmité des fibres du reſſort en $A$ ſoit dirigée ſuivant $AP$, autrement la force $\gamma$ en $A$ devroit être du même ordre que $P$, & la force $\gamma$ infiniment près du point $A$, ſeroit infiniment petite par rapport à $P$; ce qui paroît choquant. Mais j'avoue que cette réponſe à la difficulté ne paroît pas ſatisfaiſante, & que l'obſervation y ſemble abſolument contraire.

22. Ce n'eſt pas tout. La conſéquence de $\gamma R =$ à une conſtante, paroît avoir un inconvénient, c'eſt qu'il

en réſulteroit que le reſſort pourroit prendre une figure courbe quelconque. En effet, il paroît très-naturel de ſuppoſer que la force infiniment petite $\gamma ds . \alpha^2$ qui tend à remettre en ligne droite les deux petits (Fig. 2) côtés $RG$, $GO$, eſt proportionnelle à l'angle infiniment petit $OGQ$, en ſorte que ſi on appelle $\omega$ la force qui répond à un angle infiniment petit $\alpha'$, pris à volonté, on aura $\alpha^2 \gamma ds = \frac{\omega}{\alpha'} \times \frac{ds}{R}$; or on a (art. 17) $\gamma \alpha^2 ds = \frac{gMds}{R}$ ou $\frac{Pds}{R}$; donc $\frac{Pds}{R} = \frac{\omega}{\alpha'} \times \frac{ds}{R}$, 1 exprimant le ſinus total; d'où $\omega = \frac{P\alpha'}{\text{ſin. tot.}}$. Or de-là il paroît s'enſuivre, 1°. que ſi le reſſort a une telle force élaſtique, que $\omega = \frac{P\alpha'}{\text{ſin. tot.}}$, il peut prendre toutes ſortes de figures étant tendu par le poids $P$, pourvu que $AP$ ſoit tangente en $A$. 2°. Que ſi $\omega > \frac{P\alpha'}{\text{ſin. tot.}}$ le reſſort ne pourra jamais être fléchi par le poids $P$, mais reſtera ſitué horiſontalement & en ligne droite. 3°. Que ſi $\omega < \frac{P\alpha'}{\text{ſin. tot.}}$, le poids $P$ fléchira le reſſort juſqu'à lui faire prendre la ſituation rectiligne verticale.

23. Je demande aux Géometres ſi ces réſultats leur paroiſſent vrais, & conformes à l'expérience. Je doute qu'ils conviennent qu'un reſſort plié par un poids, peut prendre toutes ſortes de courbures; cependant la ſuppoſition ſur laquelle cette aſſertion eſt fondée, paroît aſſez

assez naturelle, savoir que la force $\gamma$ qui, en vertu du ressort, agit à chaque point de la courbe perpendiculairement à la courbe même, est en raison inverse du rayon de courbure.

24. Cette supposition même ne paroît pas s'éloigner de celle que font tous les Géometres dans la solution du problême de la courbe élastique, & que nous avons énoncée ci-dessus, art. 2.

25. Mais l'hypothèse sur laquelle est fondée cette solution, me paroît susceptible d'une difficulté très-considérable. Il me semble que la plûpart des Auteurs qui ont résolu jusqu'ici ce problême, entr'autres MM. Euler & Daniel Bernoulli (Voyez Mémoires de Petersb. Tome III, pag. 67 & 71) ont supposé que la force $\gamma$ qui agit perpendiculairement au petit côté $GO$, par exemple, & qu'on suppose placée en $O$, fait équilibre avec le moment $P \times AQ$ du poids $P$ par rapport au point $G$. Or il me paroît démontré (art. 6 ci-dessus) que $P \times AQ$ n'est pas seulement égal au moment de la puissance $\gamma$ par rapport au point $G$, mais à la somme des momens de toutes les puissances $\gamma$ (qui agissent sur l'arc $AM$) par rapport à ce même point $G$. La supposition de $\gamma \times GO = P \times AQ$ ne seroit admissible qu'en supposant $RGOA$ une verge inflexible, & $\gamma$ la seule puissance appliquée à cette verge au point $O$; supposition qui ne s'accorde nullement avec celle d'un ressort *flexible*, qui fait effort dans *tous ses points* pour se rétablir.

26. De plus, en admettant même la ſuppoſition de MM. Bernoulli & Euler, il paroît s'enſuivre que puiſque $GO$ eſt infiniment petit, & que $\gamma \times GO = P \times AQ$, la force $\gamma$ appliquée en $O$ eſt infinie par rapport à $P$, ce qui paroît bien difficile à ſuppoſer, d'autant qu'on peut imaginer $GO$ de tel ordre d'infiniment petit qu'on voudra, & qu'ainſi $\gamma$ ſera ſucceſſivement infini du premier, du ſecond, du troiſiéme, &c. ordre par rapport à $P$.

27. Aucun Auteur, que je ſache, excepté M. de la Grange, ne s'eſt mis en peine de réſoudre cette difficulté, que nous avions déja indiquée ailleurs (*Opuſcules*, Tome I, pag. 13); ce grand Géometre a donné dans les Mémoires de Berlin, 1769, une maniere fort ſimple & fort ingénieuſe d'expliquer l'action du reſſort. Pour cela, il prolonge juſqu'à la verticale $AP$ tous les petits côtés $RG$, $GO$; faiſant enſuite $GQ' = GO$, & en ſuppoſant par-tout en $O$, & en $Q'$ une force $\gamma$, qui tende à rapprocher les côtés $GQ'$, $GO$, il prouve (comme on le peut voir dans ſon excellent Mémoire) que le moment du poids $P$ par rapport à $G$, eſt égal au moment de cette force $\gamma$ par rapport à $G$, c'eſt-à-dire, à $\gamma \times GO$; il ſuppoſe enſuite avec tous les autres Mathématiciens, que ce dernier moment eſt en raiſon inverſe de $R$; d'où réſulte l'équation ordinaire de la courbe élaſtique.

28. M. de la Grange parvient à cette ingénieuſe explication, en ſuppoſant les côtés du reſſort prolongés

jusqu'en $AP$, les forces en $Q'$ & $O$ égales & contraires, & des forces en $V$, $Z$ aussi égales & contraires, lesquelles il prouve être égales au poids $P$, ce qui n'a lieu qu'hypothétiquement; puisqu'il n'y a ici de forces réellement agissantes que le poids $P$, & les forces appliquées directement aux côtés $RG$, $GO$, *non prolongés*, lesquelles forces tendent à remettre ces deux côtés en ligne droite, & ainsi des autres.

29. Or il seroit à desirer, ce me semble, que M. de la Grange eût fait voir, sans prolonger les côtés, & sans toutes les forces hypothétiques qu'il imagine, comment le poids $P$ est en équilibre avec les forces directement appliquées aux points $G$, $O$; ce qui paroît nécessaire pour mettre la solution hors de doute.

30. M. de la Grange paroît supposer encore (& avec raison, ce me semble) que la force qui tend à rétablir le ressort aux points $G$, $O$, &c. est perpendiculaire aux côtés de la courbe; mais au point $A$, où le poids est attaché, il paroît supposer aussi (& il me semble que sa théorie exige cette hypothèse) que la force du ressort agit suivant $AV$ dans une direction verticale & contraire à $AP$. Je ne sais si ces deux suppositions s'accordent entr'elles, & s'il ne s'ensuivroit pas de-là que la force du ressort en $A$, & infiniment près du point $A$ auroit des directions très-différentes; ce qui me semble difficile à admettre; de plus, il paroît que la force du ressort en $A$ doit être supposée perpendiculaire au côté $AO$.

31. Enfin, il me ſemble encore que la théorie de M. de la Grange ne leve pas la difficulté que nous avons déja faite à la théorie ordinaire (art. 26); ſavoir que la force $\gamma$ appliquée aux différens points de la courbe, ſeroit infinie, & même d'un ordre d'infini auſſi élevé qu'on voudroit. On ne voit pas trop bien d'ailleurs comment la force $\gamma \times GO$ pourroit être en raiſon inverſe de $R$, ce qui donneroit encore $\gamma = \frac{aR}{GO} = - \frac{ads}{d\omega . ds} = - \frac{a}{d\omega}$; c'eſt-à-dire, non-ſeulement infinie, mais infinie d'un ordre d'autant plus grand que l'angle $OGQ'$ des côtés de la courbe ſeroit ſuppoſé plus petit.

32. Toutes ces réflexions ſont de ſimples queſtions que je lui propoſe, & que je l'invite à éclaircir pour l'inſtruction des Géometres, & pour mettre ſon ingénieuſe théorie à l'abri de toute atteinte. Si on ſuppoſe avec M. Jacques Bernoulli (Mém. Acad. 1705) que le reſſort a une certaine (Fig. 4) largeur $ac$, & que le moment du poids $P$ par rapport à un point quelconque $c$, eſt $= \lambda \times ac$ ($\lambda$ étant la force qui agit ſuivant $ba$ & $ab$ pour rapprocher les fibres $ac$, $cb$) les difficultés des articles 25 & 26 ſubſiſteront toujours; la force $\gamma$ ſera infinie & toujours la même, de quelqu'ordre d'infiniment petit qu'on ſuppoſe l'angle $acb$ ou $\frac{ds}{R}$; & d'ailleurs on n'explique pas comment (la

courbe $Ac$ étant *flexible* dans tous ses points) le moment du poids $P$ par rapport à $c$, est égal au moment de la force contractive $ab$ par rapport au même point $c$. On peut remarquer que, $ac$ étant comme infiniment petit, cette hypothèse de M. Jacques Bernoulli reviendroit à peu près à celle où l'on supposeroit les forces du ressort tangentes à la courbe, ce qui donneroit dans l'article 17, $\gamma = 0$, & $\sigma = 0$; d'où l'on voit que cette supposition conduiroit à un résultat illusoire; ce qu'il est d'ailleurs aisé de voir directement. Car si on suppose $\gamma = 0$ & les forces $\sigma$ tangentes à la courbe, l'effort du poids $P$ en $A$ doit être détruit par la premiere force $\sigma$ appliquée en $A$, & dirigée d'une maniere contraire au poids $P$, dont la direction, comme on l'a vu, doit toucher la courbe en $A$. Or l'action du poids $P$ étant entierement détruite par la seule force du ressort appliquée en $A$, il est clair que la force élastique doit être nulle, ou plutôt de nul effet dans tous les autres points; qu'ainsi $\sigma = 0$, & que le ressort formera une ligne droite, ce qui est contre l'expérience.

33. Quoi qu'il en soit, il paroît évident que l'équation générale des courbes élastiques tendues par un poids est $-\sigma ds = d(\gamma R)$, la direction verticale $AP$ étant tangente de la courbe en $A$.

34. Cette équation peut encore se déduire aisément de la formule de l'article 10, ce qui prouvera l'accord de nos méthodes; en effet, il est aisé de voir que la

force $X = \frac{\gamma dy}{ds} - \frac{\sigma dx}{ds} = y$ ſin. $\omega - \sigma$ coſ. $\omega$, & que la force $Y = \frac{\gamma dx}{ds} + \frac{\sigma dy}{ds} = \gamma$ coſ. $\omega + \sigma$ ſin. $\omega$; donc (art. 10) on aura, en ſubſtituant & réduiſant, $\gamma$ coſ. $\omega = -\frac{d\omega}{ds}\int(\gamma ds$ ſin. $\omega - \sigma ds$ coſ. $\omega)$, ou $-\frac{\gamma ds}{d\omega}$ coſ. $\omega = \int\gamma ds$ ſin. $\omega - \int\sigma ds$ coſ. $\omega$; différentiant encore & réduiſant, on aura $-\sigma ds$ coſ. $\omega =$ coſ. $\omega d\left(-\frac{\gamma ds}{d\omega}\right)$; & comme $d\omega = -\frac{ds}{R}$, il eſt clair qu'on aura $-\sigma ds = d(\gamma R)$.

35. Dans la ſuppoſition de $\sigma = 0$, c'eſt-à-dire, de l'inextenſibilité du reſſort, il eſt clair, & nous l'avons déja dit art. 18, que l'équation eſt $\gamma R$ ou $-\frac{\gamma ds}{d\omega} =$ conſt. & la nature de la courbe élaſtique ne dépendra plus que des différentes ſuppoſitions qu'on pourra faire ſur la valeur de $\gamma$.

36. Nous avons vu, article 22, que la ſuppoſition de $\gamma = \frac{B}{R}$, ($B$ étant une conſtante) quoiqu'en apparence très-naturelle, rend le problême indéterminé, & donne pour l'élaſtique telle courbe qu'on voudra, ce qui ne paroît pas conforme à l'obſervation & à l'expérience. Si on ſuppoſoit $\gamma =$ à une fonction de $R$, on trouveroit $R$ conſtant, c'eſt-à-dire que l'élaſtique ſeroit toujours un cercle, dont le rayon dépendroit de

la force du reſſort; réſultat dont la vérité paroît auſſi très-douteuſe. Il faut donc tâcher de trouver une autre hypothèſe ſur la valeur de $\gamma$, qui ne mène pas à cette concluſion, & qui faſſe du problême de l'élaſtique un problême déterminé.

37. Voici une hypothèſe que peut-être on pourroit employer pour cet objet, & que je ſoumets, ainſi que toutes les précédentes, au jugement des Mathématiciens.

38. Je conſidere que ſi les petits côtés (Fig. 3) $RG$, $GO$, que je regarde pour un moment comme iſolés, obéiſſoient aux forces $\gamma$ appliquées perpendiculairement en $R$, $G$, $O$, ſuivant $Rr$, $Gg$, $Oo$, les côtés $RG$, $GO$, parviendroient en $rg$, $go$, & que les petites lignes $Oo$, $Gg$, $Rr$ ſeroient proportionnelles aux valeurs de $\gamma$ en $O$, $G$, $R$.

39. Cela poſé, ſi les lignes $Oo$, $Gg$, $Rr$ étoient égales, c'eſt-à-dire, ſi $\gamma$ étoit la même aux points $O$, $G$, $R$, l'angle $rgo$ ſeroit évidemment égal à l'angle $RGO$, & par conſéquent les forces $\gamma$ n'auroient point diminué cet angle, quoique cette diminution ſoit néceſſaire par l'effort que font ces côtés pour ſe remettre en ligne droite.

40. Donc les lignes $Oo$, $Gg$, $Rr$, doivent être ſuppoſées inégales, ainſi que les forces $\gamma$ qu'elles repréſentent, & la différence des angles $rgo$, $RGO$, ſera égale, comme il eſt aiſé de le voir, à $\frac{dd\gamma}{ds}$. Or la force

réelle qui tend à rétablir le ressort en ligne droite, peut être supposée proportionnelle à l'angle infiniment petit qui est le complément de l'angle $RGO$, c'est-à-dire, à $-d\omega$; (je mets $-d\omega$, parce que, $s$ croissant, $\omega$ diminue); & cette force, comme on vient de le voir, est en chaque point proportionnelle à $\frac{dd\gamma}{ds}$. Donc $\frac{d\omega}{A} = \frac{dd\gamma}{ds}$, $A$ étant une constante supposée connue par la force donnée du ressort; d'où $dd\gamma = \frac{d\omega ds}{A}$, & comme $\gamma = \frac{B}{R}$ en supposant $\sigma = 0$, on aura $\frac{d\omega ds}{A} = dd\left(\frac{B}{R}\right)$ ou $dd\left(\frac{Bd\omega}{ds}\right)$; équation dans laquelle $B = \frac{g.M}{c^2}$, à cause de $\gamma R \alpha^2$ (art. 17) $= g.M$. Telle sera, dans l'hypothèse proposée, l'équation de l'élastique, qu'on intégrera par les méthodes connues. On se souviendra (art. 18) que $\omega = 90°$ lorsque $s = 0$, & on se servira, pour déterminer les constantes inconnues, de la condition que $\gamma = 0$ lorsque $s = 0$ (art. 15), & que $\gamma$ doit aussi être $= 0$ lorsque $s$ est égal à la longueur donnée $l$ du ressort, puisqu'au point où $s$ a cette valeur, le ressort est fixement attaché.

41. On peut faire, si l'on veut, d'autres hypothèses sur la valeur de $\gamma$, car je ne tiens pas exclusivement, à beaucoup près, à celle que je viens de proposer. Il est même facile d'en imaginer plusieurs; mais en général elles

elles doivent être telles que $y = o$ lorsque $s = o$ & lorsque $s = l$. D'après ces hypothèses & l'équation $yRa^2 = g.M$, on déterminera la courbe élastique pour chaque cas donné. J'invite les Mathématiciens à perfectionner ces recherches, dont je ne donne ici qu'un léger essai.

42. Voilà les difficultés relatives à la Méchanique, qui peuvent, ce me semble, être opposées aux solutions jusqu'ici connues du problême de la courbe élastique. Mais en admettant même les principes qu'on a employés jusqu'ici pour cette solution, il me semble qu'elle est encore susceptible de quelques difficultés analytiques.

43. D'après ces principes, nommant $AQ$, $x$, $QM$, $y$ (Fig. 1), on a l'équation $x = -\frac{a^2 dx ddy}{(dx^2 + dy^2)^{\frac{3}{2}}}$, dans laquelle $a^2$ est une constante qui dépend du poids $P$ & de l'intensité de l'action du ressort; cette équation facile à intégrer donne une valeur de $dy$ en $dx$ & fonction de $x$, laquelle renferme une constante qu'on détermine par cette condition, que, lorsque $\int \sqrt{(dx^2 + dy^2)}$ est = à la longueur donnée $AB$ du ressort (que j'appelle $l$), $\frac{dy}{dx} = o$, c'est-à-dire, que la tangente en $B$ est parallèle aux $x$. Il paroît du moins que cette condition de $\frac{dy}{dx} = o$, ou quelqu'autre analogue, est néceſsaire, pour déterminer la constante; car on ne pourroit la déter-

miner par cette seule condition, que la valeur totale de $\int \surd(dx^2 + dy^2)$ soit $= l$, puisqu'on peut évidemment avoir une infinité de courbes différentes dont la longueur totale $= l$, & dont l'équation soit $dy = dx \varphi x$, $\varphi x$ représentant une fonction de $x$, qui renferme une constante indéterminée.

44. On remarquera de plus que cette constante indéterminée est absolument indépendante de la constante $a^2$ qui se trouve dans l'équation différentielle, & qui dépend de l'intensité du ressort, & de la valeur du poids $P$; la constante dont il s'agit dépend uniquement (Fig. 1) de l'angle $QAM$, ou de la valeur initiale de $\frac{dy}{dx}$.

45. En effet, supposant $dy = z\,dx$, on aura $x = -\frac{a^2\,dz}{dx\,(1+zz)^{\frac{3}{2}}}$, dont l'intégrale est $\frac{z}{\surd(1+zz)} = C - \frac{x^2}{2a^2}$; en sorte que faisant $\omega$ égal à l'angle dont $z$ ou $\frac{dy}{dx}$ est la tangente, on aura sin. $\omega = C - \frac{x^2}{2a^2}$ & $C =$ sin $\Omega$, $\Omega$ étant l'angle initial $MAQ$.

46. Nous avons déja fait voir (art. 18) que l'angle initial $MAQ$ doit être supposé droit. Mais en le supposant d'ailleurs tout ce qu'on voudra, n'est-ce pas une supposition purement précaire, que la tangente en $B$ soit parallèle aux $x$, c'est-à-dire, horisontale, & que par conséquent l'angle $DBM$ soit droit? Ne pour-

roit-il pas être aigu? Cela paroît d'autant plus naturel à ſuppoſer, que certainement l'angle *QMA* au point *M* (pris à volonté) eſt aigu, & qu'il ſemble qu'on pourroit ſuppoſer le reſſort fixément attaché en *M*, & tendu par le poids *P*, en ſuppoſant la portion *BM* ſupprimée, & tout le reſte demeurant le même.

47. On dira peut-être, pour réformer cette ſuppoſition, que la conſtante doit ſe déterminer par la condition que la verticale *AP* touche la courbe *BMA*; ce qui donnera $z = \infty$ lorſque $x = 0$, & $C = 1$. Mais en ce cas, on trouveroit, comme il eſt aiſé de le voir, $dy^2 = \frac{dx^2\left(1 - \frac{x^2}{2a^2}\right)^2}{1 - \left(1 - \frac{x^2}{2a^2}\right)^2}$, & lorſque $x = 0$, on auroit $dy^2 = \frac{a^2 dx^2}{x^2}$, & $dy = \frac{a\,dx}{x}$; d'où il s'enſuit, comme je l'ai démontré ailleurs (*a*), que la courbe *BMA* deviendroit alors une ligne droite dans la direction *AP* du poids *P*; c'eſt-à-dire, que la courbe *BMA* & la ligne *AP* doivent coincider avec la verticale *BD* qui paſſe par le point fixe *B*; réſultat contraire encore à l'expérience, & d'où il s'enſuivroit que le reſſort *BMA*, fixé d'abord horiſontalement, doit être fléchi par le poids *P*, (quelque petit qu'on ſuppoſe ce poids) à une ſituation rectiligne & verticale ſuivant *BD*.

48. On peut démontrer la même choſe par l'équa-

(*a*) Voyez Mém. Acad. 1767, pag. 581; & 1769, pag. 84 & 120.

tion $s = f \log. \left(\frac{\sqrt{(1-\cos. z)}}{\sqrt{(1+\cos. z)}}\right) + A$, que trouve M. de la Grange dans sa savante Théorie des ressorts (Mém. de Berlin, 1769, pag. 174), en supposant que la force qui tend le ressort soit tangente en $A$; car cette équation donnera $\frac{s-A}{f} = \log. \left[\sqrt{\left(\frac{1-\cos. z}{1+\cos. z}\right)}\right]$, & $\frac{1-\cos. z}{1+\cos. z} = c^{2\left(\frac{s-A}{f}\right)}$, $c$ étant le nombre dont le log. $= 1$. Or en faisant $z = 0$ & $s = 0$, c'est-à-dire, en supposant que la force tendante soit une force tangentielle en $A$, on aura $0 = c^{-\frac{2A}{f}}$, & par conséquent $A$ infinie; donc en faisant $s$ finie & quelconque, mais très-petite par rapport à l'infinie $A$, on aura de même $c^{2\left(\frac{s-A}{f}\right)} = c^{-\frac{2A}{f}} = 0$; donc $1 - \cos. z = 0$; donc $\cos. z = 1$, & $z = 0$; donc si l'arc $s = 0$ lorsque $z = 0$, $s$ sera tout ce qu'on voudra en supposant $z = 0$; donc la courbe $BMA$ devient une ligne droite.

49. M. Jacques Bernoulli, dans les Mém. de l'Acad. 1705, suppose la courbe autrement disposée, & telle qu'on la voit dans la Fig. 5, & il parvient à une équation de cette forme, $dy = \frac{x^2 dx}{\sqrt{(B-x^4)}}$, où l'on voit que $x = 0$, donne selon lui $dy = 0$, & qu'ainsi l'angle $MAP$ est droit.

50. Cette équation viendroit évidemment de l'équation différentielle $x = \frac{a^2 dz}{dx(1+zz)^{\frac{3}{2}}}$, qui convient à ce

dernier cas. Mais pourquoi ſuppoſer que l'angle *MAP* eſt droit ? l'expérience ne prouve-t-elle pas le contraire, & n'avons-nous pas même prouvé (art. 18) que cet angle doit être $= 0$ ?

51. Il paroît s'enſuivre de-là que le problême des courbes élaſtiques (en partant des ſuppoſitions phyſiques reçues, & que nous avons examinées plus haut) eſt indéterminé, & qu'un même poids *P* peut par ſa tenſion former différentes courbes élaſtiques, depuis celle où la tangente en *B* eſt horiſontale, juſqu'à la ligne droite *BD*. Il ſemble pourtant, d'après l'expérience, que ce problême n'a qu'une ſeule ſolution pour une lame d'élaſticité donnée, de ſorte que l'expérience d'une part, & de l'autre la ſolution adoptée juſqu'ici, ſemblent peu d'accord.

52. C'eſt ce qui paroîtra encore plus clair, ſi on ſuppoſe que la courbe élaſtique s'écarte peu de la ligne droite; car on aura pour lors $x =$ à très-peu près $-\frac{ddy . a^2}{dx^2}$ ou $\frac{x dx^2}{a^2} = -ddy$, d'où $dy = \frac{b^2 dx}{a^2} - \frac{xx dx}{2a^2}$; $a$ étant ſuppoſé très-grand par rapport à $b$, & par rapport à la plus grande valeur de $x$, qui eſt à peu près $= l$, afin que $y$ ſoit très-petit par rapport à $x$, & qu'ainſi la courbe élaſtique, ſelon l'hypothèſe, diffère peu de la ligne droite.

53. Or il eſt évident qu'en changeant la valeur de $b$ (toujours ſuppoſée très-petite par rapport à $a$) l'équa-

tion $ddy = -\frac{xdx^2}{a^2}$ subsiste toujours, & que par conséquent une infinité de courbes élastiques différentes, déterminées par la différente valeur de $b$, peuvent satisfaire à cette équation.

54. On peut encore remarquer que, si plusieurs ressorts (Fig. 6) $OZA$, $OiA$, dont l'élasticité soit la même, & qui soient tous fixes en $A$, sont tendus par un même poids $P$, dont la direction passe par $A$, & qu'ils soient de plus chacun très-peu courbés, tous ces ressorts seront en équilibre avec le poids $P$, pourvu que $\frac{ZM}{iM}$ soit par-tout constant; car si dans une de ces courbes $OZA$, on a $y = -\frac{a^2 ddy}{dx^2}$, ($OM$ étant $= x$, & $ZM = y$) on aura la même équation pour la courbe $OiA$, puisque $\frac{ddy}{y}$ y est la même que dans la courbe $OZA$.

55. Cette équation $y = -\frac{a^2 ddy}{dx^2}$ donne $y = A$ sin. $\left(\frac{x}{a}\right)$, $A$ étant une constante qui détermine les différentes courbes $OZA$, $OiA$, & comme $OA$ est $=$ à très-peu près à la longueur totale du ressort $l$, il s'ensuit que $\frac{l}{a}$ doit être égal à la demi-circonférence prise un nombre entier de fois, exactement.

56. Sans cette condition, la direction du poids $P$

ne passera pas par le point fixe $A$, comme nous le supposons ici.

57. Si $\frac{l}{a}$ est $< \pi$, $\pi$ étant la demi-circonférence, ou plutôt le rapport de la demi-circonférence au rayon, la ligne $OP$ tombera dans la figure à droite du point $A$.

58. Si $\frac{l}{a} = m\pi$, $m$ étant un nombre pair ou impair, la direction du poids $P$ passera par $A$, & la courbe du ressort formera plusieurs ventres en nombre $m$, & coupera son axe $OP$ en $m - 1$ points, outre les points $O$, $A$.

59. Si $\frac{l}{a} = m\pi + \omega$, $\omega$ étant $< \pi$, & $m$ un nombre pair ou impair, (zero étant compris parmi les nombres pairs) la courbe du ressort aura $m$ ventres, & coupera son axe en $m - 1$ points comme dans le cas précédent, mais la direction du poids $P$ ne passera point par $A$, & tombera à droite du point $A$ si $m$ est pair, & à gauche si $m$ est impair.

60. Mais dans tous les cas, comme dans le cas le plus simple de la Fig. 6, le ressort pourra prendre différentes figures.

61. Quant à la quantité $a$, on la déterminera dans tous les cas par l'équation $\frac{l'}{a} = \pi$, $l'$ étant la valeur de $x$ qui répond au point le plus proche de $O$ où la courbe coupe son axe; point qui se trouvera par l'expérience.

62. Et ſi la courbe ne coupe pas ſon axe, alors ſoit $\lambda$ la valeur de $x$ qui répond à la plus grande valeur de $y$, on aura $\frac{\lambda}{a} = \frac{\pi}{2}$, équation par laquelle on déterminera $a$. Ceci ſuppoſe que $\frac{dy}{dx}$ ſoit $= 0$ en quelque point de la courbe. S'il ne l'étoit pas, alors on déterminera $A$ & $a$ par l'obſervation des angles en $O$ & en $A$, dont les tangentes étant ſuppoſées $= m$, & $m'$ donneront lorſque $x = 0$, $\frac{dy}{dx}$, ou $m = \frac{A}{a}$ coſ. $\frac{0}{a} = \frac{A}{a}$, & lorſque $x = \lambda$, $m'$ ou $\frac{dy}{dx} = \frac{A}{a}$ coſ. $\frac{\lambda}{a}$. Donc coſ. $\left(\frac{\lambda}{a}\right) = \frac{m'}{m}$, d'où l'on tirera $a$; & par conſéquent $A = am$.

63. J'ai cru devoir entrer dans ce détail, parce que de très-grands Géometres paroiſſent avoir penſé que ſi $\frac{l}{a}$ n'eſt pas $= \pi$, il n'eſt pas poſſible, même dans les principes admis juſqu'à préſent ſur l'action des reſſorts, de déterminer la courbe élaſtique par le cas dont il s'agit; ils ont, ce me ſemble, ſuppoſé que la direction $OP$ du poids $P$ devoit toujours paſſer par le point fixe $A$; ſuppoſition qui ne me paroît pas néceſſaire.

64. Je reviens encore un moment à la ſolution générale de l'art. 43, d'après les principes ordinaires. Pour ſe former une idée plus nette de la quantité $a$, on ſuppoſera $Px = \frac{Ka^2}{R}$, $R$ étant le rayon oſculateur, &

& $K\alpha^2$, une quantité constante, dans laquelle $K$ représente un poids pris à volonté, & $\alpha$ une ligne droite, en sorte que $K$ diminuant, $\alpha$ augmentera & réciproquement, & que si on suppose $K=P$, $\alpha$ sera $=a$.

65. Maintenant, en supposant $AM=s$ (Fig. 1), & $dx=ds$ cos. $\omega$, c'est-à-dire que $\omega$ soit l'angle des $ds$ avec les $dx$, on aura $\frac{ds}{R}=-d\omega$, d'où le rayon osculateur $R=-\frac{ds}{d\omega}$, & l'équation $\int ds$ cos. $\omega=-\frac{a^2 d\omega}{ds}$; donc faisant $ds$ constant, on aura $ds$ cos. $\omega=-\frac{a^2 dd\omega}{ds}$, & (supposant $ds=rd\omega$) $d\omega$ cos. $\omega=\frac{a^2 dr}{r^3}$; donc sin. $\alpha$ — sin. $\omega=\frac{a^2}{2r^2}$, $\alpha$ étant la valeur de $\omega$ lorsque $s=0$, & $r$ étant $=\infty$ lorsque $s=0$, puisque l'équation $\int ds$ cos. $\omega$ ou $x=-\frac{a^2 d\omega}{ds}$, donne $\frac{d\omega}{ds}$ ou $\frac{1}{r}=0$ lorsque $x$ & $s$ sont $=0$. Donc $ds=-\frac{a d\omega}{\sqrt{2}.\sqrt{(\text{sin. }\alpha-\text{sin. }\omega)}}$; équation dont l'intégration dépend de la rectification des sections coniques.

66. Si $\omega$ est fort petit, ainsi que $\alpha$, soit sin. $\omega=x$, & sin $\alpha=b$, on aura $ds=-\frac{a dx}{\sqrt{2}.\sqrt{(1-xx)}.\sqrt{(b-x)}}$; & comme $x$ est très-petit par rapport à 1, on peut, au lieu de $\frac{1}{\sqrt{(1-xx)}}$, mettre $1+\frac{x^2}{2}+\frac{3x^4}{8}$, &c. ce qui rendra l'intégration très-facile.

67. Suppoſons $ds =$ à très-peu près $-\frac{adx}{\sqrt{2}.\sqrt{(b-x)}}$; on aura l'intégrale $s = \frac{2a}{\sqrt{2}} \times [\sqrt{(b-x)}]$; & au point $B$ où $s = l$, & où l'angle $x = 0$, (art. 43) d'après la ſuppoſition admiſe dans les ſolutions ordinaires, on aura $l = \frac{2a\sqrt{b}}{\sqrt{2}}$; ce qui donne $b = \frac{l^2}{2a^2}$.

68. Suppoſons $\alpha = 90^\circ - \beta$, $\beta$ étant une quantité fort petite, & $\omega = 90^\circ - z$, $z$ étant auſſi une quantité fort petite, nous aurons ſin. $\omega =$ coſ. $z = 1 - \frac{z^2}{2} + \frac{z^4}{2.3.4}$, &c ; & de même ſin. $\omega =$ coſ. $\beta = 1 - \frac{\beta^2}{2} + \frac{\beta^4}{2.3.4}$, &c. d'où $ds =$ à très-peu près $-\frac{adz}{\sqrt{(\beta^2 - z^2)}}$; donc $\frac{z}{\beta} =$ coſ. $\left(\frac{s}{a}\right)$, & $z$ ou $\frac{dy}{ds} = \beta$ coſ. $\frac{s}{a}$, ou enfin $y = a\beta$ ſin. $\left(\frac{s}{a}\right)$, ce qui s'accorde avec l'art. 55.

69. Dans la Fig. 6 on aura de même $\int ds$ coſ. $\omega = \frac{a^2 d\omega}{ds}$, équation qui ne differe de la précédente qu'en ce que le ſecond membre a le ſigne +, parce qu'ici l'abſciſſe $x$ proportionnelle à $\frac{1}{R}$ étant repréſentée par $ZM$, $\omega$ croît avec $s$, au lieu qu'il décroît dans la Fig. 1; donc $d\omega$ coſ. $\omega = -\frac{a^2 dr}{r^3}$, & ſin. $\omega -$ ſin. $\alpha =$

$\frac{a^2}{2r^2}$; d'où $ds = \frac{a d\omega}{\sqrt{2}.\sqrt{(\text{sin.}\,\omega - \text{sin.}\,\alpha)}}$; équation intégrable auſſi par des arcs de ſections coniques, ainſi que celle de l'art. 65. Ces deux équations donnent non la conſtruction, mais la rectification de l'élaſtique, qu'on peut trouver auſſi d'une autre maniere par l'équation de l'art. 45, $\frac{z}{\sqrt{(1+zz)}} = c - \frac{x^2}{2a^2}$, ou $\frac{dy}{\sqrt{(dx^2+dy^2)}} = c - \frac{x^2}{2a^2}$, qui donne (en faiſant $\frac{1}{2a^2} = \zeta$) $dy^2 = \frac{(c-\zeta x^2)^2 dx^2}{1-(c-\zeta x^2)^2}$; & $dx^2 + dy^2 = \frac{dx^2}{1-(C-\zeta x^2)^2}$; ou $ds = \frac{dx}{\sqrt{[1-(C-\zeta x^2)^2]}}$, quantité qui s'intégre par des arcs de ſections coniques.

70. Je ne donne pas les ſolutions précédentes pour exactes, puiſqu'elles ſont appuyées ſur des principes concernant l'action des reſſorts, que j'ai révoqués en doute au commencement de ce Mémoire. Mais j'ai cru devoir montrer que, même en admettant ces principes, les ſolutions du problême de l'élaſtique, données juſqu'à préſent, laiſſoient encore à deſirer, puiſqu'elles laiſſent ou ſemblent laiſſer le problême indéterminé, & ſuſceptible d'une infinité de ſolutions.

71. Je dois prévenir encore une réponſe qu'on pourroit oppoſer aux obſervations que nous avons faites, art. 43 & 46, ſur *l'indétermination* du problême de la courbe élaſtique, par les méthodes adoptées juſqu'ici; on pourroit dire que dans la Fig. 1, la tangente en

$B$ doit être horiſontale, parce que le reſſort ne doit céder à l'action du poids $P$, que le moins qu'il eſt poſſible, & par conſéquent s'écarter le moins qu'il eſt poſſible de la ſituation horiſontale, ce qui arrivera ſi l'angle $DBA$ eſt droit. En effet, ſi l'angle $DBA$ étoit aigu, il eſt clair que le reſſort $BMA$ ſeroit plus fléchi par le poids $P$, & plus écarté par conſéquent de la ſituation horiſontale. On peut ajouter que, ſi on regarde le point $M$ comme fixe, le reſſort ou partie de reſſort $MA$ ne changera pas à la vérité de ſituation, & que la tangente en $M$ reſtera inclinée, & l'angle $QMA$ aigu, mais que, ſi le poids $P$ n'avoit eu d'abord à plier que la partie $MA$, la tangente en $M$ eut été horiſontale, & l'angle $QMA$ droit.

72. En admettant cette hypothèſe, qui pourtant ne paroît pas fondée ſur une raiſon ſolide, il faudra dire par la même raiſon, que dans la Fig. 5 la tangente en $B$ doit être verticale, afin que le reſſort s'écarte le moins qu'il eſt poſſible de ſa ſituation verticale primitive.

73. Or il eſt aiſé de voir par la théorie précédente, qu'il y a une infinité de cas où la tangente en $B$ ne ſauroit être verticale, puiſque par exemple, ſi la courbe $BMA$ differe peu d'une ligne droite, il faut (art. 55) pour que la tangente en $B$ ſoit verticale, que ſin. $\frac{x}{a}$ ou ſin. $\frac{l}{a}$ ($l$ étant la longueur du reſſort) ſoit $=$

au ſinus total, & qu'ainſi $\frac{l}{a} = \frac{\pi}{2}$; or comme la quantité $a$ dépend de la force du reſſort, & que $l$ en marque la longueur, il eſt clair que cette équation ne peut avoir lieu en général, mais ſeulement dans quelques cas particuliers.

74. On pourroit cependant obſerver encore, 1°. que dans le cas dont il s'agit, ſi le reſſort eſt d'abord ſuppoſé verticalement placé, ſuivant $OA$ (Fig. 6), & preſſé par le poids $P$, il eſt impoſſible qu'il fléchiſſe, & qu'ainſi il ne peut ſe courber que dans la ſuppoſition que ce reſſort ſoit d'abord un peu écarté de la verticale en $O'A$. 2°. On peut ſuppoſer que dans ce cas il ſe fléchira de maniere que la partie ou côté infiniment petit qui eſt en $A$, ne change point de poſition & faſſe toujours avec la verticale $OA$, un angle $=$ $OAO'$, afin que le reſſort ſoit le moins fléchi qu'il eſt poſſible par l'action du poids $P$; en ce cas, comme on auroit toujours (art. 55) $y = A$ ſin. $\frac{x}{a}$, & au point $A$, $\frac{dy}{dx} = \frac{A}{a}$ coſ. $\left(\frac{l}{a}\right)$, que de plus $\frac{l}{a}$ eſt connue par la longueur & la force du reſſort, on aura la valeur de $A$ par l'angle donné $OAO'$. Voilà, ce me ſemble, tout ce que la théorie juſqu'à préſent admiſe, nous permet de ſuppoſer ſur ce ſujet. Ajoutons, que de toutes les figures que le reſſort peut prendre en ce cas, celle dont il s'agit ici eſt celle qui réſulte le plus directement de la poſition initiale $AO'$ qu'on ſuppoſe

au reſſort; & obſervons que ſi $\frac{l}{a}$ eſt $> \pi$, la courbe en ce cas aura des nœuds, comme on l'a vu ci-deſſus; mais que le petit côté initial en $A$, conſervera toujours ſa ſituation primitive ſuivant $AO'$. Il faut pourtant obſerver encore que, la ſituation primitive $AO'$ du reſſort étant donnée, la diſtance du point $O'$ à la verticale (après la flexion du reſſort), eſt néceſſairement déterminée, puiſque cette diſtance $= A$ ſin. $\left(\frac{l}{a}\right)$, & que $A$ eſt déja donnée (*hyp.*) par l'angle $OAO'$. Mais il eſt clair qu'en agrandiſſant l'angle $OAO'$, on agrandira la quantité $A$, & par conſéquent la diſtance dont il s'agit, & qu'ainſi la moindre flexion poſſible du reſſort exige que l'angle primitif $OAO'$ reſte le même.

75. Cette théorie, ou plutôt ces réflexions ſur les courbes élaſtiques & ſur l'action des reſſorts peuvent conduire à d'autres obſervations ou queſtions ſur le même ſujet. On peut demander, par exemple, ſi un reſſort $ABC$ entiérement libre, & non attaché par aucun de ſes points, peut (Fig. 7) être tendu par deux poids placés en $A$ & en $B$ (la ligne $AB$ étant horiſontale), & dans cet état reſter en repos? Il ſemble que rien n'en empêche; car il paroît bien clair que, ſi le reſſort $ABC$ étoit ſur un plan horiſontal, & tendu en $A$ & en $B$ par deux puiſſances perpendiculaires à $AB$, il pourroit être en équilibre; or, tout reſtant dans le même

état, on peut ſubſtituer à ces puiſſances deux poids équivalens, attachés à des cordes horiſontales qui paſſent ſur des poulies ; maintenant ſi le ſyſtême total du reſſort & des poids eſt ſuppoſé vertical, il paroît évident que l'équilibre doit ſubſiſter. Voilà donc un corps $ABC$ placé verticalement, & en cet état tendu par deux poids, qui ſe ſoutient ſans aucun appui. Eſpece de paradoxe phyſique, qui pourtant au fond ne l'eſt pas autant qu'on pourroit le croire. Dans ce cas, & en ſuivant la théorie ordinaire, la courbe $AMCB$ devroit néceſſairement être un cercle, ſi les poids appliqués en $A$, $B$ étoient égaux ; car on auroit ſuivant cette théorie $A \times AP + B \times BP = \frac{c}{R}$ ou $A \times AB = \frac{c}{R}$ ; donc $R$ feroit conſtant. Donc, &c. Cette queſtion mérite, ce me ſemble, d'être examinée par les Géometres ; la ſolution pourroit conduire à des réſultats curieux.

76. Si un reſſort $AECDB$ eſt tendu par une corde $AB$ (Fig. 8), il paroît abſolument néceſſaire que la corde $AB$ touche la courbe $AECDB$ en $A$ & en $B$ ; car il eſt clair que les forces qui bandent le reſſort en $A$ & en $B$ ſont dirigées ſuivant $AB$ & $BA$ ; il eſt clair de plus qu'en ſuppoſant le reſſort inflexible, & conſervant d'ailleurs toutes les forces qui tendent à le rétablir, l'équilibre ſubſiſtera ; donc la ſomme des forces verticales du reſſort, perpendiculairement à $AB$,

doit être nulle, ce qui exige que ces forces ſoient dirigées les unes en haut dans la partie *DCE*, les autres en bas dans les parties *EA*, *DB*; or cela ne peut ſe faire à moins que les angles en *A* & en *B* ne ſoient infiniment obtus, & que la courbe n'ait la figure de l'art. 34. Cependant l'expérience paroît prouver que les angles *CAB*, *CBA* (Fig. 7) ſont ſouvent aigus. Comment accorder cela avec la théorie? & ſi l'on vouloit que les forces perpendiculaires à *AB* fuſſent nulles, & qu'il n'y eût abſolument que les forces parallèles à *AB*, il eſt clair que les forces du reſſort en *A* & en *B* ſeroient égales aux forces tendantes en *A* & en *B*, & qu'ainſi les autres forces devroient être nulles; autrement les forces parallèles à *AB*, qui agiroient infiniment près de *A* & de *B*, produiroient, comme il eſt aiſé de le voir (dans la direction des tangentes en *A* & en *B*, faiſant (*hyp.*) un angle fini avec *AB*) une force infinie, qui ne ſeroit détruite par aucune autre.

77. En un mot, il s'agit d'expliquer clairement comment un reſſort *ACB* tendu par une corde *AB*, eſt en équilibre ſi les angles *CAB*, *CBA* ſont aigus? Si on ſuppoſe, ce qui eſt le plus vraiſemblable, que la force du reſſort en *B* eſt dirigée ſuivant *BV* perpendiculaire à la courbe *CB*, alors les deux forces ſuivant *BV* & ſuivant *BA*, produiront une force ſuivant *BK* tangente en *B*, & il ſera aiſé de voir par la décompoſition, que cette force agiſſant le long de la courbe, produira,

produira, 1°. une force qui dans tous les points sera tangente de la courbe, & sera anéantie au point le plus élevé *C* par une force égale & contraire; 2°. une force qui agira à chaque point perpendiculairement à la courbe de dedans en dehors, c'est-à-dire, dans la direction *bm*, par exemple, au point *b*, force qui devroit produire l'effet de mouvoir le point *b* (& ainsi des autres) vers *m*, puisque cette force n'est contre-balancée par aucune autre, & que la force même du ressort agit dans le même sens; sans compter que ces forces (tant celles suivant *bm*, que celle du ressort dans le même sens) qui agiroient ainsi en *b* & dans tous les autres points de la courbe, seroient infiniment petites par rapport à la force finie qui agiroit en *B*. Maintenant si la force qui agit en *B*, au lieu d'être dirigée suivant *BV*, l'étoit suivant *BO*, par exemple, en sorte que la résultante de cette force & de la force de la corde suivant *BA* fût dirigée en sens contraire à *bk*, alors la force en *b*, comme il est aisé de le voir, seroit dirigée dans le sens contraire à *bm* & pourroit être anéantie par la force du ressort au même point; mais, 1°. on ne conçoit pas, ce me semble, aisément comment la force en *B* feroit dirigée suivant une autre ligne que *BV* perpendiculaire à la courbe *ACB*, car en regardant le ressort *ACB*, comme une suite de petites lignes droites unies par des charnieres, toutes ces petites lignes droites tendent à se remettre dans la situation rectiligne par un mouvement de rotation autour de ces charnieres, & par conséquent perpendiculaire à chaque point de la courbe. 2°. La difficulté tirée du rapport infiniment petit des forces en *b* perpendiculaires à la courbe, à la force en *B*, suivant *BO* ou *BV*, restera la même dans ce cas, que dans le précédent. Les mêmes difficultés ont lieu ici, que pour un ressort *BA* tendu (Fig. 1) par un poids *P*, soit que le point *B* où le ressort est fixé, soit plus haut ou plus bas que le point *A* où est attaché le poids *P*. Il ne paroît pas possible dans tous ces cas d'expliquer l'équilibre & la tension du ressort d'une maniere satisfaisante, si on ne suppose que le ressort est tangent à la direction du poids. Ce qui d'un autre côté ne paroît pas s'accorder avec l'expérience. Faudroit-il, pour expliquer ce fait, en revenir à l'idée que j'ai proposée dans le Tome I de mes *Opuscules*, I^er^ Mémoire, pag. 13, qu'on peut regarder un corps élastique comme étant en partie roide & en partie flexible, & participant, pour ainsi dire, à-la-fois de la nature du fil & de celle du levier. En ce cas on pourroit expliquer comment les angles *CAB*, *CBA*, seroient aigus; encore faudroit-il supposer que les forces qui tendent à rétablir le ressort sont dirigées parallèlement à *AB*, & non perpendiculairement à la courbe *ACB*, puisqu'il résulteroit de cette supposition des forces perpendiculaires à *AB*, & agissant toutes dans le même sens, lesquelles ne seroient détruites par aucune autre (*a*).

(*a*) Voyez l'*Appendice* à la fin de ce Volume.

78. Voici encore quelques autres questions. Soient deux ressorts rectilignes *BA*, *CA*, unis (Fig. 9) ensemble par une charniere en *A*, & qui tendent à se remettre en ligne droite ; on demande la loi suivant laquelle ils se mouvront? Il ne faut pas croire que le point *A* soit en repos ; car la seule action des points *B*, *C*, & des autres, pour tourner autour de *A*, produit une force centrifuge qui tend à tirer le point *A* suivant *AC* & suivant *AB*, & par conséquent à le faire avancer en ligne droite suivant *AR*. On pourroit croire d'abord que le mouvement du point *A* suivant *AR*, peut être déterminé séparément du mouvement rotatoire. Mais il est aisé de démontrer par mon principe de Dynamique, que si une force est appliquée en *A* suivant *AR*, elle produira non-seulement un mouvement rectiligne parallèlement à *AR* dans tous les points des verges *BA*, *AC*, mais encore un mouvement rotatoire des verges *BA*, *CA* autour de *A*. Ainsi on ne peut séparer la considération & l'analyse des deux mouvemens, qu'on déterminera d'ailleurs par ce même principe de Dynamique.

79. En supposant dans ce même cas l'angle *BAC* infiniment obtus, on demande si la force rotatoire est mesurée par l'angle *OAC*, complément de *BAC*, ou par l'angle *CAF*, formé par la ligne *AC*, & la ligne *DAF* perpendiculaire à *AR*, & dont les ressorts *AC*, *AB* tendent à se rapprocher? Il me semble qu'il doit être mesuré par l'angle *OAC*, puisque c'est à cause

de cet angle que les ressorts $BA$, $AC$ font effort pour se remettre en ligne droite. Il paroît même naturel de supposer que l'effort est proportionnel à cet angle, si l'angle est peu considérable. Cependant on peut en général le supposer proportionnel à une puissance de cet angle, & cette supposition sera exacte lorsque l'angle est très-petit; car l'effort est en général proportionnel à une fonction de l'angle (en faisant entrer, si l'on veut, le sinus dans cette fonction); or la fonction $\phi\alpha$ d'une quantité quelconque, est $= A\alpha^n$, lorsque la quantité $\alpha$ est très-petite.

80. Si le ressort $BAC$ est libre, les côtés $BA$, $AC$ tendent également (Fig. 10) à se rapprocher l'un de l'autre. Mais si le ressort $AB$ est fixément attaché en $B$, alors le point $B$ ne pouvant avoir de mouvement, il paroît que le seul ressort $AC$ tend à se rapprocher en ligne droite de $BA$.

81. Mais s'il y a trois ressorts ou un plus grand nombre $BA$, $AC$, $CD$, le point $B$ (Fig. 11) étant toujours fixe, je demande si le ressort $AC$ tend à se rapprocher du ressort $CD$, comme il tend à se rapprocher de $AB$. Il paroît que $AC$ ne pourroit tendre à se remettre en ligne droite avec $CD$, sans rendre plus aigu l'angle $BAC$. En ce cas les points $D$, $C$, $A$, n'auroient de tendance à la rotation qu'autour des points $C$, $A$, $B$, qui sont à leur gauche, & le point $A$, ainsi que les autres points intermédiaires à $B$ & à $D$, n'auroient point de tendance à se mouvoir autour de $C$, &

des autres points placés à leur droite ; de maniere que le ressort *ACD* ne tendroit à se rétablir que par la rotation de *D* autour de *C*, & non de *A* autour de *C*, & ainsi des autres ; ce qui paroîtroit contraire au principe assez généralement admis, qu'un ressort tend à se débander en tout sens ; & que les côtés contigus *AC*, *CB*, &c. infiniment petits ou non, tendent également à se remettre en ligne droite l'un avec l'autre ; principe qui peut-être n'est vrai, que pour les ressorts entierement libres, & qui ne semble pas avoir lieu dans les ressorts rectilignes fixes par leur extrémité, lesquels se débandent uniquement par l'extrêmité opposée à ce point fixe, & se débanderoient par les deux extrêmités, s'ils étoient libres.

82. Je ferai à cette occasion une remarque sur le mouvement de ces sortes de ressorts, dans les deux cas. Soit un ressort rectiligne *AB* (Fig. 12), fixe en *A*, & dont la longueur naturelle soit *AB* ; imaginons que ce ressort soit contracté en *AC*, & que la force dilatative ou restitutive soit proportionnelle à la quantité de la contraction, il est clair qu'en nommant *CV*, $x$, & *CB*, $\alpha$, on aura $ddx = A(\alpha - x)\,dt^2$ : équation facile à intégrer. Supposons présentement que le ressort se débande des deux côtés, & que chaque extrêmité ait parcouru l'espace $z$ au bout du temps $t$, alors l'équation sera $ddz = A(\alpha - 2z)\,dt^2$, qui donne une intégrale différente de la précédente. Ainsi le mouvement d'un ressort rectiligne est différent lorsqu'il est entierement

libre, & lorſqu'il eſt fixe par un de ſes bouts. On auroit, ce me ſemble, pu croire le contraire, & imaginer que le mouvement eſt le même dans les deux cas, parce que dans les deux cas la force reſtitutive eſt la même à longueur égale du reſſort.

83. La plûpart des queſtions que j'ai diſcutées dans cet écrit ſont (je le répete encore) plutôt des doutes propoſés aux Mathématiciens, que des aſſertions poſitives. Je me croirois récompenſé de mon travail & de mes réflexions ſur ce ſujet, ſi elles engagent les Géometres à chercher une théorie de la flexion des reſſorts & de la courbe élaſtique, qui ne ſoit ſujette à aucune difficulté.

## §. II.

## *Sur le Calcul des Probabilités.*

1. Je demande pardon aux Géometres de revenir encore sur ce sujet. Mais j'avoue que plus j'y ai pensé, plus je me suis confirmé dans mes doutes sur les principes de la théorie ordinaire; je desire qu'on éclaircisse ces doutes, & que cette théorie, soit qu'on y change quelques principes, soit qu'on la conserve telle qu'elle est, soit du moins exposée désormais de maniere à ne plus laisser aucun nuage.

2. Je suppose qu'il y ait $n$ manieres différentes d'amener *croix*, & $n$ manieres différentes d'amener *pile*; j'amene *croix* au premier coup; est-il vraisemblable que l'impulsion qui me donnera encore *croix* au second coup, sera *précisément* la même, que celle qui me l'avoit donné au premier coup? Il me semble que non. Or en ce cas, il n'y aura plus que $n-1$ manieres d'amener *croix* au second coup, tandis qu'il y en a encore $n$ d'amener *pile* à ce second coup. Il y a donc déja un peu plus de probabilité pour *pile* au second coup, que pour *croix*.

3. Ce raisonnement devient encore plus fort si l'on a amené *croix* plusieurs fois de suite. On dira peut-être que le nombre $n$ est infini, tant pour *croix* que pour *pile*, & qu'ainsi $n-m$ ($m$ étant fini) est censé toujours

$= n$. Il n'en sera pas moins vrai, ce me semble, que plus le nombre $m$ de coups sera grand, plus il sera vraisemblable que le coup qui doit suivre, se trouvera dans la *suite* qui n'a pas encore été entamée.

4. On objecte que, s'il est très-peu probable que *croix*, par exemple, n'arrive pas 20 fois de suite, c'est qu'il y a $2^{20} - 1$ combinaisons où *croix* n'arrivera pas ainsi; & que par la même raison, s'il est peu probable que le même événement n'arrive pas 20 fois de suite, c'est qu'il y a $2^{20} - 1$ combinaisons pour qu'il n'arrive pas. Mais ce peu de probabilité ne viendroit-il pas aussi d'une autre raison, de ce qu'il y a dans la nature des causes continuellement agissantes, qui tendent à en changer l'état à chaque instant, & qui ne permettent pas que le même événement arrive un grand nombre de fois de suite, & même un assez petit nombre de fois? Ce raisonnement a été développé par M. Beguelin dans les Mém. de Berlin de 1767.

5. On dit: *pile & croix en particulier* sont également possibles. Donc pris *successivement*, ils sont aussi également possibles. La conséquence est-elle juste? Il est bien certain que, *mathématiquement* parlant, un effet quelconque ne dépend pas de ceux qui l'ont précédé, & n'a aucune influence sur ceux qui suivent, & que par cette raison on doit supposer, dans l'analyse *mathématique*, tous les effets également possibles; mais *physiquement* parlant, cela est-il vrai, & l'expérience ne prouve-t-elle pas le contraire? C'est même ce qu'on

suppose

ſuppoſe dans certains calculs des probabilités où l'expérience nous a ſuffiſamment éclairés. Il eſt poſſible, par exemple, mathématiquement & même à la rigueur phyſiquement parlant, que 100 perſonnes nées enſemble, & même bien conſtituées, parviennent toutes à la vieilleſſe, puiſque chacune en particulier peut y parvenir, & même l'eſpérer. Cependant comme l'expérience nous a appris le contraire, on fonde ſur cette expérience le calcul des probabilités de la durée de la vie, & celui des tontines & des rentes viageres. Or l'expérience nous apprend de même, ce me ſemble, que jamais un même événement n'arrive un grand nombre de fois de ſuite. Pourquoi donc n'y pas avoir égard dans le calcul des probabilités?

6. Suppoſons que $2^{100}$ joueurs jettent une piece en l'air 100 fois de ſuite; il faut, ou que dans deux de ces ſuites de 100 jets, *croix* & *pile* ſe trouvent chacun ſans mêlange, & ſoient par conſéquent arrivés 100 fois de ſuite, ou qu'il y ait au moins deux des autres ſuites de jets (où *croix* & *pile* ſe trouvent enſemble) qui ſoient repétées. Or je crois, comme je l'ai déja dit dans le Tome IV de ces *Opuſc.* pag. 299, qu'on peut parier ſans crainte que les deux ſuites où *croix* & *pile* ſe trouveroient ſans mêlange, n'auront pas lieu, & qu'ainſi il y aura une ou deux, au moins, des autres ſuites, qui ſe trouvera répétée deux ou pluſieurs fois.

7. Il ſemble que dans le problême de Peterſbourg, & dans la plûpart des autres, il y a quelqu'eſpece de

contradiction à ajouter ensemble les espérances partielles. En effet, si on ne doit gagner, par exemple, qu'au second coup, il est clair qu'on n'aura point gagné au premier. On ne peut donc avoir à-la-fois l'espérance de gagner au premier, & l'espérance de gagner au second. Pour avoir l'espérance totale, faut-il donc ajouter les espérances partielles qui semblent s'exclure les unes les autres? Je ne veux pas conclure de-là que le résultat de cette addition ne soit pas exact; voyez Tome IV, *Opusc.* pag. 300, art. 18. Je dis seulement que sur ce point la théorie s'énonce, au moins, d'une maniere obscure & peu satisfaisante.

8. Je suppose qu'on joue à *croix* & *pile* en deux coups, & qu'on doive jouer deux coups quoi qu'il arrive. La probabilité que *croix* arrivera au premier coup, est $\frac{1}{2}$; la probabilité que *croix* arrivera au second, en supposant, comme on le fait ici, qu'on joue ce second coup dans tous les cas, est encore $\frac{1}{2}$, au moins suivant la théorie commune. Donc suivant cette même théorie, la probabilité que *croix* arrivera, au moins une fois, en deux coups, est $\frac{1}{2} + \frac{1}{2} = 1$, c'est-à-dire est égale à la certitude que *croix* arrivera au premier coup. Or je demande si cela est vrai, ou du moins si un pareil résultat, fondé sur de pareils principes, est bien propre à satisfaire l'esprit. Cette question est d'autant plus naturelle, que dans le problême de Petersbourg, la somme des probabilités $\frac{1}{2}$, $\frac{1}{4}$, $\frac{1}{8}$, &c. à l'infini, est en effet égale à la certitude 1, c'est-à-dire, a la certitude 1 pour

limite, comme en effet cela doit être, puiſque plus on jouera de coups, plus il eſt probable & approchant de la certitude, que *croix* arrivera. Mais par cette raiſon même la ſomme des probabilités ne devroit pas être $\frac{1}{2} + \frac{1}{2}$ dans le cas précédent, puiſque cette ſomme ne devroit pas être $= 1$.

9. Dans ce même problême de Peterſbourg, ſuppoſons que les écus promis par l'un des joueurs à l'autre, au lieu d'être croiſſans ſuivant la progreſſion 1, 2, 4, &c. ſoient décroiſſans ſuivant la proportion 1, $\frac{1}{2}$, $\frac{1}{4}$, &c. l'eſpérance, ſuivant la théorie commune, ſera $\frac{1}{2} + \frac{1}{2 \cdot 4} +$ &c. $> \frac{1}{2}$. Or cette appréciation eſt-elle bien juſte? car ſi le jeu eſt en un ſeul coup, je ne dois donner que $\frac{1}{2}$ écu, parce que je ne puis gagner qu'un écu; dans le ſecond cas, où l'on ſuppoſe qu'on joue en pluſieurs coups, je ne dois & ne puis auſſi gagner qu'un écu; pourquoi donc cette différence de ſort?

Il eſt vrai que dans le ſecond cas je puis encore gagner quelque choſe au ſecond coup, & que dans le premier cas je ne puis rien gagner, puiſqu'il n'y a pas de ſecond coup. Mais enfin, ce que je pourrai gagner dans ce ſecond cas au ſecond coup, eſt bien moins qu'un écu; je n'ai jamais dans le cas le plus favorable, qu'un écu à eſpérer; & comme la quantité $\frac{1}{2 \cdot 4}$ qu'on ajoute à l'eſpérance $\frac{1}{2}$ du premier coup, ſuppoſe que cette eſpérance ne ſera pas réaliſée, doit-elle y être ajoutée?

10. Suppoſons que dans le problême de Peterſbourg on joue en $n$ coups, & que tout le reſte demeurant

le même, le joueur doive recevoir $2^{n-1}$ écus ſi *croix* n'arrive qu'au $n^e$ coup, & rien ſi *croix* arrive auparavant; ſon eſpérance & ſon enjeu, par conſéquent, ſera $\frac{1}{2}$, comme s'il ne jouoit qu'en un coup. Or cela eſt-il juſte? & y a-t-il un joueur qui voulut donner ſeulement un demi-écu, pour recevoir $2^{50}$ écus ſi *croix* n'arrivoit qu'au bout de 51 coups?

11. Dans le VI^e Volume des *Savans Etrangers*, M. de la Place fait voir aiſément que ſi la piece a plus de penchant à tomber d'un côté que de l'autre, ſans qu'on ſache de quel côté (ſuppoſition très-plauſible), & qu'on joue en $x$ coups, pour deux écus au premier, pour quatre au ſecond, pour huit au troiſiéme, &c. le joueur doit donner à ſon antagoniſte moins de $x$ écus ſi $x < 5$; $x$ écus ſi $x = 5$, & plus de $x$ écus ſi $x > 5$. Ainſi la ſuppoſition aſſez vraiſemblable, que la piece a plus de penchant à tomber d'un côté que de l'autre, exige que le joueur donne encore une plus grande ſomme, ſi $x > 5$, que dans la ſolution ordinaire du problême de Peterſbourg. La difficulté eſt donc encore augmentée par cette ſuppoſition.

12. Mais en ſuppoſant même, comme on le fait dans tous ces jeux, que la piece ait un égal penchant à tomber des deux côtés, il eſt très-certain que perſonne ne voudroit donner 20 écus, & même au-deſſous, pour jouer à ce jeu; la difficulté ſubſiſte donc toujours ſans avoir encore, ce me ſemble, été bien réſolue, & elle ne paroît pas pouvoir l'être, tant qu'on s'en tiendra

uniquement aux principes reçus ſur le calcul des probabilités.

13. On a ſuppoſé dans l'article 11 précédent, que la piece jettée en l'air a néceſſairement plus de propenſion à tomber d'un côté que de l'autre; cette ſuppoſition, quoiqu'aſſez vraiſemblable, n'eſt cependant pas rigoureuſe, & il peut ſe faire abſolument que la piece ſoit conſtruite de maniere à tomber indifféremment de l'un ou de l'autre côté; & en général, ſuppoſons qu'il puiſſe y avoir tant de probabilités qu'on voudra, $\omega$, $1-\omega$; $\omega'$, $1-\omega'$, &c. que *croix* viendra, $\omega'$, par exemple, étant $\frac{1}{2}$, ſi *croix* n'a pas plus de penchant à venir d'un côté que de l'autre; en ce cas la probabilité ou l'enjeu ſeroit, ſuivant les principes ordinaires, la ſomme des quantités ou ſéries $2\omega[1+2(1-\omega)+4(1-\omega)^2$ &c.$]+2(1-\omega)(1+2\omega+4\omega^2$ &c.$)+2\omega'[1+2(1-\omega')$&c.$]$, le tout diviſé par $m$ que je ſuppoſe être le nombre des probabilités $\omega$, $1-\omega$; $\omega'$, $1-\omega'$, &c. en ſorte que ſi on nomme $\Omega$ la fonction $2\omega[1+2(1-\omega)$&c.$]$, l'enjeu total ſera $\frac{\int\Omega d\omega}{\omega}$, depuis $\omega=0$, juſqu'à $\omega=1$. Mais la difficulté reſteroit toujours la même, & l'enjeu toujours infini, comme il eſt aiſé de le prouver, dans le cas où le nombre des coups ſeroit indéfini; & plus grand même après 5 coups, que ſi on ſuppoſoit $\omega=$ ſimplement $\frac{1}{2}$. En effet, puiſqu'en prenant $\omega$ quelconque depuis $\frac{1}{2}$ (excluſivement) juſqu'à 1, on a toujours l'enjeu plus petit

que le nombre $n$ des coups ſi ce nombre eſt $< 5$, égal ſi ce nombre $= 5$, & plus grand ſi ce nombre eſt plus grand que 5, il eſt clair que regardant l'enjeu comme l'ordonnée d'une courbe dont $\omega$ eſt l'abſciſſe, & le parametre $n$, cette ordonnée ſera toujours $<$, ou $=$, ou $> n$, dans les cas qu'on vient de dire, & que, par conſéquent, l'aire totale de la courbe diviſée par l'abſciſſe totale correſpondante (c'eſt-à-dire, la vraie valeur de l'enjeu) donnera une quantité qui ſera $<$, ou $=$, ou $> n$.

14. Dans ce même problême de Peterſbourg, il y a à parier 1 contre 1 que je ne gagnerai qu'un écu; car *croix* peut venir au premier jet, & en ce cas le jeu eſt fini. Cependant, ſi on joue en 100 coups, par exemple, il faut que je donne 50 écus à l'autre joueur. Eſt-il poſſible qu'il y ait de l'égalité dans un pareil jeu, où il faut que je donne 50 écus, où il y a à parier 1 contre 1 que je ne gagnerai qu'un écu, &, ſuivant la théorie ordinaire, 63 contre 1 que je ne gagnerai que 32 écus, c'eſt-à-dire que je ne retirerai pas ma miſe? Ce ſeroit bien pis ſi on jouoit en 1000, 10000, &c. coups. Il eſt bien clair que la fortune plus ou moins grande du joueur ne fait rien ici, & qu'il n'y en a aucun qui voulût jouer un pareil jeu. On dira peut-être que cette objection s'étendroit au cas où l'on ne joueroit qu'en deux coups, & où l'on devroit gagner 200 écus ſi *croix* n'arrivoit qu'au ſecond coup. Car on trouveroit l'eſpérance $= \frac{1}{2} + 50$ écus; & j'avoue que dans ce cas, & même dans le précédent, on devroit donner plus de

$\frac{1}{2}$ écu, quoiqu'il y ait à parier 1 contre 1 qu'on ne gagnera qu'un écu; parce qu'on peut ici gagner 200 écus dès le ſecond coup, & dans l'autre cas 2 écus au ſecond, 4 au troiſiéme, &c. mais il ne me paroît pas moins vrai que la théorie ordinaire a beſoin d'être ici éclaircie ou modifiée. Outre les raiſons apportées ci-deſſus, nous avons encore indiqué ailleurs une autre raiſon aſſez plauſible du défaut de cette théorie; c'eſt de regarder dans tous les cas *l'eſpérance* comme le produit de la ſomme eſpérée par la probabilité qu'on gagnera cette ſomme. Il nous paroît douteux que ce réſultat ſoit exact ſi la probabilité eſt fort petite, & que la probabilité $\frac{1}{10000}$ de gagner 5000 écus ſoit la même que la probabilité $\frac{1}{2}$ de gagner un écu, comme il réſulte des principes ordinaires. Dans ces principes, on appelle, ce me ſemble, mal-à-propos *l'eſpérance* le produit de la *ſomme eſpérée* par la probabilité; c'eſt la probabilité ſeule qui forme *l'eſpérance* véritable, & comme la *ſomme eſpérée*, quelque grande qu'elle ſoit, n'augmente pas cette *probabilité*, il me ſemble qu'on ne doit pas multiplier cette ſomme par la probabilité, pour avoir ce qu'on nomme *l'eſpérance* du joueur. En général, plus la probabilité de gagner eſt grande, plus le joueur doit donner à ſon adverſaire, & plus la ſomme qu'il eſpere eſt grande, plus auſſi il doit donner à ce même adverſaire; mais ce qu'il doit donner, doit-il être préciſément en raiſon directe de la ſomme eſpérée, & de la probabilité? C'eſt ce qu'on ſuppoſe dans l'analyse des jeux, & ce qui ne me paroît pas incontestable.

15. Supposons que des caracteres jettés sur un plancher donnent le mot *Constantinopolitanensibus*, & qu'on demande à un ignorant si ces caracteres ont été jettés au hasard ou non; il répondroit qu'il y a toute apparence qu'ils ont été jettés au hasard. Mais si on faisoit la même question à quelqu'un qui connoîtroit l'existence de *Constantinople*, & qui sauroit la langue Latine, il répondroit au contraire qu'il y a tout à parier, & qu'il est même certain, que cet arrangement n'est pas l'effet du hasard. C'est que le premier ignore, & que le second sait que l'arrangement de ces caracteres est tel, qu'il a été, presque sûrement, l'ouvrage d'une cause intelligente. Il en est de même dans le jeu dont il s'agit. L'expérience & la connoissance que nous avons des loix de la nature, nous apprennent que le même événement n'arrive jamais un grand nombre de fois de suite; & c'est en vertu de cette *connoissance acquise*, que nous révoquons en doute la répétition de *croix* ou de *pile* un grand nombre de fois consécutives. Comme tout est lié dans l'ordre des choses, nous pourrions, si nous connoissions la loi de l'enchaînement des causes & des effets, deviner & prédire ce qui arrivera à chaque coup, si ce sera *croix* ou *pile;* dans l'ignorance où nous sommes du secret de la nature, nous ne pouvons dire précisément si ce sera *pile* ou *croix*; mais comme l'expérience nous a appris que le même effet se répete rarement, nous pouvons au moins, lorsque *croix* est arrivé

arrivé plusieurs fois de suite, conjecturer avec vraisemblance que *pile* viendra. Nous supposons ici qu'il n'y a point de raison particuliere tirée de la construction de la piece, pour faire arriver *croix* plutôt que *pile*; car si cela étoit, *croix* arrivant plusieurs fois de suite, pourroit rendre probable que *croix* arrivera encore.

16. M. de Buffon, dans le Tome IV de ses Supplémens à l'Histoire Naturelle, croit que la probabilité doit être regardée comme nulle, quand elle est égale à celle qu'un homme bien portant mourra dans la journée, probabilité qu'il évalue à $\frac{1}{10000}$. En conséquence la probabilité dans le problême de Petersbourg seroit nulle, selon lui, après le treiziéme coup; car au treiziéme coup, la probabilité est $\frac{1}{2^{13}} = \frac{1}{8192}$, & au quatorziéme coup, elle est $< \frac{1}{10000}$. En ce cas, l'enjeu ne seroit que 6 à 7 écus, & devroit même être encore diminué, parce que si la probabilité $\frac{1}{10000}$ doit être estimée $= 0$, les probabilités $\frac{1}{8192}$, $\frac{1}{4096}$, &c. doivent être estimées au-dessous de leur valeur. Je ne prétends ni adopter, ni rejetter cette hypothèse de M. de Buffon; je remarque seulement qu'elle confirme mes doutes sur l'égalité de possibilité de tous les cas.

17. M. de Buffon dit encore qu'ayant fait jouer 2048 fois ce jeu de *croix* & *pile*, ce qui fait 2048 parties,

les 2048 parties ont produit en tout 10057 écus, ce qui fait, dit-il, à peu près 5 écus pour chaque partie, & c'est à cette somme qu'il borne l'enjeu. Cela supposeroit qu'on joue en 10 coups; & en ce cas le joueur pourroit rattraper sa mise, & au-delà, dès le quatriéme coup, puisque si *croix* ne venoit qu'à ce quatriéme coûp, il auroit 8 écus. Mais il perdroit, si *croix* venoit auparavant. C'est aux Mathématiciens à juger de ce résultat, sur lequel l'incertitude de la théorie m'empêche de prononcer.

18. Voyons maintenant si on ne trouveroit pas un résultat plus conforme à la vérité, en supposant que tous les cas ne soient pas également possibles, & que lorsque *pile*, par exemple, est arrivé une ou plusieurs fois de suite, il y a lieu d'espérer que *croix* viendra ensuite, plutôt que *pile*, au moins si la piece n'a pas plus de penchant à tomber d'un côté que de l'autre.

19. Supposons donc que, si *pile* est arrivé au premier coup, la probabilité que *croix* arrivera au second soit $\frac{1+a}{2}$, au lieu de $\frac{1}{2}$, $a$ étant une quantité très-petite; que si *pile* est arrivé les deux premiers coups, la probabilité que *croix* arrivera le troisiéme coup, est $\frac{1+a+b}{2}$; & ainsi de suite, de maniere que $a+b+c+d$, &c. ne soit jamais $=1$, afin que la probabilité ne devienne pas certitude absolue. Cela posé,

20. La probabilité que *croix* arrivera au premier coup, est $\frac{1}{2}$.

21. Celle qu'il n'arrivera qu'au second coup ; est le produit de $\frac{1}{2}$, probabilité que *pile* arrivera au premier coup, par $\frac{1+a}{2}$, probabilité que *croix* arrivera en ce cas au second coup.

22. La probabilité que *pile* arrivera encore au second coup est $\frac{1-a}{2}$, & par conséquent la probabilité qu'il arrivera deux coups de suite est $\frac{1}{2} \times \frac{1-a}{2}$ ; d'où la probabilité que *croix* n'arrivera qu'au troisiéme coup, est $\frac{1}{2} \times \frac{1-a}{2} \times \frac{1+a+b}{2}$.

23. Par la même raison la probabilité que *pile* arrivera encore au troisiéme coup, est $\frac{1}{2} \times \frac{1-a}{2} \times \frac{1-a-b}{2}$, & celle que *croix* n'arrivera qu'au quatriéme coup, est $\frac{1}{2} \times \frac{1-a}{2} \times \frac{1-a-b}{2} \times \frac{1+a+b+c}{2}$.

24. Donc, puisqu'on donne (*hyp.*) au premier coup 1 écu à Pierre, au second 2, au troisiéme 4, &c. dans l'hypothèse du problême de Petersbourg, l'enjeu de Pierre sera $\frac{1}{2}[1+1+a+(1-a)(1+a+b)+(1-a)(1-a-b)(1+a+b+c)+\&c.]$

25. Donc pour un coup, l'enjeu sera $\frac{1}{2}$; pour deux coups, l'enjeu sera $\frac{1}{2}(2+a)$; pour trois coups, $\frac{1}{2}(3+a-aa+b-ba)$, &c.

26. Il est visible que, comme on a au troisiéme terme $(1-a)(1+a+b)=1-a^2+b-ba$, ce terme sera

$>$ que le ſecond, ſi $b > \frac{a+a^2}{1-a}$, c'eſt-à-dire, ſi $b >$ $a + 2a^2 + 2a^3 +$ &c. dans le cas contraire il ſera plus petit, & égal ſi $b = \frac{a+a^2}{1-a}$.

La valeur du premier terme de la ſuite eſt $\frac{1}{2}$; & elle va d'abord en augmentant, comme il eſt évident, ſa derniere valeur eſt évidemment $= 0$, parce que le facteur $1-a-b-c-d-e-f$, &c. à l'infini $= 0$. Ainſi il y a un terme qui eſt le plus grand.

27. Mais comme chaque terme eſt poſitif (juſqu'au dernier à l'infini, qui eſt $= 0$), la ſomme des termes va toujours en augmentant.

28. Dans l'hypothèſe que nous ſuivons ici, l'enjeu, qui ſeroit $\frac{1}{2}(1+1+1+$ &c.) en ſuppoſant tous les cas également poſſibles, devient (en les ſuppoſant inégalement poſſibles) $= \frac{1}{2}(1+1+a+(1-a) \times (1+a+b) \ldots +$ &c.). Le dernier terme de cette ſuite, comme on vient de l'obſerver, eſt zero, & la ſuite $1, 1+a$, &c. va d'abord en augmentant, c'eſt-à-dire que le ſecond terme au moins eſt $> 1$, ainſi la ſomme de cette derniere ſuite (ſi on ſuppoſe que la ſuite n'ait qu'un nombre fini de termes) peut être $=$, ou $>$, ou $<$ que la ſomme de la premiere $1+1+1$, &c. ſelon la loi des quantités $a$, $b$, &c. mais cette ſomme n'eſt pas pour cela égale à l'infini, lorſque le nombre des termes $= \infty$.

29. En effet, ſuppoſons que les quantités $a$, $b$, $c$, &c.

ſoient telles qu'on voudra, mais aſſujetties aux conditions exprimées ci-deſſus; il eſt d'abord clair que $\frac{1+a+b+c \&c}{2} < 1$. En ſecond lieu, que $1-a-b-c-d-e$ &c. eſt $< 1-a-b-c-d$ &c, en retranchant toujours le dernier terme $e$.

30. D'où il ſuit qu'un terme quelconque $(1-a)(1-a-b)(1-a-b-c)(1-a-b-c-d)(1+a+b+c+d+e)$, eſt $<(1-a)(1-a-b)(1-a-b-c-d) \times 2$; & le terme ſuivant $<(1-a)(1-a-b)(1-a-b-c)(1-a-b-c-d)^2 \times 2$.

31. Soit donc $m$ le nombre des termes juſqu'à $(1-a)(1-a-b)(1-a-b-c)(1-a-b-c-d)(1+a+b+c+d+e)$ excluſivement, & $M$ la ſomme de ces termes, il eſt aiſé de voir qu'en nommant $1 \pm \alpha$ la quantité $(1-a)(1-a-b)(1-a-b-c-d)$, la ſomme totale de la ſérie ſera $< M +$ une progreſſion géométrique dont $1 \pm \alpha$ eſt le premier terme & le ſecond $(1 \pm \alpha) \times (1-a-b-c-d)$, ladite ſuite étant multipliée par 2; c'eſt-à-dire que la ſomme ſera $< M + \frac{2(1 \pm \alpha)}{a+b+c+d}$, quantité qui ſera toujours finie, & qui pourra même, ainſi que $M$, être ſuppoſée renfermée dans certaines limites, ſelon la ſuppoſition qu'on fera ſur la valeur & la loi des quantités très-petites $a$, $b$, $c$, $d$, &c.

32. Par exemple, ſuppoſons pour un moment que $a$, $b$, $c$, $d$, $e$, &c. ſoient ſi petites, qu'on puiſſe né-

gliger toutes les puissances de ces quantités, à commencer du quarré, les termes de la suite seront évidemment, en mettant à part le coefficient constant $\frac{1}{2}$ qui les multiplie tous,

$1$,
$1+a$;
$1+b$,
$1-a+c$,
$1-2a-b+d$,
$1-3a-2b-c+e$,
$1-4a-3b-2c-d+f$,

& ainsi de suite.

33. La premiere colonne verticale donnera $m$ (nombre des termes); si on prend ensuite la somme des termes extérieurs diagonalement en descendant de gauche à droite, & qu'on les suppose égaux, on aura $a+b+c+d+e+f=a+a+a+a+a+a=(m-1)a$; & ainsi de suite; après quoi reprenant la somme des termes verticaux restans, & supposant toujours $a=b=c$, &c. la somme totale sera $m+(m-1)a-a(1+2+3+4\ldots+m-3)-a(1+2+3\ldots\ldots\ldots+m-4)-a(1+2+3\ldots\ldots\ldots+m-5)$ &c. $-a$. C'est-à-dire $m+(m-1)a-a$ multiplié par la somme des nombres triangulaires depuis $1$, jusqu'à celui qui est le $(m-3)^e$, ou $-a$ multiplié par le $(m-3)^e$, nombre pyramidal.

34. Or le $n^e$ nombre pyramidal étant $\frac{n(n+1)(n+2)}{2.3}$, le $(m-3)^e$ est $(m-3)(m-2)\times(m-1)\times\frac{1}{2.3}$. Ainsi

la somme approchée, mais non pas rigoureusement exacte, seroit $m+(m-1)a-\frac{a(m-3)(m-2)(m-1)}{1.2.3}$ $=m+\frac{a}{2.3}(-m^3+6m^2-5m)$, qui est $<m$, si $m>5$. Il est clair aussi que

$$\frac{2.3(m-1)-(m-3)(m-2)(m-1)}{2.3}=$$

$$\frac{[6-(m-3)(m-2)](m-1)}{2.3}=\frac{(-mm+5m)(m-1)}{2.3}=$$

$\frac{-m.(m-1)(m-5)}{2.3}$. Donc l'enjeu est $<\frac{1}{2}m$ si $m>5$, est $=\frac{1}{2}m$ si $m=5$, & $>\frac{1}{2}m$ si $m<5$.

35. On voit encore que si $m$ est très-grand, il faut supposer $am^2<6$; afin que l'enjeu ne devienne pas négatif, ce qui ne sauroit avoir lieu en aucun cas; mais ceci n'est qu'un essai de calcul imparfait pour montrer que l'enjeu, dans notre hypothèse, n'est plus infini comme dans le problême de Petersbourg.

36. Plus généralement, soit $1-a-b-c-d-e$ &c. $=\frac{1}{1+pz}$, $z$ étant $=m-1$, en sorte que $a+b+c+d$ &c. $=\frac{pz}{1+pz}$, $p$ étant un nombre très-petit, afin que quand $z=1$, $a+b+c+d$ &c. qui se réduit pour lors à $a$, soit très-petit.

37. On voit aisément que quand $z=0$, ou $m=1$, $1-a-b-c-d$, &c. $=1$, & que, quand $z$ ou

$m=\infty$, on a $1+a+b+c+d$, &c. $=1+\frac{pz}{1+pz}=$ 2, comme cela doit être.

38. Il est clair qu'un terme quelconque dont le rang est $m$, sera $=\frac{1}{1+\rho}\times\frac{1}{1+2\rho}\times\ldots\ldots\frac{1}{1+(m-2)\rho}\times\frac{1+\rho(m-1)}{1+(m-2)\rho}=\frac{1+2\rho(m-1)}{(1+\rho)(1+2\rho)\ldots\ldots\ldots(1+m\rho-\rho)}$, & que la différence de deux termes consécutifs est $\frac{1}{(1+\rho)(1+2\rho)\ldots\ldots(1+m\rho-\rho)}\times\left(1+2\rho(m-1)-\frac{1+2\rho m}{1+\rho m}\right)$. Or ce dernier facteur est $=-2\rho+\rho m-2\rho\rho m+2\rho\rho m^2$, quantité évidemment positive, surtout lorsque $m$ est très-grand.

39. Ainsi, dans cette hypothèse, les termes vont en diminuant, à commencer du second au troisiéme terme, puisque $m=1$ rend la différence négative, & que $m=2$ la rend positive.

39. En général, si on prend $\omega$ & $\rho$ pour des quantités quelconques, $\rho$ étant toujours très-petit, & $1+\omega+\rho<2$, le rapport d'un terme quelconque au précédent est $\frac{(1-\omega)(1+\omega+\rho)}{1+\omega}$; or $\rho$ est $<1-\omega$, puisque $1+\omega+\rho<2$; soit donc $\rho=\rho'(1-\omega)$, $\rho'$ étant une fraction, on aura le rapport dont il s'agit $=\frac{1-\omega^2+\rho'-2\rho'\omega+\rho'\omega^2}{1+\omega}$, cette quantité sera $<$, ou

=,

$=$, ou $> 1 + \omega$ si $-\omega^2 + \rho' - 2\rho'\omega + \rho'\omega^2 \overset{<}{\underset{>}{=}} \omega$, c'est-à-dire, si on a $\rho' \overset{<}{\underset{>}{=}} \frac{\omega + \omega^2}{(1-\omega)^2}$.

40. Comme il faut que $\rho'$ soit une fraction ; il est clair que dans le cas où $\rho' > \frac{\omega+\omega^2}{(1-\omega)^2}$, cette derniere quantité doit être une fraction, d'où l'on tire $\omega + \omega^2 < (1-\omega)^2$, ou $3\omega < 1$.

41. Il est clair encore, que la quantité $\frac{1-\omega^2+\rho'(1-\omega)^2}{1+\omega}$ est d'autant plus grande, que $\omega$ est moindre, en sorte que sa plus grande valeur ou plutôt la limite de ses plus grandes valeurs se trouve en supposant $\rho' = 1$ & $\omega = 0$, ce qui donne 2 pour cette limite.

42. D'un autre côté, $\rho'$ qui doit être $< 1$, doit être $> 0$, c'est pourquoi la limite des plus petites valeurs du rapport d'un terme quelconque au précédent, est $\frac{1-\omega^2}{1+\omega} = 1 - \omega$.

43. Si les quantités $a$, $b$, $c$, $d$, $e$, &c. (art. 19 & suiv.) vont toujours en diminuant au nombre de $m-1$, il est aisé de voir qu'en nommant $\varpi$ leur somme, on aura $\rho < \frac{\varpi}{m-1}$. Soit donc $\rho = \frac{\rho'\varpi}{m-1}$, $\rho'$ étant $< 1$, & on aura $\frac{(1-\varpi)(1+\varpi+\rho)}{1+\varpi} = \frac{1-\varpi^2+\frac{\rho'\varpi(1-\varpi)}{m-1}}{1+\varpi}$, &

cette quantité sera $\lesseqgtr 1$ selon que $\frac{p'\varpi(1-\varpi)}{m-1}$ sera $\lesseqgtr \varpi+\varpi^2$.

44. Donc puisque $p'$ doit être $<1$, il faudra, si on veut que la premiere de ces quantités surpasse ou égale la seconde, que $(\varpi+\varpi^2)\times\frac{(m-1)}{\varpi(1-\varpi)}$ ou $\frac{(1+\varpi)(m-1)}{1-\varpi}$, soit une fraction, ce qui est impossible. Donc la premiere quantité ne sauroit être plus grande que la seconde, ni lui être égale ; donc les termes vont en diminuant (au-delà du second) dans la série qui exprime l'enjeu. Je dis au-delà du second ; car il est clair par l'art. 24, que le second sera toujours $>$ que le premier. En voilà assez pour faire voir que les termes de l'enjeu vont en diminuant dès le troisiéme coup, jusqu'au dernier. Nous avons prouvé d'ailleurs (art. 31) que l'enjeu total, somme de ces termes, est fini, en supposant même le nombre de coups infini. Ainsi le résultat de la solution que nous donnons ici du problême de Petersbourg, n'est pas sujet à la difficulté insoluble des solutions ordinaires.

45. Si $\frac{1+\varpi}{2}$ est la probabilité que *croix* viendra plutôt que *pile*, & $\frac{1+a'}{2}$ la probabilité qu'il arrivera si *pile* a paru $n$ coups de suite, on peut demander quelle sera la probabilité totale qui résulte de ces deux-là ?

46. Ajoutera-t-on ensemble les probabilités $\frac{1+\pi}{2}$ & $\frac{1+a'}{2}$? Mais leur somme $\frac{2+a'+\pi}{2}$ feroit plus grande que l'unité, ce qui ne se peut.

Se contentera-t-on d'ajouter à la probabilité $\frac{1}{2}$ qui feroit celle de *croix* dans le cas de $\pi = 0$ & de $a' = 0$, les augmentations $\frac{a'}{2}$ & $\frac{\pi}{2}$ qu'elle reçoit par les deux suppositions données? Mais la somme $\frac{1+a'+\pi}{2}$, pourroit encore être plus grande que l'unité.

47. Enfin, ajoutera-t-on ensemble les probabilités $\frac{1+\pi}{2}$, $\frac{1+a'}{2}$, qui doivent donner *croix*, pour les diviser ensuite par la somme $\frac{1+\pi}{2}$, $\frac{1+a'}{2}$, $\frac{1-\pi}{2}$, $\frac{1-a'}{2}$ des probabilités qui doivent donner *croix* ou *pile*, c'est-à-dire par 2? En ce cas, on auroit $\frac{2+\pi+a'}{4}$, qui est $<$ que la plus grande des deux quantités $\frac{1+\pi}{2}$, $\frac{1+a'}{2}$; au lieu qu'elle doit être plus grande que la plus grande de ces quantités.

48. On pourroit dire que la probabilité $\frac{1+a'}{2}$ que *croix* viendra, supposée ci-dessus dans le cas où *pile* est déja venu plusieurs fois de suite, n'est pas la même lorsque $\frac{1+\pi}{2}$ est la probabilité que *croix* doit tomber

plutôt que *pile*, & lorſque cette probabilité eſt ſimplement $\frac{1}{2}$, c'eſt-à-dire que *croix* peut arriver auſſi-bien que *pile*. Cette obſervation peut être très-juſte. Mais il ſemble au moins que la probabilité doit être, dans le cas dont il s'agit ici, $> \frac{1+\alpha}{2}$ qui ſeroit la probabilité de *croix* au ſeul premier coup. Or je demande, d'après les principes expoſés ci-deſſus, de combien la probabilité $\frac{1+\alpha}{2}$ doit être augmentée après que *pile* eſt tombée de ſuite un certain nombre de fois?

49. Dans la théorie ordinaire, & en parlant de tous les principes admis juſqu'à préſent par les Géometres ſur l'indifférence des événemens ſemblables ſucceſſifs ou non ſucceſſifs, lorſqu'un événement, par exemple, *croix*, eſt arrivé pluſieurs fois de ſuite, & qu'on n'avoit d'ailleurs aucune raiſon de croire qu'il dût arriver ainſi, il eſt clair qu'il y a quelque probabilité que *croix* avoit plus de penchant à venir que *pile*. Mais comment eſtimer cette probabilité d'après la chûte ſucceſſive & ſuppoſée de *croix* un certain nombre de fois de ſuite? Cette queſtion a rapport à la recherche de la probabilité des cauſes par les événemens, dont pluſieurs ſavans Géometres ſe ſont occupés. Voyez dans les *Tranſactions philoſophiques* de 1763 & 1764, les recherches de MM. Bayes & Price ſur ce ſujet, & celles de M. de la Place dans le VIe Volume des *Mémoires des Savans Etrangers*, préſentés à l'Académie des Sciences, & imprimés en 1774.

## §. III.

### *Sur des différentielles réductibles aux arcs de ſections coniques.*

1. M. Euler, dans les Tomes VIII & X des nouveaux Mém. de Peterſbourg, a donné des moyens de réduire à des arcs de ſections coniques la quantité $\frac{dz\sqrt{(f+gzz)}}{\sqrt{(h+kzz)}}$, $f$, $g$, $h$, $k$ étant des coefficiens conſtans. Il eſt très-aiſé de voir, comme je l'ai déja obſervé dans les Mém. de l'Acad. des Sciences de Paris, 1769, pag. 115, que cette différentielle ſe réduit à des arcs de ſections coniques par les méthodes que j'ai données dans les Mém. de Berlin, année 1746. Je me propoſe donc ſeulement ici d'examiner les cas où ces différentielles ſe réduiſent à la rectification de l'ellipſe ſeule, ou de l'hyperbole ſeule, ou de l'ellipſe & de l'hyperbole tout-à-la-fois.

2. Je remarque d'abord que $f$ & $g$ ne ſauroient être tout-à-la-fois négatifs, non plus que $h$ & $k$, puiſqu'alors le radical $\sqrt{(f+gzz)}$ ou le radical $\sqrt{(h+kzz)}$ ſeroit imaginaire, & la différentielle impoſſible, ou plutôt inutile à intégrer ; il faut ſeulement obſerver que $f$, $g$, $h$, $k$, pourroient être tous négatifs à-la-fois, parce qu'alors, en changeant les ſignes du numérateur

& du dénominateur, la quantité $\sqrt{\left(\frac{f+gzz}{h+kzz}\right)}$ seroit réelle; ainsi, comme les signes — seroient alors changés en +, je ne compte ici que les cas suivans.

1°. Celui de $f$, $g$, $h$, $k$, tous positifs.

2°. Celui de $f+gzz$ & de $h-kzz$;

3°. Celui de $f+gzz$ & de $kzz-h$;

4°. Celui de $f-gzz$ & de $h+kzz$;

5°. Celui de $f-gzz$ & de $h-kzz$;

6°. Celui de $f-gzz$ & de $kzz-h$;

7°. Celui de $gzz-f$ & de $h+kzz$;

8°. Celui de $gzz-f$ & de $h-kzz$;

9°. Celui de $gzz-f$ & de $kzz-h$.

3. Supposons présentement $f+gzz=x$, $f$ & $g$ étant tous deux positifs, nous aurons $zz=\frac{x-f}{g}$; $dz=\frac{dx}{2\sqrt{g}.\sqrt{(x-f)}}$; $h+kzz=h+\frac{kx-kf}{g}$; & $\frac{dz\sqrt{(f+gzz)}}{\sqrt{(h+kzz)}}=$ (en négligeant $2\sqrt{g}$ au dénominateur) $\frac{dx\sqrt{x}}{\sqrt{(x-f)}.\sqrt{\left(h+\frac{kx-kf}{g}\right)}}=$ (en négligeant encore $\sqrt{g}$ au numérateur) $\frac{dx\sqrt{x}}{\sqrt{(kxx+x(hg-2kf)+kff-hgf)}}$.

4. Maintenant nous avons vu dans les Mém. cités de Berlin, 1746, pag. 201 & 203, art. 15, 17 & 20, que les différentielles réductibles à des arcs d'ellipse sont de la forme $\frac{dx}{\sqrt{(+f'x-xx-g'g')}}$, $f'$ & $g'$ étant des

constantes ($a$), & que celles qui sont réductibles à des arcs d'hyperbole, sont de la forme $\frac{dx\sqrt{x}}{\sqrt{(xx \pm f'x - g'g')}}$ ou $\frac{dx\sqrt{x}}{\sqrt{(g'g' \pm f'x - xx)}}$, avec cette différence, que la premiere de ces deux différentielles peut être intégrée par un simple arc d'hyperbole, & la seconde par un arc d'hyperbole combiné avec une quantité algébrique.

5. Dans la présente supposition, de $f$ & $g$ positifs, il faut pour la réduction à l'arc d'ellipse, 1°. que $k$ soit négatif; 2°. que $hg - 2kf$ soit positif & réel; 3°. que $kff - hgf$ soit négatif; à quoi on doit encore ajouter (Mém. de Berl. 1746, pag. 201, art. 16) la condition de $f'^2 > 4g'g'$, afin que la quantité $f'x - xx - g'g' = \frac{f'^2}{4} - gg - \left(\frac{f'}{2} - x\right)^2 = \frac{f'^2}{4} - gg - \left(x - \frac{f'}{2}\right)^2$, ou $\frac{f'f'}{4} - g'g' - \left(\frac{f'}{2} - x\right)^2$ ne soit pas imaginaire, quelque valeur qu'on donne à $x$; ce qui arriveroit si $\frac{ff}{4} - gg$ étoit négatif, puisque $\left(\frac{f}{2} - x\right)^2$ ou $\left(x - \frac{f}{2}\right)^2$ est toujours positif.

2°. Dans la même hypothèse de $f$ & $g$ positifs, il faudra pour la réduction à l'arc simple d'hyperbole que $k$

($a$) Il est bon d'observer ici que si dans les Mém. de Berlin, 1746, p. 201, art. XV, on suppose $q - 1$ négatif dans l'équation $aa + (q-1)xx = az$, on aura $xx = \frac{aa - az}{1 - q}$, & la transformée sera toujours de la forme $\frac{dz\sqrt{z}}{\sqrt{((qa+a)z - zz - qaa)}}$, c'est-à-dire, $\frac{dz\sqrt{z}}{\sqrt{(+fz - zz - gg)}}$.

ſoit poſitif & $kff - hgf$ négatif, & pour la réduction à l'arc d'hyperbole combiné avec une quantité algébrique, il faut que $k$ ſoit négatif, & $kff - hgf$ poſitif, le terme $x(hg - 2kf)$ étant d'ailleurs poſitif ou négatif comme on voudra ; & on remarquera que la condition de $f'f' < 4g'g'$ n'eſt pas ici néceſſaire, comme dans le cas de l'ellipſe ; parce que $xx \pm f'x - g'g' = \left(x \pm \frac{f'}{2}\right)^2 - \frac{f'^2}{4} - g'g'$ & $\pm f'x - xx + g'g' = \frac{f'^2}{4} + g'g' - \left(x \pm \frac{f'}{2}\right)^2$, deux quantités qui peuvent être poſitives, au moins en ſuppoſant certaines valeurs à $x$.

6. Commençons par le ſecond cas, c'eſt-à-dire, par la réduction à des arcs d'hyperboles, parce que ce cas ne renferme que deux conditions, au lieu que celui de l'ellipſe, qui en renferme trois & même quatre, eſt par cette raiſon un peu plus compoſé.

7. Mais d'abord obſervons en général, que ſi on a $-f + gzz$, il faudra, dans le radical inférieur de la transformée, changer le ſigne des termes où $f$ ſe trouve linéaire, parce qu'on aura ici $\frac{x+f}{g} = zz$, au lieu de $\frac{x-f}{g} = zz$ ; & que ſi on a $f - gzz$, ce qui donne $\frac{f-x}{g} = zz$, il faudra changer le ſigne du terme $hgx$, & le ſigne du terme $hgf$ ; & comme le terme où eſt $x$ n'influe point dans les conditions du ſecond cas, il s'enſuit que dans ce ſecond cas, il faudra ſimplement remarquer

remarquer qu'on a $\mp hgf$, ſavoir — dans le cas de $f+gzz$, & + dans le cas de $f-gzz$ ou $gzz-f$.

8. Donc, pour réduire le radical à la forme $\sqrt{(xx\pm f'x-g'g')}$, c'eſt-à-dire, à un ſimple arc d'hyperbole, on trouvera aiſément que, ſi l'on a $f+gzz$ ou $f-gzz$, les conditions ſeront, que $k$ ſoit poſitif, & $kff\mp hgf$ négatif, ſavoir — dans le premier cas, & + dans le ſecond; donc (à cauſe de $f$ poſitif) $kf\mp hg$ ſera négatif; donc 1°. dans le cas de $-hg$, il eſt clair que $-hg$ doit être négatif, puiſque $kf$ eſt poſitif, étant formé de deux quantités poſitives $f, k$; donc $h$ doit être poſitif, puiſque $g$ eſt poſitif, & de plus $hg$ doit être $>kf$.

9. Donc le cas de $\frac{dz\sqrt{(f+gzz)}}{\sqrt{(h+kzz)}}$ ſe réduit à un ſimple arc d'hyperbole, ſi $h$ eſt poſitif, $k$ poſitif, & $hg>kf$.

2°. Si on a $+hg$, ce qui arrive dans le cas de $f-gzz$, il eſt clair que la condition de $kf+hg$ négatif eſt impoſſible, ſi $h$ eſt poſitif, & que ſi $h$ eſt négatif, il faut que $hg$ ſoit $>kf$. Donc $\frac{dz\sqrt{(f-gzz)}}{\sqrt{(h+kzz)}}$ ne peut ſe réduire à un ſimple arc d'hyperbole; & $\frac{dz\sqrt{(f-gzz)}}{\sqrt{(kzz-h)}}$ ne pourroit s'y réduire, que ſi on avoit $hg>kf$, ce qui eſt impoſſible; car $f-gzz$ & $kzz-h$ devant être tous deux poſitifs, on a $\frac{f}{g}>zz>\frac{h}{k}$; donc $\frac{f}{g}>\frac{h}{k}$, & $kf>hg$.

3°. Si on a $gzz-f$, alors les conditions pour la réduction dont il s'agit, sont que $k$ soit positif, & $kf+hg$ négatif. Donc $h$ sera négatif, & $hg>kf$. Ce cas est représenté par $\frac{dz\sqrt{(gzz-f)}}{\sqrt{(kzz-h)}}$, qui sera par conséquent réductible à un simple arc d'hyperbole, si $hg$ est $>kf$.

10. Venons maintenant au cas de la réduction à $\frac{dx\sqrt{x}}{\sqrt{(\pm fx-xx+gg)}}$, c'est-à-dire, au cas où la proposée doit se réduire à un arc seul d'hyperbole, combiné avec une quantité algébrique; si dans ce cas on a $f+gzz$ ou $f-gzz$, les conditions sont que $k$ soit négatif, & $kff\mp hgf$ positif, ou $kf\mp hg$ positif; soit $k=-\alpha$, il faudra que $-\alpha f\mp hg$ soit positif; donc si on a $-hg$, c'est-à-dire, $f+gzz$, $h$ doit être négatif; ce qui ne se peut, puisque $k$ est déja négatif; ainsi le cas de $\frac{dz\sqrt{(f+gzz)}}{\sqrt{(h-kzz)}}$ ne peut se réduire à un arc seul d'hyperbole, combiné même avec une quantité algébrique. Et si on a $+hg$, c'est-à-dire $f-gzz$, alors il faut, pour que $-\alpha f+hg$ soit positif, 1°. que $h$ soit positif; 2°. que $hg>kf$. Donc la différentielle $\frac{dz\sqrt{(f-gzz)}}{\sqrt{(h-kzz)}}$ se réduit à un simple arc d'hyperbole combiné avec une quantité algébrique, pourvu que $hg$ soit $>kf$.

11. Enfin, si on avoit $\sqrt{(gzz-f)}$, on auroit, dans le cas de la réduction dont il s'agit, $k$ négatif, &

$kf+hg$ positif, ou $-\omega f+hg$ positif. Donc $h$ doit être positif, & $hg>\omega f$. Donc le cas de $\frac{dz\sqrt{(gzz-f)}}{\sqrt{(h-kzz)}}$ est encore réductible à un arc d'hyperbole combiné avec une quantité algébrique, si on a $hg>kf$, condition d'ailleurs indispensable pour la *réalité* de la différentielle, puisqu'on a ici $\frac{h}{k}>zz>\frac{f}{g}$, d'où $hg>kf$.

12. Donc, 1°. le cas de $\frac{dz\sqrt{(f+gzz)}}{\sqrt{(h+kzz)}}$, & celui de $\frac{dz\sqrt{(gzz-f)}}{\sqrt{(kzz-h)}}$, se réduisent à un simple arc d'hyperbole si $hg$ est $>kf$. 2°. Le cas de $\frac{dz\sqrt{(f-gzz)}}{\sqrt{(h-kzz)}}$, & celui de $\frac{dz\sqrt{(gzz-f)}}{\sqrt{(h-kzz)}}$, se réduisent, si $hg>kf$, à un arc simple d'hyperbole combiné avec une quantité algébrique; & il ne peut y avoir d'autres formes que celles-là, qui dépendent de la rectification de l'hyperbole seule.

13. Venons maintenant aux différentielles $\frac{dz\sqrt{(f+gzz)}}{\sqrt{(h+kzz)}}$ réductibles à la rectification de l'ellipse, & prenons d'abord le cas où la quantité radicale est $kxx+x(hg-2kf)+kff-hgf$; c'est-à-dire, où l'on a $\sqrt{(f+gzz)}$. On voit d'abord que $k$ doit être négatif, & $kff-hgf$ négatif, c'est-à-dire, $kf-hg$ négatif. Soit $k=-\omega$; donc $-\omega f-hg$ sera négatif. Donc $h$ doit être positif, ou $h$ négatif & $hg<kf$. Or

$h$ ne sauroit être négatif, puisque $k$ l'est déja. Donc $h$ doit être seulement positif. 3°. $hg-2kf$ ou $hg+2\omega f$ doit être positif & l'est en effet, puisque $h$, $g$, $\omega$, $f$, sont tous positifs. 4°. Enfin la condition ci-dessus, (art. 5), de $f'f'-4g'g'$ positif, doit donner encore ici une quatriéme condition, en écrivant d'abord $-k$ pour $+k$, & remarquant ensuite après ce changement, que $\frac{hg+2kf}{k}=f'$, & que $-g'g'=-\frac{kff-hgf}{k}$, cette condition sera donc $(hg+2kf)^2>4k(kff+hgf)$, ou $h^2g^2>0$, ce qui a lieu en effet. Donc le cas de $\frac{dz\sqrt{(f+gzz)}}{\sqrt{(h-kzz)}}$ se réduit à la rectification de l'ellipse.

14. Si on a $\sqrt{(gzz-f)}$, la quantité qui est sous le signe radical sera (en changeant le signe de $f$) $kxx+x(hg+2kf)+kff+hgf$, & l'on a pour lors, 1°. $k$ négatif; 2°. $kf+hg$ négatif, ou $-\omega f+hg$ négatif; & comme $h$ ne sauroit être négatif, puisque $k$ l'est déja, il s'ensuit que $h$ doit être positif, & que $hg$ doit être $<kf$; 3°. Enfin $hg+2kf$ ou $hg-2\omega f$ doit être positif, ce qui ne sauroit s'accorder avec la condition de $hg+kf$, ou $hg-\omega f$ négatif, puisqu'à plus forte raison $hg+2kf$, ou $hg-2\omega f$ seroit aussi négatif. Donc le cas présent de $\frac{dz\sqrt{(gzz-f)}}{\sqrt{(h-kzz)}}$ ne sauroit se réduire à la rectification de l'ellipse; & en effet, on a $\frac{h}{k}>zz>\frac{f}{g}$, ou $hg>kf$, ce qui ne sauroit s'accorder avec la condition de $hg<kf$.

15. Enfin si on a $\sqrt{(f-gzz)}$ la quantité qui est sous le signe radical sera $kxx+x(-2kf-hg)+kff+hgf$, & on a, 1°. $k$ négatif; 2°. $kf+hg$ négatif, ou $-\omega f+hg$ négatif; & comme $h$ ne peut être négatif, puisque $k$ l'est déja, donc $h$ est positif; donc $hg$ doit être $<kf$. 3°. $-2kf-hg$ ou $+2\omega f-hg$ doit être positif; ce qui donne $hg<2kf$, condition qui suit de la précédente $hg<kf$. 4°. Enfin la condition de $f'f'-4g'g'>0$ en donnera ici une quatriéme, en observant de changer $+k$ en $-k$, & remarquant ensuite que $\frac{2kf-hg}{k}=f'$ & que $-g'g'=-\frac{kff+hgf}{k}$, ce qui donne $(2kf-hg)^2>4k(kff-hgf)$ ou $h^2g^2>0$, condition qui a toujours lieu. Donc $\frac{dz\sqrt{(f-gzz)}}{\sqrt{(h-kzz)}}$ se réduit à la rectification de l'ellipse, si $hg<kf$.

16. Donc la différentielle $\frac{dz\sqrt{(f+gzz)}}{\sqrt{(h-kzz)}}$ dépend de la rectification d'une ellipse, & la différentielle $\frac{dz\sqrt{(f-gzz)}}{\sqrt{(h-kzz)}}$, en dépend aussi, pourvu que dans ce dernier cas $hg<kf$; & il n'y a point d'autres formes que ces deux-là, qui puissent se réduire à la rectification de l'ellipse seule.

17. Quelques-unes des propositions précédentes sont aisées à démontrer d'une autre maniere & *à priori*, en considérant, 1°. que l'élément d'une ellipse est $\frac{dz\sqrt{(1+(q-1).zz)}}{\sqrt{(1-zz)}}$, en nommant $q$ le parametre, ou

plutôt le rapport du paramètre à l'axe, d'où il est clair que cet élément est en général $\frac{dz\sqrt{(1 \pm mzz)}}{\sqrt{(1-zz)}}$, $m$ étant $< 1$, si $m$ est négatif, & pouvant être tout ce qu'on voudra, si $m$ est positif. Donc si on a $\frac{dz\sqrt{(f \pm gzz)}}{\sqrt{(h-kzz)}}$, on peut la changer en $\frac{dz\sqrt{f}}{\sqrt{h}} \times \frac{\sqrt{\left(1 \pm \frac{gzz}{f}\right)}}{\sqrt{\left(1-\frac{kzz}{h}\right)}} =$ (en faisant $\frac{kzz}{h} = uu$) $Adu \times \frac{\sqrt{\left(1 \pm \frac{gh}{kf} uu\right)}}{\sqrt{(1-uu)}}$; donc si on a $+$, $\frac{gh}{kf}$ peut être tout ce qu'on voudra, & si on a $-$, $gh$ doit être $< kf$.

18. De même l'élément de l'hyperbole est $\frac{dz\sqrt{[(q+1).zz-1]}}{\sqrt{(zz-1)}}$, ou $\frac{dz\sqrt{[(q+1).zz+1]}}{\sqrt{(zz+1)}}$, c'est-à-dire $\frac{dz\sqrt{(mzz \pm 1)}}{\sqrt{(zz+1)}}$, $m$ étant toujours $> 1$; donc si on a $\frac{dz\sqrt{(gzz \mp f)}}{\sqrt{(kzz \mp h)}}$, on la changera en $\frac{dz\sqrt{f}}{h} \times \frac{\sqrt{\left(\frac{gzz}{f} \mp 1\right)}}{\sqrt{\left(\frac{kzz}{h} \mp 1\right)}} =$ (en supposant $\frac{kzz}{h} = uu$) $Adu \frac{\sqrt{\left(\frac{gh}{kf} uu \mp 1\right)}}{\sqrt{(uu \mp 1)}}$; donc $gh$ doit être $> kf$.

19. Mais cette méthode démontre seulement la condition de $gh >$ ou $< hf$; & la méthode précédente

démontre de plus quels doivent être les ſignes des coefficiens dans les formes $\frac{dz\sqrt{(f+gzz)}}{\sqrt{(h+kzz)}}$, qui peuvent ſe réduire à un ſimple arc d'ellipſe ou d'hyperbole; ou à un arc d'hyperbole combiné avec une quantité algébrique.

20. Si on nomme $m'$ le demi-axe conjugué au demi-axe 1 ſur lequel ſont pris les $u$, on aura en général $q=m'^2$; donc pour l'ellipſe $m'^2-1=\pm\frac{gh}{kf}$, & pour l'hyperbole $m'^2+1=\frac{gh}{kf}$; donc dans le premier cas $m'=\sqrt{\left(1\pm\frac{gh}{kf}\right)}$, & dans le ſecond $m'=\sqrt{\left(\frac{gh}{kf}-1\right)}$.

21. Il réſulte des recherches précédentes, qu'il n'y a 1°. que les deux différentielles $\frac{dz\sqrt{(f+gzz)}}{\sqrt{(h-kzz)}}$ & $\frac{dz\sqrt{(f-gzz)}}{\sqrt{(h-kzz)}}$ qui puiſſent dans tous les cas ſe réduire à la rectification d'une ſeule ſection conique; la premiere à la rectification de l'ellipſe, la ſeconde à celle de l'ellipſe ſi $hg<kf$, & à celle de l'hyperbole combinée avec une quantité algébrique, ſi $hg>kf$. 2°. On peut y ajouter la différentielle $\frac{dz\sqrt{(gzz-f)}}{\sqrt{(h-kzz)}}$, quoiqu'elle exige la condition $hg>kf$, parce que cette condition eſt néceſſaire pour que la différentielle ſoit réelle. 3°. Enfin, les deux différentielles $\frac{dz\sqrt{(gzz+f)}}{\sqrt{(kzz+h)}}$ &

$\frac{dz\sqrt{(gzz-f)}}{\sqrt{(kzz-h)}}$, peuvent se réduire à un arc simple d'hyperbole, mais seulement dans le cas de $hg>kf$.

22. Il résulte encore des mêmes recherches, que les différentielles réductibles à-la-fois à des arcs d'ellipse & d'hyperbole, sont

1°. $\frac{dz\sqrt{(f+gzz)}}{\sqrt{(h+kzz)}}$, si $hg<kf$;

2°. $\frac{dz\sqrt{(f+gzz)}}{\sqrt{(kzz-h)}}$;

3°. $\frac{dz\sqrt{(f-gzz)}}{\sqrt{(h+kzz)}}$;

4°. $\frac{dz\sqrt{(f-gzz)}}{\sqrt{(kzz-h)}}$; cas où l'on a nécessairement $\frac{f}{g}>zz>\frac{h}{k}$, & par conséquent $hg<kf$;

5°. $\frac{dz\sqrt{(gzz-f)}}{\sqrt{(h+kzz)}}$;

6°. $\frac{dz\sqrt{(gzz-f)}}{\sqrt{(kzz-h)}}$, si $hg<kf$;

7°. Enfin $\frac{dz\sqrt{(f-gzz)}}{\sqrt{(h-kzz)}}$, si $hg<kf$.

23. Il résulte enfin qu'en général $\frac{dz\sqrt{(f+gzz)}}{\sqrt{(h+kzz)}}$ ne peut se réduire, ni à la rectification de l'ellipse seule, ni à celle de l'hyperbole seule, si $f$ & $h$ sont de différens signes; & ne peut se réduire à la rectification de l'hyperbole, combinée avec une quantité algébrique, que dans le seul cas de $\frac{gzz-f}{h-kzz}$, d'où résulte $hg>kf$.

24.

24. Soit $p$ un angle quelconque, il eſt clair, en faiſant coſ. $p=u$, ou ſin. $p=u$, que la quantité $dp\sqrt{(\alpha+\beta \text{ ſin.} p^2+\gamma \text{ coſ.} p^2)}$, eſt réductible à la rectification de l'ellipſe, ſi on a $\alpha+\beta$ poſitif ou $\alpha+\gamma$ poſitif; car cette quantité ſe changera en $\frac{du}{\sqrt{(1-uu)}}\times\sqrt{(\alpha+\beta-\beta u^2+\gamma u^2)}$, ou $\frac{du}{\sqrt{(1-uu)}}\times\sqrt{(\alpha+\gamma+\beta u^2-\gamma u^2)}$, qui ſe réduit à la forme $\frac{dz\sqrt{(f\pm gzz)}}{\sqrt{(h-kzz)}}$, intégrable par la ſeule rectification de l'ellipſe, en obſervant de plus (art. 22) que ſi on a $-gzz$, il faut que $fk>gh$; d'où il réſulte, 1°. que la différentielle propoſée eſt réductible à la rectification de l'ellipſe ſeule ſi on a $\alpha+\beta$ poſitif, & $\gamma-\beta$ poſitif, ou $\alpha+\gamma$ poſitif, & $\beta-\gamma$ poſitif. 2°. Si dans le premier cas $\gamma-\beta$ eſt négatif, & $\beta-\gamma$ dans le ſecond, on doit avoir $\frac{\alpha+\beta}{-\gamma+\beta}>1$ ou $\frac{\alpha+\gamma}{-\beta+\gamma}>1$. On peut conſidérer au reſte, que dans l'une ou l'autre des deux formules le coefficient de $u^2$ ſera poſitif, puiſque ces coefficiens ſont de ſignes contraires; ainſi la ſeule condition de $\alpha+\beta$ ou $\alpha+\gamma$ poſitif eſt ici ſuffiſante. Suppoſons $\alpha+\beta$ poſitif, & $\gamma-\beta$ poſitif, ce qui donne la premiere différentielle réductible à un arc d'ellipſe, il eſt clair que $\alpha+\beta+\gamma-\beta=\alpha+\gamma$ ſera poſitif, & que $\frac{\alpha+\gamma}{\gamma-\beta}$ ſera $>1$, puiſque quand même $\alpha$ ſeroit négatif & $=-\alpha'$, $\beta+\alpha=\beta-\alpha'$ étant poſitif (*hyp.*), on

aura $\beta > \alpha'$, & par conféquent (à caufe de $\gamma - \beta$ pofitif) $\gamma > \beta > \alpha'$ & $\gamma - \alpha' > \gamma - \beta$. Donc la feconde différentielle eft auffi réductible dans ce cas à un arc d'ellipfe ; ce qui doit être en effet, puifque la premiere & la feconde différentielle font les mêmes, & ne différent qu'en ce que $u =$ cof. $p$ dans la premiere, & $=$ fin. $p$ dans la feconde. On prouvera à peu près de même que fi $\alpha + \beta$ eft pofitif, & $\gamma - \beta$ négatif, & que $\frac{\alpha+\beta}{-\gamma+\beta} > 1$, $\alpha + \gamma$ fera pofitif, & qu'ainfi les deux différentielles feront également réductibles à un fimple arc d'ellipfe.

25. Il eft clair que la différentielle propofée peut fe changer en $dp\sqrt{(M + N \text{ cof. } 2p)}$, ou en $\frac{dp'}{2}$ $\sqrt{(M + N \text{ cof. } p')}$, & que, pour réduire en général ces deux différentielles à la précédente, il fuffit d'écrire dans la feconde cof. $2p$, au lieu de cof. $p'$, & d'écrire enfuite $2$ cof. $p^2 - 1$, au lieu de cof. $2p$; après quoi il fera facile de voir fi la propofée eft réductible à un arc d'ellipfe.

26. Si on a $dp'\sqrt{(M + N \text{ fin. } p')}$, on fera fin. $p' =$ cof. $q$, ce qui donne cof. $p' =$ fin. $q$, $dp' = -dq$, & la transformée $-dq\sqrt{(M + N \text{ cof. } q)}$, qui fe réduit à la forme précédente.

27. Enfin fi on avoit $dq'\sqrt{(M + N \text{ fin. } p' + L \text{ cof. } p')}$, on écrira, au lieu de $N$ fin. $p' + L$ cof. $p'$, la quantité $H$ fin. $(p' + A)$, ce qui eft toujours poffible, & enfuite

$q$ au lieu de $p'+A$, ce qui donnera la transformée $dq\sqrt{(M+H \text{ fin. } q)}$, réductible à la forme précédente.

28. On voit au reste que, dans le cas où les différentielles dont on vient de parler, ne sont point réductibles à des arcs simples d'ellipse, elles sont au moins réductibles à des arcs de sections coniques, puisque la transformée sera toujours de la forme $\frac{du\sqrt{(f+guu)}}{\sqrt{(1-u^2)}}$, & que de plus, si on a $f$ négatif (ou $guu-f$), & $g>f$, elle se réduit (art. 12, n°. 2) à un arc simple d'hyperbole combiné avec une quantité algébrique.

29. On trouvera par une méthode semblable aux précédentes, les cas où $\frac{zzdz}{\sqrt{(f+gzz)}.\sqrt{(h+kzz)}}$ se réduit à des arcs seuls d'ellipse ou d'hyperbole. Il suffira pour cela de supposer $zz=x$, & on aura pour transformée $\frac{dx\sqrt{x}}{\sqrt{(fh+gkxx+(fk+gh)x}}$, & d'appliquer à ce cas les raisonnemens précédens, en observant, comme ci-dessus, que $f$ & $g$ ne sauroient être tous deux négatifs à-la-fois, non plus que $h$ & $k$, & que s'ils sont tous quatre négatifs, il faut changer les signes, ce qui les rendra tous positifs.

30. On trouvera par conséquent, que la proposée se réduit à la forme $\frac{dx\sqrt{x}}{\sqrt{(xx\pm f'x-gg)}}$, c'est-à-dire, à la rectification d'un arc simple d'hyperbole, si on a $gk$ positif, & $fh$ négatif.

Donc, 1°. si on a $f+gzz$, il faut que $k$ soit positif, & $h$ négatif; c'est-à-dire, qu'on ait $\frac{zzdz}{\sqrt{(f+gzz)}.\sqrt{(kzz-h)}}$.

2°. Si on a $f-gzz$, il faut que $k$ soit négatif, & $h$ négatif, ce qui est impossible.

3°. Si on a $gzz-f$, il faut que $k$ soit positif, & $h$ positif, ce qui donne $\frac{zzdz}{\sqrt{(gzz-f)}.\sqrt{(h+kzz)}}$.

31. On voit de même que la proposée se réduit à $\frac{dx\sqrt{x}}{\sqrt{(\pm f'x-xx+gg)}}$, c'est-à-dire, à un arc d'hyperbole combiné avec une quantité algébrique, si on a $gk$ négatif, & $fh$ positif.

Donc, 1°. si on a $f+gzz$, $k$ doit être négatif, & $h$ positif. Ce cas est représenté par $\frac{zzdz}{\sqrt{(f+gzz)}.\sqrt{(h-kzz)}}$.

2°. Si on a $f-gzz$, $k$ doit être positif, & $h$ positif. Ce cas est représenté par $\frac{zzdz}{\sqrt{(f-gzz)}.\sqrt{(h+kzz)}}$.

3°. Si on a $gzz-f$, $k$ doit être négatif, & $h$ négatif, ce qui ne se peut.

32. On voit enfin que la proposée se réduit à la forme $\frac{dx\sqrt{x}}{\sqrt{(f'x-xx-g'g')}}$, c'est-à-dire, à un simple arc d'ellipse, si on a $fh$ & $gk$ négatifs, & $fk+gh$ positif, & de plus $f'f'>4g'g'$.

Donc, 1°. si on a $f+gzz$, $h$ doit être négatif, ainsi que $k$, ce qui ne se peut.

2°. Si on a $f-gzz$, $k$ doit être poſitif, & $h$ négatif; d'où l'on voit que la troiſiéme condition de $fk+gh$ poſitif ſera remplie, puiſque $fk$ ſera poſitif, étant compoſé de deux quantités poſitives, ainſi que $gh$, formé de deux quantités négatives. Enfin, pour remplir la quatriéme condition, on obſervera que le radical exprimé en $x$, eſt repréſenté ici par $\sqrt{[-fh-gkxx+(fk+gh)x]}$, & qu'on a $f'=\frac{fk+gh}{gk}$, & $g'g'=\frac{fh}{gk}$; donc il faudra que $ffkk+2fkgh+g^2h^2$ ſoit $>4gkfh$ ou $(fk-gh)^2>0$, condition qui a toujours lieu. Donc on pourra réduire à un arc d'ellipſe la différentielle $\frac{zzdz}{\sqrt{(f-gzz)}.\sqrt{(kzz-h)}}$; on remarquera ſeulement qu'ici $\frac{f}{g}$ doit être $>zz>\frac{h}{k}$, & par conſéquent $fk>gh$, ſans quoi la différentielle ſeroit imaginaire.

3°. Si on a $gzz-f$, $h$ doit être poſitif, & $k$ négatif; d'où l'on voit que la troiſiéme condition de $fk+gh$ poſitif, ſera remplie, puiſque $f$ & $k$ ſont négatifs, & $g$, $h$, poſitifs. A l'égard de la quatriéme condition, on obſervera que le radical eſt repréſenté ici par $\sqrt{[-fh-gkxx+(fk+gh)x]}$, & on trouvera, comme dans le cas de $f-gzz$, que la condition ſe réduit à $(fk-gh)^2>0$, condition qui a toujours lieu. Donc on pourra réduire à un arc d'ellipſe la différentielle $\frac{zzdz}{\surd(gzz-f).\surd(h-kzz)}$. On remarquera seulement que cette différentielle ne peut être réelle qu'autant qu'on aura $\frac{h}{k}>zz>\frac{f}{g}$, & par conséquent $hg>fk$. Ce cas est l'inverse du précédent, ou plutôt n'est proprement que le même, où l'on a mis $h$ pour $f$, & $k$ pour $g$, & réciproquement.

33. On peut encore prouver d'une autre maniere les propositions précédentes, en considérant que la différentielle $\frac{dx\surd x}{\surd(f'x-xx-g'g')}=\frac{dx\surd x}{\surd(\alpha-x).\surd(x-\beta)}$, ce qui donne $\alpha>x>\beta$, ou $\alpha>\beta$; d'où il est clair que dans les différentielles $\frac{zzdz}{\surd(f+gzz).\surd(h+kzz)}$ réductibles à la rectification de l'ellipse, les quantités renfermées sous les signes radicaux seront de la forme $f-gzz$, $kzz-h$, & que $\frac{f}{g}$ doit être $>\frac{h}{k}$, puisque $\frac{f}{g}>zz>\frac{h}{k}$; ou de la forme $h-kzz$, $gzz-f$, & que $\frac{h}{k}$ doit être $>\frac{f}{g}$; deux cas qui reviennent au même.

34. Par la même raison, comme la différentielle $\frac{dx\surd x}{\surd\ xx\pm f'x-g'g')}$, réductible à un simple arc d'hyperbole se change en $\frac{dx\surd x}{\surd(x+\alpha).\surd(x-\beta)}$, il est clair que pour la réduction à un simple arc d'hyperbole, il fau-

dra que la forme soit ici $\frac{z^2 dz}{\sqrt{(f+gzz)}.\sqrt{(-h+kzz)}}$, ou $\frac{z^2 dz}{\sqrt{(gzz-f)}.\sqrt{(h+kzz)}}$ : deux cas qui reviennent au même.

35. Donc les cas où $f$ & $h$ seroient de même signe ne peuvent se réduire à la rectification de l'ellipse seule, ni de l'hyperbole seule.

36. Enfin, pour la réduction à un arc d'hyperbole combiné avec une quantité algébrique, on a $\frac{dx\sqrt{x}}{\sqrt{(\pm f'x-xx+g'g')}} = \frac{dx\sqrt{x}}{\sqrt{(a-x)}.\sqrt{(6+x)}}$; donc ce cas renferme les différentielles $\frac{z^2 dz}{\sqrt{(f-gzz)}.\sqrt{(h+kzz)}}$, ou $\frac{z^2 dz}{\sqrt{(f+gzz)}.\sqrt{(h-kzz)}}$. Donc les cas où $f$ & $h$ sont de signes différens ne peuvent se rapporter à celui dont il s'agit ici.

37. Donc on ne peut rapporter ni à la rectification de l'ellipse seule, ni à celle de l'hyperbole seule, ni même à celle de l'hyperbole combinée avec une quantité algébrique, le cas de $\frac{zzdz}{\sqrt{(f+gzz)}.\sqrt{(h+kzz)}}$, non plus que celui de $\frac{zzdz}{\sqrt{(f-gzz)}.\sqrt{(h-kzz)}}$.

38. L'ellipse dont la rectification donne l'intégrale de $\frac{z^2 dz}{\sqrt{(f-gzz)}.\sqrt{(kzz-h)}}$, ou $\frac{dx\sqrt{x}}{\sqrt{[(fk+gh)x-gkxx-fh]}}$

$= \frac{dx}{\sqrt{gk}.\sqrt{\left(\frac{fk+gh}{gk}x - xx - \frac{fh}{gk}\right)}}$, se rapporte à la forme $\frac{dx\sqrt{x}}{\sqrt{(f'x - xx - g'g')}}$. Or (Mém. de Berlin, 1746, pag. 201) les demi-axes $r$, $g'$ de cette ellipse sont tels que $f'r - rr = g'g'$, & les abscisses $t$ prises depuis le centre & sur le demi-axe $r$ doivent être telles, que $rx = rr + \left(\frac{g'g'}{rr} - 1\right)tt$, $g'g'$ étant $= \frac{fh}{gk}$; donc $r = \frac{f'}{2} \pm \sqrt{\left(\frac{ff'}{4} - g'g'\right)} = \frac{fk+gh}{2gk} \pm \sqrt{\left(\frac{(fk+gh)^2}{4ggkk} - \frac{fh}{gk}\right)}$ $= \frac{fk+gh}{2gk} \pm \left(\frac{fk-gh}{2gk}\right) = \frac{2fk}{2gk}$, ou $\frac{2gh}{2gk} = \frac{f}{g}$, ou $\frac{h}{k}$; & $rx$ ou $\frac{fx}{g} = r^2 + \left(\frac{g'^2}{r^2} - 1\right)t^2 = \frac{f^2}{g^2} + \left(\frac{fh.g^2}{gk.f^2} - 1\right)tt$; ou $\frac{hx}{k} = \frac{h^2}{k^2} + \left(\frac{fh.k^2}{gk.h^2} - 1\right)tt$; donc $x = \frac{f}{g} + \left(\frac{hg^2}{kf^2} - \frac{g}{f}\right)tt$, ou $x = \frac{h}{k} + \left(\frac{k^2f}{h^2g} - \frac{k}{h}\right)tt$, ou enfin, en mettant pour $x$ sa valeur $zz$, $zz = \frac{f}{g} + \left(\frac{hg^2}{kf^2} - \frac{g}{f}\right)tt$, ou $zz = \frac{h}{k} + \left(\frac{k^2f}{h^2g} - \frac{k}{h}\right)tt$. A l'égard du demi-axe conjugué, il sera $\sqrt{\left(\frac{fh}{gk}\right)}$.

39. L'hyperbole dont la rectification donne l'intégrale de $\frac{zzdz}{\sqrt{(gzz+f.\sqrt{kzz-h})}}$, ou $\frac{dx\sqrt{x}}{\sqrt{(gkxx+(fk-gh)x-fh)}}$ $= \frac{dx}{\sqrt{(gk)}.\sqrt{\left(xx + \frac{fk-gh}{gk}x - \frac{fh}{gk}\right)}}$, se rapporte à la forme

forme $\frac{dx\sqrt{x}}{\sqrt{(\pm f'x+xx-g'g')}}$. Or (Mém. Berlin, 1746, pag. 203) les demi-axes $r$, $g'$ de cette hyperbole sont tels que $rr-g'g'=\pm f'r$, & les abscisses $t$ prises depuis le centre sur l'axe $r$, sont telles que $t=\frac{\sqrt{(rr+rx)}}{\sqrt{\left(\frac{g'g'}{rr}+1\right)}}$; donc $r=\pm\frac{f'}{2}\pm\sqrt{\left(\frac{f'f'}{4}+g'g'\right)}$ $=+\frac{fk-gh}{2gk}\pm\sqrt{\left(\frac{(fk+gh)^2}{4g^2k^2}+\frac{fh}{gk}\right)}=+$ $\frac{fk-gh}{2gk}\pm\left(\frac{fk+gh}{2gk}\right)=\frac{f}{g}$, ou $\frac{h}{k}$, & l'abscisse $t$ sera telle qu'on ait $t^2=\frac{\frac{f^2}{g^2}+\frac{f}{g}x}{\frac{fh}{gk}\cdot\frac{g^2}{f^2}+1}$, ou $\frac{\frac{h^2}{k^2}+\frac{h}{k}x}{\frac{fh}{gk}\cdot\frac{k^2}{h^2}+1}$; c'est-à-dire, $tt=\frac{\frac{f}{g}+zz}{\frac{hg^2}{kf^2}+\frac{g}{f}}$, ou $\frac{\frac{h}{k}+zz}{\frac{fk^2}{gh^2}+\frac{k}{h}}$; d'où l'on tirera aisément la valeur de $zz$; quant au demi-axe conjugué à $r$, il sera $\sqrt{\left(\frac{fh}{gk}\right)}$.

40. Enfin l'hyperbole dont la rectification combinée avec une quantité algébrique, donne l'intégrale de $\frac{dx\sqrt{x}}{\sqrt{(g'g'\pm f'x-xx)}}$ a pour demi-axes $g'$ & $r=\pm\frac{f'}{2}+\sqrt{\left(\frac{f'f'}{4}+g'g'\right)}$, & pour abscisses $\pm$

$\frac{\sqrt{\left(rr \pm \frac{rg'^2}{x}\right)}}{\sqrt{\left(\frac{g'g'}{rr}+1\right)}}$ (Mém. Berl. 1746, pag. 203, art. 17 & 20). Donc l'hyperbole dont la rectification (combinée avec une quantité algébrique) donne l'intégrale de $\frac{zz\,dz}{\sqrt{(f+gzz)}.\sqrt{(h-kzz)}}$, ou $\frac{dx\sqrt{x}}{\sqrt{(fh+(gh-fk)x-gkxx)}}$ $= \frac{dx}{\sqrt{(gk)}.\sqrt{\left(\frac{fh}{gk}+\frac{gh-fk}{gk}\right)x-xx}}$, aura pour demi-axes $g'=\sqrt{\frac{fh}{gk}}$, & $r = \pm \frac{gh-fk}{2gk} + \sqrt{\left(\frac{(gh-fk)^2}{4ggkk}+\frac{fh}{gk}\right)} = \frac{h}{k}$, ou $\frac{f}{g}$, & pour abscisses $\frac{\sqrt{\left(\frac{f^2}{g^2}+\frac{ffh}{ggkzz}\right)}}{\sqrt{\left(\frac{fhg^2}{gkff}+1\right)}}$, ou $\frac{\sqrt{\left(\frac{h^2}{k^2}+\frac{fhh}{gkkzz}\right)}}{\sqrt{\left(\frac{fh.k^2}{gkhh}+1\right)}}$; c'est-à-dire, $\frac{\sqrt{\left(\frac{f}{g}+\frac{hf}{gkzz}\right)}}{\sqrt{\left(\frac{hg^2}{kff}+\frac{g}{f}\right)}}$, ou $\frac{\sqrt{\left(\frac{h}{k}+\frac{fh}{gkzz}\right)}}{\sqrt{\left(\frac{fk^2}{ghh}+\frac{k}{h}\right)}}$

41. L'hyperbole dont la rectification, combinée avec une quantité algébrique, donne l'intégrale de $\frac{dz\sqrt{(gzz-f)}}{\sqrt{(h-kzz)}}$, ou $\frac{dz\sqrt{(f-gzz)}}{\sqrt{(h-kzz)}}$, se réduit à la forme

$\frac{dx\sqrt{x}}{\sqrt{(f+x)}.\sqrt{[hg-k(x+f)]}}$ dans le premier cas, & $\frac{dx\sqrt{x}}{\sqrt{(f-x)}.\sqrt{(hg-k(f-x))}}$, dans le second, c'est-à-dire, à la forme $\frac{dx\sqrt{x}}{\sqrt{(\pm f'x-xx+g'g')}}$, ce qui donne, dans le premier cas $f'=\frac{hg-2kf}{k}$, $g'g'=\frac{hgf-kff}{k}$, & dans le second $f'=+\frac{2kf-hg}{k}$, $g'g'=\frac{hgf-kff}{k}$; or les demi-axes de cette derniere hyperbole (Mém. Berlin, 1746, pag. 203, art. XX) sont $g'$ & $\frac{f'}{2}+\sqrt{\left(\frac{f'f'}{4}+g'g'\right)}$; c'est-à-dire, $\sqrt{\left(\frac{hgf-kff}{k}\right)}$, & $\pm\frac{hg\mp 2kf}{2k}+\sqrt{\left(\frac{(hg-2kf)^2}{4kk}+\frac{4hkgf-4kkff}{4kk}\right)}$ $=\pm\frac{hg\mp 2kf}{2k}+\frac{hg}{2k}=\frac{hg-kf}{k}$, ou $f$.

42. On trouvera de même les axes de l'ellipse & ceux de l'hyperbole simple, dont la rectification donne l'intégrale des différentielles mentionnées ci-dessus (articles 12 & 17); & il ne paroît pas nécessaire de nous arrêter plus long-temps sur cet objet.

43. Nous avons supposé pour plus de facilité dans les calculs précédens, que $f+gzz$ & $h+kzz$ étoient tous deux positifs; cependant s'ils étoient l'un & l'autre négatifs, ce qui n'empêcheroit pas le radical $\frac{\sqrt{(f+gzz)}}{\sqrt{(h+kzz)}}$, ou $\sqrt{(f+gzz)}.\sqrt{(h+kzz)}$, d'être réel,

alors on pourroit encore ne pas prendre la peine de changer les signes; il faudroit faire les calculs comme ci-dessus, en supposant $f+gzz=x$ dans le premier cas, & $zz=x$ dans le second, & remarquer seulement que dans la transformée qui en viendroit $\frac{dx\sqrt{x}}{\sqrt{(A+Bx+Cxx)}}$, $x$ seroit négatif, & $\sqrt{x}$ imaginaire dans le premier cas, & que dans le second cette transformée demeureroit la même, de sorte qu'en faisant $x=-u$, dans le seul premier cas, on auroit $\frac{du\sqrt{u}}{\sqrt{(A-Bu+Cuu)}}$, ou $\frac{du\sqrt{u}}{\sqrt{(Bu-A-Cuu)}}$, quantité dans laquelle tout est réel; on feroit ensuite sur cette transformée les mêmes raisonnemens qu'on a faits ci-dessus sur la transformée en $x$ & $dx$.

44. Si dans la transformée $\frac{dx\sqrt{x}}{\sqrt{(A+Bx+Cxx)}}$, on avoit $A=0$, ou $C=0$, ou $BB-4AC=0$, le radical inférieur se simplifieroit, & la différentielle ne dépendroit plus que de la quadrature, & non des arcs de sections coniques.

45. On trouvera aisément, sans que nous entrions dans ce détail, quels sont les cas où les différentielles $\frac{dz\sqrt{(f+gzz)}}{\sqrt{(h+kzz)}}$, & $\frac{z^2dz}{\sqrt{(f+gzz)}.\sqrt{(h+kzz)}}$, se transforment de cette derniere maniere. Par exemple, si on avoit $f$, $g$, $h$, $k$ positifs, & $fk=gh$, on auroit $C=0$, ce qu'il est aisé de voir d'ailleurs, puisque $zz+$

$\frac{f}{g}$ feroit $= zz + \frac{h}{k}$; ce qui simplifieroit beaucoup le calcul; il en feroit de même si on avoit dans la même hypothèse de $fk = gh$, $gzz - f$, & $kzz - h$, ou $f - gzz$ & $h - kzz$, &c. mais non, si on avoit $gzz - f$ & $kzz + h$, ou $f - gzz$ & $kzz + h$, &c. même en supposant $fk = gh$; dans cette derniere supposition de $fk = gh$, le calcul se simplifieroit encore si on avoit $f - gzz$ & $kzz - h$, parce que les radicaux se réduiroient à $\frac{f}{g} - zz = \left(\sqrt{\frac{f}{g}} + z\right) \times \left(\sqrt{\frac{f}{g}} - z\right)$, & à $zz - \frac{h}{k} = \left(z + \sqrt{\frac{h}{k}}\right) \times \left(z - \sqrt{\frac{h}{k}}\right)$, & que ces deux produits ont un diviseur commun; la même chose auroit lieu, si on avoit $gzz - f$ & $h - kzz$. Mais il est aisé de voir que ces derniers cas seroient illusoires, parce que $f - gzz$ & $kzz - h$, ainsi que $gzz - f$ & $h - kzz$, ne pourroient être tous deux réels (dans la supposition de $fk = gh$, ou $\frac{f}{g} = \frac{h}{k}$), que dans le seul cas de $z = \frac{f}{g} = \frac{h}{k}$, ainsi $z$ ne pourroit être regardé comme variable.

46. On trouvera par les mêmes méthodes que ci-dessus, les cas où $\frac{dz\sqrt{(f + gzz)}}{zz\sqrt{(h + kzz)}}$ est réductible à des arcs seuls d'ellipse ou d'hyperbole. Il suffit pour cela de supposer $\frac{1}{z} = u$, & la différentielle proposée se réduira au cas de $\frac{dz\sqrt{(f' + g'zz)}}{\sqrt{(h' + k'zz)}}$.

47. Il en sera de même encore de la différentielle $\frac{dz}{(m+nzz)^{\frac{3}{2}}} \times \frac{\sqrt{(f+gzz)}}{\sqrt{(h+kzz)}}$; car en faisant $\frac{z}{\sqrt{(m+nzz)}} = u$, elle se réduit à la forme $\frac{du\sqrt{(A+Buu)}}{\sqrt{(C+Duu)}}$.

48. Il en sera de même encore de $\frac{dp\sqrt{(\alpha+\beta \text{ fin. } p^2+\gamma \text{ cof. } p^2)}}{\sqrt{(\lambda+\mu \text{ fin. } p^2+\nu \text{ cof. } p^2)}}$, divisé par sin. $p^2$, ou par cos. $p^2$; car il n'y a qu'à faire dans le premier cas sin. $p=\sqrt{(1-uu)}$, ou cos. $p=u$, & dans le second cos. $p=\sqrt{(1-uu)}$, ou sin. $p=u$, & on aura une transformée de cette forme $\frac{du}{(1-uu)^{\frac{3}{2}}} \frac{\sqrt{(\alpha'+\beta' uu)}}{\sqrt{(\lambda'+\gamma' uu)}}$, qui se réduit à la forme précédente.

49. Il en sera de même de $\frac{dz}{zz\sqrt{(f+gzz)} \cdot \sqrt{(h+kzz)}}$, comme on le verra aisément en faisant $\frac{1}{z}=u$, car la transformée sera de la forme

$$\frac{uudu}{\sqrt{(A+Buu)} \cdot \sqrt{(C+Duu)}}.$$

50. Il en sera de même encore de $\frac{zzdz}{(m+nzz)^{\frac{3}{2}}} \times \frac{1}{\sqrt{(f+gzz)} \cdot \sqrt{(h+kzz)}}$, comme on le verra en supposant $u = \frac{z}{\sqrt{(m+nzz)}}$, qui donne $\frac{dz}{(m+nzz)^{\frac{3}{2}}} =$

$\frac{du}{m}$, $zz = \frac{mu^2}{1 - nu^2}$, & une transformée de la forme $\frac{uudu}{\sqrt{(A+Buu)}.\sqrt{(C+Duu)}}$.

51. M. Euler, dans les Tomes VIII & X des nouveaux Mém. de Pétersbourg, déja cités, trouve que $\frac{dz\sqrt{(f+gzz)}}{\sqrt{(h+kzz)}}$ est intégrable par des arcs de sections coniques, combinés avec des quantités algébriques, dans les cas mêmes, où nous avons dit ci-dessus que ces quantités sont intégrables par des arcs simples d'ellipse ou d'hyperbole. Cela vient de ce que par les théorêmes de M. Euler, & avant lui, du Comte Fagnani, on peut toujours trouver un simple arc d'ellipse ou d'hyperbole, qui soit égal à un autre arc de la même ellipse ou de la même hyperbole, combiné avec une quantité algébrique. Voyez les Mém. déja cités, & sur-tout le Volume VI de ces mêmes Mémoires.

52. En effet, soit, par exemple, $\frac{dz\sqrt{(f\pm gzz)}}{\sqrt{(h-kzz)}}$, l'élément d'un arc d'ellipse, & soit supposé avec M. Euler, $\frac{h-kzz}{f\pm gzz} = xx$, on aura $h - kzz = fxx \pm gzzxx$, & $\frac{h-fxx}{k\pm gxx} = zz$; donc en différentiant l'équation $h - kzz = fxx \pm gzzxx$, on aura $-kzdz - fxdx = \pm gxxzdz \pm gzzxdx$, & en divisant par $xz$, $\pm gd(xz) = -\frac{kdz}{x} - \frac{fdx}{z} = -\frac{kdz\sqrt{(f\pm gzz)}}{\sqrt{(h-kzz)}}$ ...

$\frac{f dx \sqrt{(k \pm fxx)}}{\sqrt{(h - fxx)}}$; d'où il eſt clair qu'on aura l'intégrale du dernier membre de cette équation, puiſque l'intégrale du premier membre eſt $\pm gxz + A$. Or le dernier membre eſt la ſomme de deux arcs d'ellipſe; cela eſt évident (art. 17) ſi on a $+g$; & ſi on a $-g$, il eſt clair que le premier terme étant (*hyp.*) un arc d'ellipſe, on a (art. 15) $fk > gh$, ou $\frac{f}{g} > \frac{h}{k}$; donc $\frac{k}{g} > \frac{h}{f}$; donc dans le ſecond membre $kf$ eſt auſſi $> gh$.

53. On peut remarquer de plus que les deux ellipſes ſont ſemblables, car $\frac{\sqrt{(f \pm gzz)}}{\sqrt{(h - kzz)}} = \frac{\sqrt{f}}{\sqrt{h}} \times \frac{\sqrt{(1 \mp \frac{g}{f} zz)}}{\sqrt{(1 - \frac{kzz}{h})}}$, & $\frac{\sqrt{(k \pm gxx)}}{\sqrt{(h - fxx)}} = \frac{\sqrt{k}}{\sqrt{h}} \times \frac{\sqrt{(1 \pm \frac{g}{k} xx)}}{\sqrt{(1 - \frac{f}{h} xx)}}$; or $\frac{gzz}{f} = \frac{kzz}{h} \times \frac{hg}{kf}$, & $\frac{gxx}{k} = \frac{fxx}{h} \times \frac{hg}{kf}$. Donc ſi on fait $\frac{kzz}{h} = uu$, & $\frac{fxx}{h} = yy$, on aura $\frac{gzz}{f} = \frac{hg}{kf} uu$, & $\frac{gxx}{k} = \frac{hg}{kf} y^2$; donc les deux radicaux ſeront $\frac{\sqrt{(1 \pm Au^2)}}{\sqrt{(1 - u^2)}}$ & $\frac{\sqrt{(1 \pm Ay^2)}}{\sqrt{(1 - y^2)}}$. Donc, &c.

54. Il en ſera de même pour l'hyperbole, comme il réſulte, tant des théorêmes de MM. Fagnani & Euler,

Euler, que de ce que nous avons démontré nous-mêmes dans le Tome V de nos *Opuſcules*, pag. 242, & dans les Mém. de Turin, Tome IV, pag. 151 de la partie Mathématique; & nous remarquerons à cette occaſion qu'on trouvera dans les endroits cités, la maniere de faire diſparoître dans la transformée

$\frac{dx\sqrt{x}}{\sqrt{(\pm f'x-xx+g'g')}}$, les quantités infinies, dont la différence eſt finie, & les changer en deux quantités finies.

55. Puiſque la différentielle $\frac{dz\sqrt{(f\pm gzz)}}{\sqrt{(h-kzz)}}$, qui dépend d'un ſimple arc d'ellipſe, peut ſe transformer en un autre arc de la même ellipſe, combiné avec une quantité algébrique, il eſt clair qu'on pourra opérer une transformation ſemblable ſur la différentielle

$\frac{dx\sqrt{x}}{\sqrt{(f'x-xx-g'g')}}$, qui réſulte de la précédente, & qui dépend auſſi d'un ſimple arc d'ellipſe. Il ſuffira pour cela de faire $zz=u$, & $\frac{h-ku}{f\pm gu}=y$, ce qui donnera $h-ku=fy\pm guy$, $u=\frac{h-fy}{k\pm gy}$, $-kdu-fdy=\pm gudy\pm gydu$, & en diviſant par $2\sqrt{(uy)}$, on aura $\pm gd[\sqrt{(uy)}]=-\frac{kdu}{2\sqrt{u}.\sqrt{y}}-\frac{fdy}{2\sqrt{y}.\sqrt{u}}=$
$-\frac{kdu}{2\sqrt{u}}.\frac{\sqrt{(f\pm gu)}}{\sqrt{(h-ku)}}-\frac{fdy}{2\sqrt{y}}.\frac{\sqrt{(k\pm gy)}}{\sqrt{(h-fy)}}; =-$

$$\frac{kdu\sqrt{f}}{2\sqrt{h}.\sqrt{u}} \times \frac{\sqrt{\left(1 \pm \frac{gu}{f}\right)}}{\sqrt{\left(1-\frac{ku}{h}\right)}} - \frac{fdy\sqrt{k}}{2\sqrt{y}.\sqrt{h}} \times$$

$\dfrac{\sqrt{\left(1 \pm \frac{gy}{k}\right)}}{\sqrt{\left(1-\frac{fy}{h}\right)}}$. Suppoſant enſuite $1 \pm \frac{gu}{f} = t$, & $1 \pm \frac{gy}{k} = s$, on aura évidemment (article 53) deux transformées de la forme $\frac{dx\sqrt{x}}{\sqrt{(f'x-xx-g'g')}}$, qui étant combinées enſemble, donneront une intégrale algébrique. Donc, &c.

56. Nous avons prouvé dans les Mém. de Berlin, 1746, que la différentielle $\frac{du}{\sqrt{u}.\sqrt{(f+gu)}.\sqrt{(h+ku)}}$, dépend toujours d'un arc d'ellipſe & d'un arc d'hyperbole ; & que $\frac{du\sqrt{u}}{\sqrt{(f+gu)}.\sqrt{(h+ku)}}$, dépend, ou des arcs de ces deux ſections coniques, ou de la rectification d'une ſeule, ſelon la nature des coefficiens $f$, $g$, $h$, $k$, c'eſt-à-dire, dans les cas où la quantité $fh+(gh+fk)u+gkuu$ peut ſe réduire, ou non, à l'une de ces trois formes, $f'u-gg-\alpha uu$, $\pm f'u-gg+\alpha uu$, $\pm fu+gg-\alpha uu$.

57. Maintenant on obſervera que la quantité $\frac{dz\sqrt{(f+gzz)}}{\sqrt{(h+kzz)}}$, ſe change (en faiſant $zz=u$, en

$$\frac{du\sqrt{(f+gu)}}{\sqrt{u}.\sqrt{(h+ku)}} = \frac{fdu}{\sqrt{u}.\sqrt{(f+gu)}\sqrt{(h+ku)}} +$$

$\frac{gdu\sqrt{u}}{\sqrt{(f+gu)}.\sqrt{(h+ku)}}$; j'appelle $Adu$ la premiere de ces deux dernieres différentielles, & $Bdu$ la seconde. Donc dans le cas où $\frac{dz\sqrt{(f+zz)}}{\sqrt{(h+kzz)}} = \frac{du\sqrt{(f+gu)}}{\sqrt{u}.\sqrt{(h+ku)}}$ se réduira à l'arc d'une seule section conique, il est clair que comme $Adu$ dépend toujours de deux arcs, & $Bdu$ tantôt de deux, tantôt d'un seul, il faudra lorsque $Bdu$ dépend d'un seul arc, que l'un des deux arcs disparoisse dans la combinaison des quantités $Adu + Bdu$, & dans le cas où $\frac{dz\sqrt{(f+gzz)}}{\sqrt{(h+kzz)}}$ se réduit à la rectification de deux sections coniques, & par conséquent où $Bdu$ peut dépendre de deux arcs, il faudra qu'ils soient les mêmes que pour $Adu$; car sans cela, ou les arcs de la même section conique ne pourroient dans le premier cas se détruire dans $Adu + Bdu$, ou dans le second la différentielle dépendroit de deux arcs d'ellipse différens, & de deux arcs d'hyperbole différens. Sur quoi voyez les Mém. de Berlin, 1746, où cette vérité est prouvée d'une autre maniere, & par un calcul direct pour tous les cas.

58. Soit la quantité complexe, $\frac{\alpha dx}{\sqrt{x}.\sqrt{(\beta+\gamma x+\delta xx)}} + \frac{\varphi dx\sqrt{x}}{\sqrt{(\beta+\gamma x+\delta xx)}}$, dans laquelle $\alpha$, $\beta$, $\gamma$, $\delta$, $\varphi$, sont des coefficiens constans, on la changera en celle-ci $\frac{\alpha dx+\varphi x dx}{\sqrt{x}.\sqrt{(\beta+\gamma x+\delta xx)}}$. Soit $\alpha+\varphi x=u$, la transformée sera de cette forme $\frac{udu}{\sqrt{(A+Bu+Cu^2+Du^3)}}$, &

pour qu'elle se réduise à la rectification d'une seule section conique, il faut, 1°. qu'elle puisse se réduire à cette forme $\frac{du\sqrt{u}}{\sqrt{(E+Fu+Gu^2)}}$, ce qui donne $A=0$; 2°. que $E+Fu+Gu^2$ se réduise à la forme $fu-gg-\alpha uu$, ou $\pm fu-gg+\alpha uu$, ou $\pm fu+gg-\alpha uu$.

59. Si on a une différentielle de cette forme $\frac{dz\sqrt{(A+Czz)}}{D+Ez\sqrt{(F+Gzz)}+Hzz}$, elle se réduira à des arcs de cercle ou à des logarithmes; il suffit pour cela de multiplier haut & bas par $D-Ez\sqrt{(F+Gzz)}+Hzz$, ce qui donnera aux termes les plus compliqués de la différentielle, cette forme

$$\frac{zdz\sqrt{(A+Czz)}\cdot\sqrt{(F+Gzz)}}{L+Mz^2+Nz^4}=\frac{zdz\sqrt{(P+Qzz+Sz^4)}}{L+Mz^2+Nz^4}.$$

Faisant ensuite $zz=u$, & faisant disparoître le radical $\sqrt{(P+Qu+Su^2)}$, on n'aura plus que des fractions rationnelles dans la différentielle.

60. Donc il en sera de même & par les mêmes raisons de $du$ sin. $u$ ou $du$ cos. $u$ multiplié par $\frac{\sqrt{(D'+G'\text{ cos. } 2u)}}{E'+F'\text{ sin. } 2u+N'\text{ cos. } 2u}\times M'+P'\text{ sin. } 2u+Q'\text{ cos. } 2u$. Car soit cos. $u=x$; on aura dans le premier cas la transformée $\frac{dx\sqrt{(A+Bxx)}}{L+Nx\sqrt{(1-xx)}+Pxx}\times Q+R\times\sqrt{(1-xx)}+Sxx$, & en multipliant haut & bas par $L+Pxx-Nx\sqrt{(1-xx)}$, les termes les plus compliqués de la différentielle seront de la forme

$$\frac{x^k dx\sqrt{(A+Bxx)}.\sqrt{(1-xx)}}{G+Hxx+Fx^4}=\frac{x^k dx\sqrt{(P'+Q'xx+S'x^4)}}{G+Hxx+Fx^4},$$

$k$ étant un nombre entier, & dans le second cas, on aura une pareille transformée en supposant sin. $u=x$. Donc, &c.

61. Voici encore d'autres différentielles réductibles à des arcs de sections coniques. Nous avons fait voir dans les Mém. de Berlin, qu'en général $x^{\frac{n}{2}}dx(\alpha+\beta x+\gamma xx)^{\frac{m}{2}}$ est réductible à de tels arcs, $n$ & $m$ étant des nombres impairs positifs ou négatifs. Or, soit proposée la différentielle $x^{\frac{p}{2}}dx\times\int x^{\frac{n}{2}}dx(\alpha+\beta x+\gamma xx)^{\frac{m}{2}}$, $p$ étant un nombre pair ou impair, positif ou négatif, il est clair que l'intégrale sera $\frac{x^{\frac{p}{2}+1}}{\frac{p}{2}+1}\times\int x^{\frac{n}{2}}dx(\alpha+\beta x+\gamma xx)^{\frac{m}{2}}-\int x^{\frac{\rho}{2}}dx(\alpha+\beta x+\gamma xx)^{\frac{m}{2}}$, $\rho$ étant un nombre pair ou impair, positif ou négatif. Or, si $\rho$ est un nombre pair, la différentielle du second terme s'intégre par des logarithmes ou des arcs de cercle, & si $\rho$ est un nombre impair, elle s'intégre par des arcs de sections coniques. Donc en général toute différentielle de cette forme $x^{\frac{p}{2}}dx\times\int x^{\frac{n}{2}}dx(\alpha+\beta x+\gamma xx)^{\frac{m}{2}}$, $p$, $n$, $m$ étant pairs ou impairs, s'intégre par des arcs de sections coniques. Il n'y a que le seul cas où $\frac{p}{2}=-1$ qui ne puisse s'intégrer par cette méthode.

62. Il eſt clair qu'on peut trouver par cette méthode, & par les formules des Mém. de Berlin, de 1746 & 1748, une très-grande quantité de différentielles de la forme $X dx \int \xi dx$, qui ſeront réductibles à des arcs de ſections coniques, en ſuppoſant $\int \xi dx$ réductibles à de tels arcs. Nous nous contentons d'indiquer la méthode dont il eſt très-facile de faire uſage, & nous nous bornerons ici à dire que, ſi $\int \xi dx$ eſt réductible à des arcs de ſections coniques, & que $\int \xi dx (ax+b)^q$ le ſoit auſſi, $a$, $b$ étant quelconques, & $q$ un nombre entier ou fractionnaire, poſitif ou négatif, la quantité $X dx \int \xi dx$ ſera auſſi intégrable par des arcs de ſections coniques, ſi $X$ peut être réſolu en différens termes de la forme $x^r (a'x+b')^{q'}$, $r$ étant un nombre entier poſitif; & ainſi du reſte.

63. On trouvera de même que $x^{-\frac{q}{2}} \times [\int x^{\frac{p}{2}} dx \times \int x^{\frac{n}{2}} dx (\alpha + \beta x + \gamma xx)^{\frac{m}{2}}]$ eſt réductible à des arcs de ſections coniques, $q$, $p$ étant des nombres pairs ou impairs; & on pourra étendre cette recherche beaucoup plus loin.

64. Nous avons fait voir dans les Mém. de Berlin, de 1746, pag. 211, art. XXIX, que la différentielle $\frac{dx}{x^{\frac{1}{2}} \sqrt{(a+bx+cxx)}}$ ne dépend que de $\frac{dx \sqrt{x}}{\sqrt{(a+bx+cxx)}}$; d'où il s'enſuit que ſi $\sqrt{(a+bx+cxx)}$ eſt de la forme $\sqrt{(fx-xx-gg)}$, ou $\sqrt{(xx-gg \pm fx)}$, ou $\sqrt{(gg \pm fx - xx)}$, la différentielle

$\frac{dx}{x^{\frac{3}{2}}\sqrt{(a+bx+cxx)}}$ ne dépendra que de la rectification de l'ellipse dans le premier cas, & dans le second, de celle de l'hyperbole; d'où il s'ensuit qu'une différentielle de cette forme $\frac{Adx}{x^{\frac{5}{2}}}\times\int\frac{dx}{\sqrt{(a+bx+cxx)}}$, ne dépendra que de la rectification de l'ellipse ou de celle de l'hyperbole, si $a+bx+cxx$ a l'une des formes susdites; en effet, l'intégrale sera de cette forme, $\frac{B}{x^{\frac{3}{2}}}\int\frac{dx}{\sqrt{(a+bx+cxx)}}+C\int\frac{dx}{x^{\frac{3}{2}}\sqrt{(a+bx+cxx)}}$. Donc, &c.

65. Il en seroit de même, & par les mêmes raisons, si on avoit à intégrer en général $\frac{Adx}{x^{\frac{p}{2}}}\times\int\frac{x^{\frac{q}{2}}dx}{\sqrt{(a+bx+cxx)}}$, $a+bx+cxx$ ayant les susdites conditions, $p$ & $q$ étant des nombres entiers, pairs ou impairs, & $\frac{q}{2}-\frac{p}{2}+1$ étant $=-\frac{3}{2}$, ou $+\frac{1}{2}$, c'est-à-dire, $\frac{q}{2}$ étant $=\frac{p}{2}-1-\frac{3}{2}$, ou $\frac{p}{2}-\frac{1}{2}$. On remarquera seulement que $p$ ne sauroit être $=-2$, parce qu'alors $\frac{dx}{x^{\frac{p}{2}}}$ ne seroit intégrable que par logarithmes.

66. M. le Comte Fagnani, & après lui M. Euler, ont fait voir que $\frac{dx\sqrt{(1-nxx)}}{\sqrt{(1-xx)}}$ étant la différentielle

d'un arc d'ellipse, dans laquelle 1 est le demi-axe, $x$ l'abscisse, $n = 1 - q$, $q$ étant le demi-parametre du demi-axe 1, si on fait $\frac{\sqrt{(1-nxx)}}{\sqrt{(1-xx)}} = \frac{1}{u}$, ce qui donne $\frac{\sqrt{(1-nuu)}}{\sqrt{(1-uu)}} = \frac{1}{x}$, on aura $\int \frac{dx\sqrt{(1-nxx)}}{\sqrt{(1-xx)}} + \int \frac{du\sqrt{(1-nuu)}}{\sqrt{(1-uu)}} = nxu + A$, $A$ étant une constante. Voyez nouv. Mém. de Petersb. Tom. VI. Maintenant l'équation $\frac{1-nxx}{1-xx} = \frac{1}{u^2}$, donne, comme il est aisé de le voir, $1 - nxx = \frac{1-n}{1-nuu}$; d'où il s'ensuit que $\log.(1-nxx) = \log.(1-n) - \log.(1-nuu)$. Donc si on avoit à intégrer une quantité de cette forme $\int \frac{dx\sqrt{(1-nxx)}}{\sqrt{(1-xx)}} \times M \log.(1-nxx)B$, il est clair qu'en combinant ensemble les deux différentielles $\frac{dx\sqrt{(1-nxx)}}{\sqrt{(1-xx)}} \times M \log.(B - Bnxx) - \frac{Mdu\sqrt{(1-nuu)}}{\sqrt{(1-uu)}} \times \log.(B - Bnuu)$, elles deviendroient $\frac{dx\sqrt{(1-nxx)}}{\sqrt{(1-xx)}} \times M \log.(B^2 - B^2 n) - nd(xu) \log.(B - Bnuu)$; or, en intégrant par parties, & mettant pour $xu$ sa valeur en $u$, puis faisant $uu = z$, tout se réduit à des arcs de sections coniques. Si $n$ étoit négatif, en sorte que l'élément de l'ellipse fût $\frac{dx\sqrt{(1+nxx)}}{\sqrt{(1-xx)}}$, il faudroit

faudroit mettre log. $(1+nxx)$ au lieu de log. $(1-nxx)$; & le résultat feroit d'ailleurs le même.

67. Si on fait $1-nxx=z$ ou $1+nxx=z$, on aura $xx=\frac{1-z}{n}$, ou $\frac{z-1}{n}$, & $\frac{dx\sqrt{(1\mp nxx)}}{\sqrt{(1-xx)}}$ fera $-\frac{dz\sqrt{z}}{2\sqrt{(1-z)}.\sqrt{(n-1+z)}}$, ou $\frac{dz}{2\sqrt{(z-1)}.\sqrt{(n+1-z)}}$; de plus l'équation $\frac{\sqrt{(1\mp nxx)}}{\sqrt{(1-xx)}}=\frac{1}{u}$, donnera [en faifant $\sqrt{(1\mp nuu)}=\sqrt{t}$] $\frac{\sqrt{z}.\sqrt{n}}{\sqrt{(n-1+z)}}=\frac{\sqrt{n}}{\sqrt{(1-t)}}$, ou $\frac{\sqrt{z}.\sqrt{n}}{(n+1-z)}=\frac{\sqrt{n}}{\sqrt{(t-1)}}$; d'où l'on tire en réduifant $tz=1-n$, ou $tz=n+1$; donc fi on a la quantité $\frac{dz\sqrt{z}}{\sqrt{(1-z)}.\sqrt{(n-1+z)}}\times\int\frac{dz}{z}$ à intégrer, on pourra parvenir à un réfultat femblable à celui de l'article 66.

68. Soit $Auuxx+Buu+Cxx+D=0$, on aura, en différentiant $A(x\,du+u\,dx)+B\int\frac{du}{x}+C\int\frac{dx}{u}=0$, $u=\sqrt{\left(\frac{-D-Cxx}{Axx+B}\right)}$, & $x=\frac{\sqrt{(-D-Buu)}}{\sqrt{(Auu+C)}}$; où il faut remarquer qu'on ne peut fuppofer à-la-fois $D$ & $C$ négatifs, ni $D$ & $B$ négatifs; donc fi on a deux quantités de cette forme $\frac{dx\sqrt{(Axx+B)}}{\sqrt{(-D-Cxx)}}+\frac{du\sqrt{(Auu+C)}}{\sqrt{(-D-Buu)}}$ à intégrer, on pourra en venir à bout par une méthode femblable à

celle du Comte Fagnani ; & comme en général nous avons vu que $\frac{dx\sqrt{(f+gxx)}}{\sqrt{(h+kxx)}}$ est réductible à des arcs de sections coniques, il s'ensuit qu'on pourroit peut-être tirer de-là une méthode pour comparer entr'eux non-seulement des arcs d'ellipse & des arcs d'hyperbole séparément, mais des arcs d'ellipse & d'hyperbole pris ensemble. C'est une recherche que j'abandonne à d'autres Mathématiciens.

69. Si dans l'équation $Auuxx+Buu+Cxx+D=0$, $u$ & $x$ entrent de la même maniere, c'est-à-dire, si $C=B$, la valeur de $u$ en $x$ sera semblable à celle de $x$ en $u$, & on aura encore $\int xdu+\int udx$, ou $\int\frac{dx\sqrt{(-D-Bxx)}}{\sqrt{(Ax^2+B)}}+\int\frac{du\sqrt{(-D-Bu^2)}}{\sqrt{(Au^2+B)}}=xu$, d'où l'on peut tirer encore de nouveaux théorêmes.

70. En général, soit $Au^mx^m+Bx^m+Cu^m+D=0$, & supposons $B=C$, afin que les $u$ & les $x$ entrent de la même maniere dans l'équation, on aura $u^m=\frac{-D-Bx^m}{Ax^m+B}$ & $x^m=\frac{-D-Bu^m}{Au^m+B}$, de sorte qu'on pourra comparer par cette méthode les arcs d'une courbe, si ces arcs sont $\int\frac{dx}{u}$ & $\int\frac{du}{x}$ ou $\int udx$ & $\int xdu$.

71. On sait que la différentielle $\frac{dx}{\sqrt{(\alpha+\beta x+\gamma x^2+\delta x^3+\epsilon x^4)}}$ est réductible à des arcs de sections coniques. On sait de plus que si on a l'équa-

tion $\frac{dx}{\sqrt{(\alpha+\beta x+\gamma x^2+\delta x^3+\varepsilon x^4)}} =$ $\frac{dy}{\sqrt{(\alpha+\beta y+\gamma y^2+\delta y^3+\varepsilon y^4)}}$, on peut trouver (voyez Mém. de Petersbourg & de Turin) une équation algébrique entre $x$ & $y$; il semble qu'on pourroit encore tirer de-là quelques théorêmes pour comparer entr'eux des arcs de sections coniques.

72. Supposons un cercle dont $a$ soit le rayon, & $x$ l'abscisse prise depuis le centre, l'arc de la trochoïde de ce cercle, tant simple, qu'allongée ou accourcie, aura pour élément $\sqrt{\left(\frac{n^2 a^2 dx^2 + x^2 dx^2}{aa - xx}\right)} =$ $\frac{ndx\sqrt{\left(a^2+\frac{x^2}{n^2}\right)}}{\sqrt{(aa-x^2)}}$, qui est évidemment égal à un arc d'ellipse, dans laquelle $n^2 = \frac{p-2a}{2a}$, $p$ étant le parametre de l'axe $2a$.

73. Dans une trochoïde d'ellipse, supposant $\frac{p-2a}{2a} = m$, on aura pour l'élément de l'arc $\frac{\sqrt{(n^2a^2dx^2+n^2m^2x^2dx^2+x^2dx^2)}}{\sqrt{(aa-xx)}} = \frac{ndx\sqrt{\left[aa+m^2x^2+\frac{x^2}{n^2}\right]}}{\sqrt{(aa-xx)}}$, égal à un arc d'ellipse dans laquelle $\frac{p-2a}{2a} = m^2 + \frac{1}{n^2}$.

74. Dans la cycloïde allongée ou accourcie, l'élé-

ment de l'arc est $=\sqrt{\left(\frac{(n^2dx+xdx)^2}{aa-xx}+dx^2\right)}=\frac{dx\sqrt{(n^2a^2+2nax+a^2)}}{\sqrt{(aa-xx)}}$. Soit $n^2a^2+2nax+a^2=az$, on aura $x=\frac{az-aa-n^2a^2}{2na}$, & la transformée sera de la forme $\frac{dz\sqrt{z}}{\sqrt{[4nna^4-a^4(1+n^2)^2-aazz+2a^3(1+nn)z]}}$, dans laquelle le terme affecté de $z$ est positif, le terme affecté de $zz$ négatif, & le terme constant négatif, puisque $2n$ est toujours $<1+n^2$, la quantité $(1-2n+n^2)=(1-n)^2$ étant toujours positive. On voit donc que la rectification des cycloïdes allongées ou accourcies, se réduit à la forme $\frac{dz\sqrt{z}}{\sqrt{(fz-bb-zz)}}$, qui dépend de la rectification de l'ellipse seule. Ce qu'on savoit d'ailleurs.

75. Dans les Mém. de l'Acad. de 1708, pag. 88, on trouve que la rectification des épycycloïdes, tant allongées qu'accourcies, se réduit à l'intégration de la formule $\frac{dx\sqrt{[(a+c)^2-2cx]}}{\sqrt{(2ax-xx)}}=\frac{dx\sqrt{[(a+c)^2-2cx)}}{\sqrt{[a^2-(a-x)^2]}}$, si donc on fait $(a+c)^2-2cx=2cz$, ce qui donne $x=\frac{(a+c)^2}{2c}-z$, la différentielle deviendra $\frac{dz\sqrt{2c}\cdot\sqrt{z}}{\sqrt{\left[a^2-\left(z-\frac{aa-cc}{2c}\right)^2\right]}}$, qui se réduit évidemment à la forme $\frac{dz\sqrt{z}}{\sqrt{(fz-gg-zz)}}$, puisque $a^2$ est évidemment

$< \frac{(a^2+c^2)}{2c}$; $a^4 - 2aacc + c^4$ étant toujours une quantité positive. Ainsi la différentielle proposée se réduit, comme on sait d'ailleurs, à la rectification de l'ellipse.

76. En général, soit la quantité à intégrer $\frac{dx\sqrt{(b \pm x)}}{\sqrt{(a+cx+exx)}}$, & soit $b \pm x = z$, on aura pour transformée $\frac{dz\sqrt{z}}{\sqrt{(a \mp cb + eb^2 \pm cz + ezz - 2ezb)}}$. Soit $c = 0$, ce qu'on peut toujours supposer, & qui ne rendra pas la différentielle plus compliquée, la transformée sera $\frac{dz\sqrt{z}}{\sqrt{(a+eb^2-2ezb+ezz)}}$, réductible à la rectification de l'ellipse, si $e$ est négatif, $b$ négatif, & $a+eb^2$ négatif; & ainsi du reste. Voyez les Mémoires de Berlin, 1746.

# LIII. MÉMOIRE.

## *Sur l'attraction des sphéroïdes elliptiques.*

L'EXCELLENT Mémoire de M. de la Grange sur ce sujet, imprimé dans les Mém. de l'Acad. de Berlin, pour l'année 1773, m'a fait repenser encore au problême de l'attraction des sphéroïdes elliptiques ; dont je m'étois déja fort occupé dans le VI^e Volume de mes *Opuscules*. Voici le résultat de mes nouvelles recherches sur cet objet. Comme elles sont une suite de celles du Volume précédent, je supposerai qu'on ait sous les yeux ce Volume & les Figures qui s'y rapportent.

### §. I.

### *Démonstration d'un théorême de M. Maclaurin.*

1. Ce théorême est celui sur lequel j'avois formé quelques doutes dans le Volume cité, pag. 242 & 243, mais simplement des doutes, parce que l'analyse

que j'avois ſuivie ne me paroiſſoit pas conduire à ce théorême. Ayant depuis examiné la choſe plus attentivement, j'ai trouvé que cette analyſe donnoit en effet, & même aſſez facilement, le théorême dont il s'agit, & j'en fis part à M. de la Grange, le 15 Septembre 1775, comme on le peut voir aux pages 308 & 312 des Mém. de l'Académie de Berlin, pour l'année 1774. Mais n'ayant fait qu'indiquer dans ce Volume la méthode analytique, par laquelle je ſuis parvenu à la démonſtration de ce théorême, je crois devoir la développer ici dans tout le détail qu'elle exige, & y joindre même quelques autres remarques relatives à cette propoſition.

2. Soit donc (Tom. VI, *Opuſc.* p. 233) $\omega^2 - \gamma^2 = k^2$; & le calcul de l'attraction d'un ſphéroïde elliptique ſur un point placé dans ſon axe, ſe réduira à l'intégration de la quantité $\frac{2cdZ \times dz' \text{ſin.} z' \text{coſ.} z' \sqrt{(1 + k^2 \text{ſin.} z'^2)}}{1 + \omega^2 \text{ſin.} z'^2}$.

3. En mettant d'abord à part la quantité conſtante $2cdZ$, & ſuppoſant $k$ ſin. $z' = u$, & $\sqrt{(1 + uu)} = t$, on aura à intégrer la quantité $\frac{t^2 dt}{k^2 \left(1 + \frac{\omega^2 t^2 - \omega^2}{k^2}\right)} =$ (en réduiſant & mettant $-\gamma^2$ pour $k^2 - \omega^2$) $\frac{t^2 dt}{\omega^2 \left(t^2 - \frac{\gamma^2}{\omega^2}\right)} =$

$$\frac{dt}{\omega^2} + \frac{\gamma^2 dt}{\omega^4 \left(t^2 - \frac{\gamma^2}{\omega^2}\right)} = \frac{1}{\omega^2}\left(dt + \frac{\gamma^2 dt}{\omega^2 \left(t^2 - \frac{\gamma^2}{\omega^2}\right)}\right).$$

4. L'intégrale de cette quantité doit être nulle lorsque $z=0$, ou $u=0$, ce qui donne $t=1$, & complette lorsque $aL$ (Fig. 35, Tom. VI, *Opusc.*) $=0$, ou $t=0$.

5. Je remarque maintenant que si $\frac{\gamma^2}{\omega^2}$ est le même dans deux différens sphéroïdes, l'intégrale $\int\left(dt+\frac{\gamma^2 dt}{\omega^2\left(t^2-\frac{\gamma^2}{\omega^2}\right)}\right)$ y sera la même; & que par conséquent les attractions élémentaires des deux sphéroïdes (Tom. VI, *Opusc.* pag. 233) seront entr'elles comme $\frac{cdZ}{\omega^2}$ à $\frac{CdZ'}{\omega'^2}$; il faut donc trouver le rapport de ces deux quantités différentielles, & chercher dans quel cas ce rapport peut être constant.

6. Or, puisque $\frac{\gamma^2}{\omega^2}$, ou $\frac{\omega^2}{\gamma^2}$ est le même (*hyp.*) dans les deux sphéroïdes, si on met pour $\gamma^2$ & pour $\omega^2$ leurs valeurs $\frac{\delta^2}{b'^2}$ & $\frac{c^2-b'^2}{b'b'}$, & qu'on fasse $\frac{\omega^2}{\gamma^2}$, ou $\frac{c^2-b'^2}{\delta\delta}=u'u'$, $u'u'$ sera le même pour les deux sphéroïdes, & $\frac{dZ}{\omega^2}$ sera $=\frac{dZ}{\delta\delta u'u'}(cc-\delta\delta u'u')$.

7. De plus, à cause de $\frac{cc-b'b'}{\delta\delta}=u'u'$, & de $b'b'=\frac{bb}{1+\text{sin}.Z^2\left(\frac{b^2}{a^2}-1\right)}$, on aura la valeur de $dZ$

en

en $u$ & $du$, & l'on trouvera, après les fubftitutions & réductions, $\frac{dZ}{\delta\delta u'u'}(cc - \delta\delta u'u') = \frac{bb\,du'}{u'} \times$

$$\frac{1}{\sqrt{(b^2 - c^2 + \delta^2 u'^2)}} \times \frac{1}{\sqrt{\left(\frac{b^2c^2}{a^2} - b^2 - \frac{b^2u'^2\delta^2}{a^2}\right)}}.$$

8. Or il eft aifé de voir que cette quantité fera la même pour les deux fphéroïdes, à un coefficient conftant près (favoir $ba$), fi on a $cc - bb$ le même pour les deux fphéroïdes, ainfi que $cc - aa$, la diftance $\delta$ étant fuppofée auffi la même pour les deux fphéroïdes.

9. Donc on aura $cc - bb = CC - BB$, & $cc - aa = CC - AA$; ou, ce qui revient au même, $a^2 - b^2 = A^2 - B^2$.

10. Donc dans cette hypothèfe de $cc - bb = CC - BB$, & de $b^2 - a^2 = B^2 - A^2$, les attractions des deux fphéroïdes à la même diftance $\delta$, feront entr'elles en raifon donnée.

11. Il eft vifible de plus (en remettant la conftante $c$ qui doit entrer dans l'expreffion de l'attraction du fphéroïde (art. 2)) que l'attraction fera proportionnelle à $bca$; c'eft-à-dire, à la folidité du fphéroïde.

12. Ainfi le théorême de M. Maclaurin, fur lequel j'avois propofé quelques doutes (pag. 242 de l'Ouvrage cité) eft exactement vrai.

13. Comme la quantité $\frac{dZ}{u^2}$, ou (art. 7)

$$\frac{bbdu}{u\delta\sqrt{\left(uu+\frac{bb-cc}{\delta\delta}\right)}}\times\frac{a}{b}\times\frac{1}{\delta\sqrt{\left(\frac{c^2-a^2}{\delta^2}-u^2\right)}},$$

dépend évidemment des logarithmes ou des arcs de cercle, on pourroit croire d'abord que la détermination de l'attraction d'un ſphéroïde à coupes elliptiques, ne dépend auſſi que des arcs de cercle ou des logarithmes.

14. Mais il eſt aiſé de voir que l'intégrale de $\frac{\gamma^2 dt}{\omega^2\left(t^2-\frac{\gamma^2}{\omega^2}\right)}$ renferme un coefficient $\frac{\gamma}{\omega}$, qui, multipliant la différentielle ci-deſſus, y introduira $\frac{du}{uu}$ au lieu de $\frac{du}{u}$, à cauſe de $\frac{\gamma}{\omega}=\frac{\delta}{\sqrt{(cc-b'b')}}=\frac{1}{u}$. Or l'introduction de ce nouvel $u$ rendra la quantité $\frac{dZ}{\omega^2}$ intégrable par des arcs de ſections coniques, comme il eſt aiſé de le voir en faiſant $u=\frac{1}{z}$, & $z=\sqrt{y}$.

15. Voici une autre maniere, moitié analytique, moitié ſynthétique, de démontrer la propoſition de M. Maclaurin.

16. Il eſt aiſé de voir que les deux attractions ſeront entr'elles comme $\frac{dZ}{\omega^2}$ à $\frac{dZ'}{\omega'^2}$, c'eſt-à-dire (à cauſe de $\frac{\omega^2}{\gamma^2}=\frac{\omega'^2}{\gamma'^2}$, comme $\frac{dZ}{z^2}$ à $\frac{dZ'}{z'^2}$, ou comme

$dZ.b'b'$ à $dZ'.B'B'$, ou enfin comme

$$\frac{dZ.bb}{1+\text{ſin.}\,Z^2\left(\frac{b^2-a^2}{a^2}\right)}, \text{ à } \frac{dZ'.BB}{1+\text{ſin.}\,Z'^2\left(\frac{B^2-A^2}{A^2}\right)}.$$

17. La difficulté ſe réduit donc à prouver que $\frac{dZ}{1+\text{ſin.}\,Z^2\left(\frac{b^2-a^2}{a^2}\right)}$ eſt à $\frac{dZ'}{1+\text{ſin.}\,Z'^2\left(\frac{B^2-A^2}{A^2}\right)}$ en raiſon conſtante.

18. Or, en ſuppoſant pour plus de ſimplicité que les diſtances $\delta$, $D$ ſoient les mêmes de part & d'autre, l'équation $cc - \frac{bb}{1+\text{ſin.}\,Z^2\left(\frac{b^2-a^2}{a^2}\right)} = CC - \frac{BB}{1+\text{ſin.}\,Z'^2\left(\frac{B^2-A^2}{A^2}\right)}$, donne, comme il eſt aiſé de le voir par la différentiation, $\frac{dZ\ \text{ſin.}\,Z\ \text{coſ.}\,Z}{\left[1+\text{ſin.}\,Z^2\left(\frac{b^2-a^2}{a^2}\right)\right]^2}$ en raiſon conſtante avec $\frac{dZ'\ \text{ſin.}\,Z'\ \text{coſ.}\,Z'}{\left[1+\text{ſin.}\,Z'^2\left(\frac{B^2-A^2}{A^2}\right)\right]^2}$.

19. Il faut donc qu'on ait $\frac{\text{ſin.}\,Z\ \text{coſ.}\,Z}{1+\text{ſin.}\,Z^2\left(\frac{b^2}{a^2}-1\right)}$ à $\frac{\text{ſin.}\,Z'\ \text{coſ.}\,Z'}{1+\text{ſin.}\,Z'^2\left(\frac{B^2}{A^2}-1\right)}$ en raiſon conſtante.

20. Or cela arrivera si on a

$$\frac{\text{sin. } Z}{\sqrt{\left[1+\text{sin. } Z^2\left(\frac{b^2}{a^2}-1\right)\right]}} \text{ à } \frac{\text{sin. } Z'}{\sqrt{\left[1+\text{sin. } Z'^2\left(\frac{B^2}{A^2}-1\right)\right]}}$$

en raison constante, & $\frac{\text{cos. } Z}{\sqrt{\left[1+\text{sin. } Z^2\left(\frac{b^2}{a^2}-1\right)\right]}}$ à

$\frac{\text{cos. } Z'}{\sqrt{\left[1+\text{sin. } Z'^2\left(\frac{B^2}{A^2}-1\right)\right]}}$, en raison constante.

21. Pour trouver les conditions qui donnent ces rapports constans, je multiplie par une indéterminée constante $k$, les deux membres de l'équation $cc -$

$$\frac{bb}{1+\text{sin. } Z^2\left(\frac{b^2}{a^2}-1\right)} = CC - \frac{BB}{1+\text{sin. } Z'^2\left(\frac{B^2}{A^2}-1\right)},$$

& j'y ajoute une autre indéterminée constante $\mu$, & j'ai $\mu + kcc - kb^2 + (\mu + kcc)$ sin. $Z^2 \times \frac{b^2-a^2}{a^2}$ divisé par $1 +$ sin. $Z^2\left(\frac{b^2-a^2}{a^2}\right)$ égal à $\mu + kCC - kBB +$ $(\mu + kCC)$ sin. $Z'^2\left(\frac{B^2-A^2}{A^2}\right)$, divisé par $1 +$ sin. $Z'^2\left(\frac{B^2-A^2}{A^2}\right)$.

22. Or, pour qu'il résulte de cette équation que

$$\frac{\text{sin. } Z}{\sqrt{\left[1+\text{sin. } Z^2\left(\frac{b^2-a^2}{a^2}\right)\right]}} \text{ est à } \frac{\text{sin. } Z'}{\sqrt{\left[1+\text{sin. } Z'^2\left(\frac{B^2-A^2}{A^2}\right)\right]}}$$

en raison constante, il faut qu'on ait $\mu + kcc - kbb = 0$,

$\mu + kCC - kBB = 0$, d'où l'on tire $-\frac{\mu}{k} = cc - bb = CC - BB$. Donc $CC - BB = cc - bb$; premiere condition.

23. Supposant maintenant d'autres indéterminées $\mu'$ & $k'$, & mettant dans le numérateur des deux membres de l'équation précédente, $1 - \text{cos}. Z^2$ au lieu de $\text{sin}. Z^2$ & $1 - \text{cos}. Z'^2$ au lieu de $\text{sin}. Z'^2$, il est aisé de voir qu'on aura de même $\frac{\text{cos}. Z}{\sqrt{\left[1 + \text{sin}. Z^2 \left(\frac{b^2 - a^2}{a^2}\right)\right]}}$ en raison constante avec $\frac{\text{cos}. Z'}{\sqrt{\left[1 + \text{sin}. Z'^2 \left(\frac{B^2 - A^2}{A^2}\right)\right]}}$, si $\mu' + k'cc + (\mu' + k'cc)\left(\frac{b^2 - a^2}{a^2}\right) - k'b^2 = 0$, & si $\mu' + k'CC + (\mu' + k'CC)\left(\frac{B^2 - A^2}{A^2}\right) - k'B^2 = 0$, c'est-à-dire, en réduisant, si $\frac{(\mu' + k'cc)}{a^2} - k' = 0$, & si $\frac{\mu' + k'CC}{A^2} - k' = 0$, d'où l'on tire $-\frac{\mu'}{k'} = cc - a^2 = CC - A^2$.

24. Donc on a pour seconde condition $cc - a^2 = CC - A^2$.

25. Donc puisqu'on a déja $cc - bb = CC - BB$, on aura encore $BB - AA = bb - aa$.

26. Donc, en supposant encore $k = 1$, & $k' = 1$, pour plus de simplicité, on aura $\mu = c^2 - b^2 = C^2 - B^2$,

& $\mu' = a^2 - c^2 = A^2 - C^2$; ainſi faiſant dans l'art. 21 & dans l'art. 23, $k = 1$ & $k' = 1$, on trouvera les mêmes conditions que ci-deſſus, & les quantités $\mu$ & $\mu'$ ſeront $cc - bb$ & $aa - cc$, ou $CC - BB$ & $AA - CC$.

27. On pourroit croire qu'il feroit poſſible de rendre les conditions $cc - bb = CC - BB$, & $cc - aa = CC - AA$ encore plus générales, en ne déduiſant pas de l'équation donnée les deux équations ſéparées

$$\frac{\text{ſin. } Z}{\sqrt{\left[1 + \text{ſin. } Z^2 \left(\frac{b^2 - a^2}{a^2}\right)\right]}} \text{ à } \frac{\text{ſin. } Z'}{\sqrt{\left[1 + \text{ſin. } Z'^2 \left(\frac{B^2 - A^2}{a^2}\right)\right]}}$$

en raiſon conſtante, & $\frac{\text{coſin. } Z}{\sqrt{\left[1 + \text{ſin. } Z^2 \left(\frac{b^2 - a^2}{a^2}\right)\right]}}$ à $\frac{\text{coſ. } Z'}{\sqrt{\left[1 + \text{ſin. } Z'^2 \left(\frac{B^2 - A^2}{A^2}\right)\right]}}$ en raiſon conſtante, mais en déduiſant tout de ſuite & en une ſeule fois l'équation

$$\frac{\text{ſin. } Z \text{ coſ. } Z}{1 + \text{ſin. } Z^2 \left(\frac{b^2 - a^2}{a^2}\right)} \text{ à } \frac{\text{ſin. } Z' \text{ coſ. } Z'}{1 + \text{ſin. } Z'^2 \left(\frac{B^2 - A^2}{A^2}\right)}$$

en raiſon conſtante.

28. Pour nous éclaircir là-deſſus, multiplions l'une par l'autre les deux équations affectées de $\mu$ & $k$, $\mu'$ & $k'$, & les numérateurs ſeront (en repréſentant par $\zeta$ les angles $Z$ & $Z'$ indifféremment, & par $x$, $\epsilon$ & $\alpha$ les quantités $c$ & $C$, $b$ & $B$, $a$ & $A$ indifféremment) $(\mu + kxx - k\epsilon\epsilon) \times (\mu' + k'xx - k'\epsilon\epsilon) +$ $\text{ſin. } \zeta^2 \times \left[(\mu' + k'xx - k'\epsilon\epsilon) \times (\mu + kxx) \times \left(\frac{\epsilon^2 - \alpha^2}{\alpha^2}\right) +\right.$

$(\mu + kxx - k\zeta\zeta)(\mu' + k'xx)\left(\frac{\zeta^2 - a^2}{a^4}\right)] +$ sin. $\zeta^4 \times$ $\left(\frac{\zeta^2 - a^2}{a^2}\right)^2 \times (\mu + kxx) \times (\mu' + k'xx)$. Or, pour que ce numérateur soit en raison constante avec sin. $\zeta^2$ cos. $\zeta^2$, ou avec sin. $\zeta^2$ — sin. $\zeta^4$, il faut 1°. que $(\mu + kxx - k\zeta\zeta) \times (\mu' + k'xx - k'\zeta\zeta) = 0$. D'où l'on tire d'abord $\mu + kxx - k\zeta\zeta = 0$; & par conséquent $xx - \zeta\zeta$ constant, c'est-à-dire, $CC - BB = cc - bb = 0$, comme ci-dessus. 2°. Que le coefficient de sin. $\zeta^2$ soit à celui de sin. $\zeta^4$ comme 1 est à $-1$; d'où l'on tire, en réduisant & remarquant que $\mu + kxx - k\zeta\zeta = 0$, $(\mu' + k'xx - k'\zeta\zeta) = -(\mu' + k'xx) \times \left(\frac{\zeta^2 - a^2}{a^2}\right)$, ou $-k'a^2 = -\mu - k'xx$, & $xx - aa$ constant, c'est-à-dire, $cc - aa = CC - AA$, comme ci-dessus.

29. Nous avons supposé dans les calculs précédens, pour plus de simplicité (art. 18) $\delta = D$; si on ne vouloit pas s'astreindre à cette condition, on auroit les équations $\frac{cc}{\delta\delta} - \frac{bb}{\delta\delta\left[1 + \text{sin.}\, Z^2 \left(\frac{b^2 - a^2}{a^2}\right)\right]} = \frac{CC}{DD} - \frac{BB}{DD\left[1 + \text{sin.}\, Z'^2 \left(\frac{B^2 - A^2}{A^2}\right)\right]}$, & il est aisé de voir que dans les équations de condition ci-dessus (art. 21 & 23), on aura $\frac{k}{\delta\delta}$ & $\frac{k'}{\delta'\delta'}$ au lieu de $k$ & de $k'$ (en désignant par

$\delta'$ les quantités $\delta$ & $D$ indifféremment), d'où l'on tirera $\frac{cc-bb}{\delta\delta}=\frac{CC-BB}{DD}$, & $\frac{CC-AA}{DD}=\frac{cc-aa}{\delta\delta}$; donc $\frac{\delta\delta}{DD}=\frac{cc-aa}{CC-AA}=\frac{cc-bb}{CC-BB}$. Cette équation peut se déduire aussi des art. 7 & 8, en faisant $\frac{bb-cc}{\delta\delta}$ & $\frac{cc-aa}{\delta\delta}$ constant. Mais les suppositions de $\delta=D=C$ sont les plus simples, parce qu'elles donnent le moyen de comparer l'attraction d'un sphéroïde quelconque à la distance $\delta$ ou $c$, avec l'attraction à l'extrêmité de l'axe $2C$ dans un autre sphéroïde, tel que $CC-AA=cc-aa$, & $cc-bb=CC-BB$.

30. On peut démontrer la proposition de M. Maclaurin, d'une troisiéme maniere encore plus simple que les deux précédentes. Pour cela, on considérera qu'il s'agit de prouver (pag. 235, Tom. VI, *Opusc.*) que les secteurs elliptiques $\int cb'b'dZ$ & $\int CB'B'dZ$ sont en raison constante; or, pour que ces secteurs elliptiques soient en raison constante, il faut que les secteurs circulaires correspondans, ayant le même centre, le même axe & la même abscisse, soient aussi en raison constante, c'est-à-dire que les ordonnées de ces secteurs soient comme les rayons; maintenant soient prises sur l'axe $b$, l'abscisse $x$ & l'ordonnée $y$ correspondantes au demi-diametre $b'$, c'est-à-dire, telles que $b'^2=x^2+y^2$, on sait que $yy=(bb-xx)\times\frac{aa}{bb}$;

$\frac{aa}{bb}$; d'où $x^2 = bb - \frac{yybb}{aa}$, & $b'^2$ ou $x^2 + y^2 = b^2 + y^2 \left(\frac{a^2 - b^2}{a^2}\right)$. Or la ſuppoſition de $c^2 - b'^2 = C^2 - B'^2$, de $C^2 - B^2 = c^2 - b^2$, & de $a^2 - b^2 = A^2 - B^2$, donne $b'^2 - a^2$ la même dans les deux ellipſes; donc $\frac{y^2}{a^2}$ & $\frac{y}{a}$ ſera auſſi la même dans les deux ellipſes; de plus, l'ordonnée correſpondante du cercle décrit du rayon $b$, ſera $\frac{yb}{a}$, donc les ordonnées des deux cercles ſeront comme $\frac{yb}{a}$ à $\frac{YB}{A}$; c'eſt-à-dire, comme $b$ eſt à $B$. Donc, &c.

31. Les ſecteurs circulaires étant entr'eux comme $b^2$ à $B^2$, & les ſecteurs elliptiques correſpondans étant aux ſecteurs circulaires comme $a$ eſt à $b$, il s'enſuit que les ſecteurs elliptiques $\int b'b'dZ$ & $\int B'B'dZ'$ ſeront entr'eux comme $ba$ à $BA$; donc les attractions totales ſeront comme $cba$ à $CBA$.

32. Il eſt aiſé, par la théorie précédente, de montrer que la quantité $\frac{d\zeta}{cc - bb + bb\zeta\zeta\left(\frac{cc}{aa} - 1\right)}$ (page 241, Tom. VI, *Opuſc.*) eſt en raiſon conſtante avec la quantité correſpondante dans l'autre ſphéroïde. En effet, la queſtion ſe réduit à prouver (à cauſe de $cc - bb$ conſtant, & de $cc - aa$ conſtant), que $\frac{bb\zeta\zeta}{aa}$

eſt le même dans les deux ſphéroïdes, c'eſt-à-dire, que $\zeta$ eſt comme $\frac{a}{b}$; or, c'eſt ce qui eſt clair par la démonſtration précédente, car puiſque les angles des deux ſecteurs circulaires ſont les mêmes, & que les tangentes $\zeta$ des ſecteurs elliptiques correſpondans ſont aux tangentes (égales) des ſecteurs circulaires (art. 30 & 31) comme $a$ eſt à $b$; il s'enſuit que $\zeta$ eſt comme $\frac{a}{b}$.

33. Il faut encore remarquer, à la fin de la page 242, que l'équation $\frac{CC}{B'B'} = \frac{\delta\delta}{\delta\delta - cc + b'b'}$ n'a lieu dans la ſuppoſition préſente, qu'en faiſant $\delta = c$, parce que $CC - B'B'$ eſt ſuppoſé ici $= cc - b'b'$, & qu'ainſi il ne ſe trouve point dans cette équation $CC - B'B' = cc - b'b'$, de quantité $\delta$ qui ſoit différente de $C$.

34. J'obſerverai en finiſſant ces recherches, qu'à la page 138 des Mém. de Berlin, 1773, il s'eſt gliſſé une faute d'impreſſion qui pourroit faire croire que les formules de M. de la Grange ne s'accordent pas avec les nôtres; au lieu de $\frac{1-m}{m} = \mu$, il faut lire $\frac{1-m}{m} = \mu^2$, de ſorte que $\mu$ eſt une quantité radicale au lieu d'une quantité rationnelle qu'il ſembleroit être, ſi on s'en tenoit à l'expreſſion $\frac{1-m}{m} = \mu$; par ce moyen les quantités que M. de la Grange appelle $Q$ & $Q'$

dans la page suivante, & que j'avois d'abord crues plus simples que les quantités analogues dans mes calculs, sont précisément du même genre, en sorte que l'intégration reste également difficile.

35. On peut observer aussi que dans les formules de M. de la Grange, il faut, pour avoir l'attraction dans le plan de l'équateur, supposer dans ces formules $m = 1$ ou $n = 1$, l'autre coefficient $n$ ou $m$ étant d'ailleurs ce qu'on voudra; & les résultats seront les mêmes que ceux de la page 183 du Tom. VI de nos *Opuscules*, résultats qui ne donnent point la valeur de cette attraction. Ainsi, il paroît nécessaire d'employer ici quelque moyen analogue à la méthode de M. Maclaurin, pour trouver l'attraction dans l'équateur.

36. Pour cet effet, soit dans la méthode de M. de la Grange, $c$ l'axe parallèle aux $z$, $b$ l'axe parallèle aux $x$, $a$ l'axe parallèle aux $y$, on aura $z^2 + \frac{c^2x^2}{b^2} + \frac{c^2y^2}{a^2} = c^2$; soit ensuite supposé $c - z = z'$ pour faire commencer les $z'$ à l'extrêmité de l'axe $2c$ où l'on suppose que se fait l'attraction, on aura $-2cz' + z'z' + \frac{c^2x^2}{b^2} + \frac{c^2y^2}{a^2} = 0$; & si $c = b$, on aura $x^2 + z'z' - 2cz' + \frac{c^2y^2}{a^2} = 0$. Soit fait ensuite, conformément à la méthode de M. de la Grange, $y = r$ sin. $p$, $x = r$ cos. $p$ sin. $q$, $z' = r$ cos. $p$ cos. $q$, en imaginant que

les $r$ ſoient projettés, non ſur le plan de $a$ & de $b$, comme dans ſa ſolution, mais ſur celui de $c$ & de $b$, on aura $r^2$ coſ. $p^2 - 2cr$ coſ. $p$ coſ. $q + r^2$ ſin. $p^2 \times \frac{c^2}{a^2} = 0$; d'où $r = \frac{2c \text{ coſ. } p \text{ coſ. } q}{\text{coſ. } p^2 + \text{ſin. } p^2 \times \frac{c^2}{a^2}}$; où l'on voit que la valeur de $r$ ne contient point de $q$ au dénominateur; & comme l'élément de l'attraction parallèlement aux $z'$, eſt ici $r dp dq \times$ coſ. $p$ coſ. $q$, ainſi qu'il eſt aiſé de le voir, on trouvera très-facilement par ce moyen l'attraction d'un ſphéroïde dans le plan de l'équateur, en employant la méthode de M. de la Grange, mais en changeant l'origine des coordonnées & le plan de projection. J'avois déja fait cette remarque (Mém. de Berlin, 1774, pag. 311), dans une lettre écrite à M. de la Grange, le 15 Décembre 1775.

## §. II.

## *Comparaiſon des deux formules des pages 181 & 184 du Tome VI de nos Opuſcules.*

1. J'ai fait différens eſſais pour parvenir à déterminer l'attraction d'un ſphéroïde elliptique, qui n'eſt pas un ſolide de révolution, & quoique ces eſſais n'ayent pas abouti à des résultats beaucoup plus ſimples que ceux du Tome VI de mes *Opuſcules*, je crois devoir les expoſer ici, parce qu'ils fourniront peut-être à

d'autres Géométres des vues dont ils sauront mieux tirer parti que moi.

2. J'ai donné dans le Tome VI de mes *Opuscules*, deux formules différentes pour l'attraction de ces sphéroïdes, l'une, pag. 181, art. 109; l'autre, pag. 183, art. 114, & ces deux formules sont à-peu-près également simples. Voici de nouvelles remarques sur l'une & l'autre de ces formules, pour juger des cas où l'une doit être employée préférablement à l'autre. Je commence par celle de la page 181. Je suppose toujours qu'on ait le Tome VI de mes *Opuscules* sous les yeux; & je remarque d'abord qu'au lieu de $\alpha(1-\nu'\nu')^{\frac{3}{2}}$ au dénominateur, il faut $\alpha^2(1-\nu'\nu')^{\frac{3}{2}}$, $\alpha$ ayant été mis pour $\alpha^2$ par une faute d'impression légere, mais comme $\alpha^2$ est toujours réel, soit positif, soit négatif, je négligerai ici cette quantité constante $\alpha^2$ pour rendre les calculs un peu plus faciles; en sorte que la différentielle à intégrer sera simplement $\frac{-d\nu'}{(1-\nu'\nu')^{\frac{3}{2}}}\times$ $\frac{\sqrt{(\nu'^2-6^2)}}{\sqrt{(6^2\alpha^2+6^2-\nu'^2)}} AT.\left(\frac{\sqrt{(1-\nu'\nu')}}{\nu'}\right)$.

3. Cela posé, soient les trois axes $c$, $a$, $b$, inégaux entr'eux; nous faisons cette supposition, parce que dans le cas où deux des axes sont égaux, les calculs de MM. Maclaurin & Clairaut, donnent l'attraction par des arcs de cercle ou des logarithmes, & qu'ainsi ce cas ne peut ici exiger aucune recherche particuliere.

4. Dans cette supposition de l'inégalité des trois axes, il peut arriver deux cas ; ou $\sqrt{(1-\nu'\nu')}$ est réel, ou il est imaginaire ; dans ce dernier cas, la formule doit être changée en une autre, comme on le verra plus bas.

5. Arrêtons-nous d'abord au cas de $\sqrt{(1-\nu'\nu')}$ réel, ce qui donne $\nu'^2 < 1$ ; & observons que $\nu'^2$ est toujours une quantité réelle & positive, puisque $\nu'^2 = \zeta^2(1 + \alpha^2 \operatorname{cos.} z^2) = \zeta^2\left[1 + \left(\frac{b^2}{a^2} - 1\right) \operatorname{cos.} z^2\right] = \zeta^2\left(\operatorname{sin.} z^2 + \frac{b^2}{a^2} \operatorname{cos.} z^2\right)$, & qu'ainsi $\nu'$ ne peut jamais être imaginaire dans la fraction $\frac{\sqrt{(1-\nu'\nu')}}{\nu'}$, mais seulement $\sqrt{(1-\nu'\nu')}$.

6. J'observe d'abord que $\nu'^2$ peut-être $< 1$ dans toute l'étendue du sphéroïde, c'est-à-dire, depuis $z = 0$, jusqu'à $z = 90^\circ$ (art. 107 du Vol. cité, pag. 179) ; ou que $\nu'^2$ peut être $< 1$ dans une portion du sphéroïde, & plus grand dans l'autre.

7. Pour que $\nu'^2$ soit $< 1$ dans toute l'étendue du sphéroïde, il faut considérer, 1°. que $\nu'^2 = \zeta^2(1 + \alpha^2 \operatorname{cos.} z^2)$ ; 2°. que si $\alpha^2$ est positif, c'est-à-dire, si $\frac{b^2}{c^2} - 1$ est positif, ce qui donne $b > c$, la plus grande valeur de $\nu'^2$ est $\zeta^2 + \alpha^2\zeta^2$, en observant que $\zeta^2 = \frac{a^2}{b^2}$ est toujours positif ; or $\zeta^2 + \alpha^2\zeta^2 = (\alpha^2 + 1)\zeta^2 = \frac{b^2}{c^2} \times \frac{a^2}{b^2} = \frac{a^2}{c^2}$ ; donc pour que $\nu'^2$ soit $< 1$ dans toute l'étendue du sphéroïde, $\frac{a^2}{c^2}$ doit être $< 1$, ou tout au plus $= 1$ ;

& comme on suppose tous les axes inégaux, on aura $\frac{a^2}{c^2} < 1$, ou $a < c$.

8. Donc, restant toujours dans cette supposition de $\alpha^2$ positif, & faisant les trois axes inégaux, il faut pour que $\nu'^2$ soit $< 1$ dans toute l'étendue du sphéroïde, que $b > c > a$.

9. Maintenant, dans le cas où $\nu'^2 < 1$, & où $\alpha^2$ est positif, qui est celui dont il s'agit ici, il est évident que cos. $z^2$ étant $= \frac{\nu'^2 - \beta^2}{\beta^2 \alpha^2}$, $\nu'^2 - \beta^2$ est nécessairement positif, & qu'ainsi le radical $\sqrt{(\nu'^2 - \beta^2)}$ est réel, aussi-bien que le radical $\sqrt{(\beta^2 \alpha^2 + \beta^2 - \nu'^2)}$, puisque $z^2 = \frac{\beta^2 \alpha^2 + \beta^2 - \nu'^2}{\beta^2 \alpha^2}$.

10. Il n'y aura donc en ce cas aucun changement à faire à la formule de la page 181 du Tom. VI de nos *Opuscules* (article 111), qui est (en supposant $\frac{\nu'}{\sqrt{(1 - \nu'\nu')}} = \mu$), $\frac{d\mu \sqrt{[\mu^2 (1 - \beta^2) - \beta^2]}}{\sqrt{[(\beta^2 \alpha^2 + \beta^2 - 1) \mu^2 + \beta^2 \alpha^2 + \beta^2]}} \times AT \frac{1}{\mu}$, quantité dans laquelle $\beta^2$ & $\beta^2 \alpha^2 + \beta^2$ sont évidemment positifs, puisque $\beta^2 = \frac{a^2}{b^2}$, & $\beta^2 \alpha^2 + \beta^2 = \frac{a^2}{c^2}$, & dans laquelle $\beta^2 \alpha^2 + \beta^2 - 1$ est $\frac{a^2}{c^2} - 1$, c'est-à-dire, négatif. Il est visible de plus que $1 - \beta^2$ est positif pour deux raisons ; 1°. parce que $1 - \beta^2 = 1 - \frac{a^2}{b^2}$, & que $a$ (*hyp.*) est $< b$ ; 2°. parce que si $1 - \beta^2$ étoit négatif, le radical supérieur seroit imaginaire, le radical

inférieur étant réel, ce qu'on ne fauroit fuppofer.

11. Donc la différentielle fe réduit à la forme $\frac{d\mu\sqrt{(g\mu\mu - f)}}{\sqrt{(h - k\mu\mu)}} \times AT\frac{1}{\mu}$.

12. Donc (LIII^e Mém. §. III, art. 22) la quantité différentielle qui multiplie ici $AT\frac{1}{\mu}$ ne peut fe réduire ni à un fimple arc d'ellipfe, ni à un fimple arc d'hyperbole, comme nous l'avons déja prouvé d'une autre maniere dans le Tôme VI de nos *Opufcules*, pag. 203 & 204; mais elle fe réduit, par ce même art. 22, à un arc d'hyperbole combiné avec une quantité algébrique.

13. Pour mettre cette quantité fous la forme la plus fimple, je fais $p =$ à l'angle dont la tangente eft $\frac{1}{\mu}$, & j'ai $\frac{\text{fin.}\, p}{\text{cof.}\, p} = \frac{1}{\mu}$, $\mu = \frac{\text{cof.}\, p}{\text{fin.}\, p}$, $d\mu = -\frac{dp}{\text{fin.}\, p^2}$, de forte que la différentielle propofée fe réduit à $-\frac{p\,dp}{\text{fin.}\, p^2} \times \frac{\sqrt{(\text{cof.}\, p^2 - \zeta^2)}}{\sqrt{(\zeta^2\alpha^2 + \zeta^2 - \text{cof.}\, p^2)}}$, ou $-\frac{p\,dp}{\text{fin.}\, p^2} \times \frac{\sqrt{\left(\text{cof.}\, p^2 - \frac{a^2}{b^2}\right)}}{\sqrt{\left(\frac{ga^2}{c^2} - \text{cof.}\, p^2\right)}}$, quantité qu'on peut encore fimplifier en mettant pour fin. $p^2$ & cof. $p^2$ leurs valeurs $\frac{1}{2} - \frac{1}{2}\text{cof.}\, 2p$, $\frac{1}{2} + \frac{1}{2}\text{cof.}\, 2p$, & en faifant $2p = u$, ce qui réduira la différentielle à une quantité de cette forme $\frac{Eu\,du\sqrt{(A + \text{cof.}\, u)}}{(1 - \text{cof.}\, u)\sqrt{(B - \text{cof.}\, u)}}$; mais l'intégration refte toujours également difficile, & dépendante des fections coniques, excepté

excepté dans le cas où $B = 1$, c'eſt-à-dire, où deux des axes ſont égaux; cas dont il n'eſt point queſtion ici.

14. On peut remarquer encore que comme $\frac{1}{\mu}$, ou $\frac{\text{ſin. } p}{\text{coſ. } p} = \frac{\sqrt{(1 - \nu'^2)}}{\nu'}$, on a coſ. $p = \nu'$ & ſin. $p = \sqrt{(1 - \nu'^2)}$; ainſi les deux limites de coſ. $p$ ſont les mêmes que celles de $\nu'$, ſavoir (art. 7), coſ. $p = \beta^2 = \frac{a^2}{c^2}$ lorſque $\zeta = 90^\circ$, ou coſ. $\zeta = 0$, & coſ. $p = \beta^2 + \alpha^2 \beta^2 = \frac{a^2}{c^2}$ lorſque $\zeta = 0$, ou coſ. $\zeta = 1$.

15. Enfin, puiſque $p$ eſt l'angle dont la tangente eſt $\sqrt{(\nu\nu - 1)}$ $\left(\nu \text{ étant } = \frac{1}{\nu'} \text{ \& } \nu > 1\right)$ & par conſéquent dont la ſécante eſt $\nu$, & que cette ſécante $\nu = \frac{CV}{CR}$ (Fig. 13), il s'enſuit que cette ſécante eſt = au demi-diametre $CV$ en prenant $CR = a$ pour ſinus total.

16. Suppoſons préſentement $\alpha^2$ négatif, c'eſt-à-dire, $b < c$, les trois axes étant toujours ſuppoſés inégaux, & $\nu'^2$ étant toujours ſuppoſé $< 1$; on fera $\alpha^2 = -\alpha'^2$, $\alpha'^2$ étant poſitif, & on aura $\nu'^2 = \beta^2 - \beta^2 \alpha'^2$ coſ. $\zeta^2$, coſ. $\zeta^2 = \frac{\beta^2 - \nu'^2}{\beta^2 \alpha'^2}$, ſin. $\zeta^2 = \frac{\beta^2 \alpha'^2 - \beta^2 + \nu'^2}{\beta^2 \alpha'^2}$; donc $\nu'^2$ ſera $< \beta^2$, & la différentielle de l'art. 109, pag. 180, Tom. VI, *Opuſc.* deviendra $\frac{d\nu'}{\alpha'^2 (1 - \nu'\nu')^{\frac{1}{2}}} \times$
$\frac{\sqrt{(\beta^2 - \nu'^2)}}{\sqrt{(\beta^2 \alpha'^2 - \beta^2 + \nu'^2)}} \times AT. \left(\frac{\sqrt{(1 - \nu'\nu')}}{\nu'}\right).$

17. Par conſéquent la différentielle à intégrer ſera

(en faisant toujours $\mu = \frac{\nu'}{\sqrt{(1-\nu'\nu')}}$)

$$\frac{d\mu\sqrt{(\zeta^2+(\zeta^2-1)\mu^2}}{\sqrt{[(\zeta^2\alpha'^2-\zeta^2+1)\mu^2+\zeta^2\alpha'^2-\zeta^2]}}.$$

18. Dans ce cas $\nu'^2$ sera $< \zeta^2$, puisque $\nu'^2 = \zeta^2 - \alpha'^2\zeta^2$ cos. $\zeta^2$; & les deux limites de la valeur de $\nu'^2 = \zeta^2 - \zeta^2\alpha'^2$ cos. $\zeta^2$ seront $\zeta^2 = \frac{a^2}{b^2}$, & $\zeta^2 - \alpha'^2\zeta^2 = \frac{a^2}{c^2}$; donc pour que $\nu'^2$ soit $< 1$ dans toute l'étendue du sphéroïde, il faudra que $a^2$ soit $< b^2$; c'est-à-dire, à cause de $b^2 < c^2$ (*hyp.*) qu'on aura $a < b < c$.

19. De plus, il est clair que dans ce cas $\zeta^2\alpha'^2 - \zeta^2 = -\zeta^2\alpha^2 - \zeta^2 = -\frac{a^2}{c^2}$, & par conséquent négatif; que $\zeta^2 - 1$, ou $\frac{a^2}{b^2} - 1$ est aussi négatif, & que $\zeta^2\alpha'^2 - \zeta^2 + 1$, ou $-\frac{a^2}{c^2} + 1$ est positif.

20. Donc la différentielle qui multiplie $AT\frac{1}{\mu}$, se réduira à la forme $\frac{d\mu\sqrt{(f-g\mu\mu)}}{\sqrt{(k\mu\mu-h)}}$, qui dépend (LIII$^e$ Mém. §. III, art. 23,) d'un arc d'ellipse & d'un arc d'hyperbole.

21. En faisant (comme dans l'art. 13) $\mu = \frac{\text{cos. } p}{\text{sin. } p}$, la formule différentielle du cas présent se changera en $\frac{p\,dp}{\text{sin. } p^2} \times \frac{\sqrt{(\zeta^2 - \text{cos. } p^2)}}{\sqrt{(\text{cos. } p^2 - \frac{a^2}{c^2}}}$, sur laquelle on peut

faire les mêmes remarques & réductions que dans la formule analogue du cas précédent.

22. Venons maintenant au cas de $\nu'^2 > 1$, ce qui donne $\sqrt{(1-\nu'^2)} = \sqrt{(\nu'^2-1)}.\sqrt{-1}$, & remarquons d'abord que l'angle dont la tangente est $k$, est $\frac{1}{2\sqrt{-1}} \times \log.\left(\frac{1+k\sqrt{-1}}{1-k\sqrt{-1}}\right)$, $k$ étant tout ce qu'on voudra ; d'où il s'ensuit que l'angle dont la tangente est $k\sqrt{-1}$ sera $\frac{1}{2\sqrt{-1}}$ log. $\left(\frac{1-k}{1+k}\right)$ ; & qu'ainsi l'angle dont la tangente est $\frac{\sqrt{(\nu'^2-1)}}{\nu'} \times \sqrt{-1}$, se trouvant multiplié, dans la différentielle à intégrer, par $\frac{1}{\sqrt{(1-\nu'\nu')}} = \frac{1}{\sqrt{(\nu'\nu'-1)}.\sqrt{-1}} = \frac{1}{k\sqrt{-1}}$, le tout se réduira à une quantité réelle, & les imaginaires disparoîtront.

23. Faisant donc ici $\mu = \mu'\sqrt{-1}$, & prenant $\mu'$ pour une quantité réelle, on aura $d\mu AT\frac{1}{\mu} = d\mu'\sqrt{-1} \times \frac{1}{2\sqrt{-1}}\left[\log.\left(1+\frac{\sqrt{-1}}{\mu'\sqrt{-1}}\right) - \log.\left(1-\frac{\sqrt{-1}}{\mu'\sqrt{-1}}\right)\right.$ $\left. = \frac{d\mu'}{2}\log.\left(\frac{1+\frac{1}{\mu'}}{1-\frac{1}{\mu'}}\right)\right]$, ou $\frac{d\mu'}{2}$ log. $\left(\frac{1+\mu'}{\mu'-1}\right)$ ; quantité toute réelle.

24. On peut remarquer que $\frac{1}{\mu'\sqrt{-1}} = \frac{\sqrt{(1-\nu'\nu')}}{\nu'}$,

& par conséquent $\frac{1}{\mu'} = -\frac{\sqrt{(\nu'\nu'-1)}}{\nu'}$ ; ainsi

$$\log.\left(1+\frac{1}{\mu'}\right)-\log.\left(1-\frac{1}{\mu'}\right)=\log.\left(\frac{\nu'-\sqrt{(\nu'\nu'-1)}}{\nu'+\sqrt{(\nu'\nu'-1)}}\right)$$
$$=\log.\,[\nu'-\sqrt{(\nu'\nu'-1)}]^2 = 2\log.\,[\nu'-\sqrt{(\nu'\nu'-1)}].$$

Or $\log.\,\nu'-\sqrt{(\nu'\nu'-1)}$ est l'intégrale de $\int\frac{-d\nu'}{\sqrt{(\nu'\nu'-1)}}$, qui dépend d'un secteur hyperbolique dont 1 est le demi-axe, & $\nu'$ l'abscisse.

25. Nous supposons d'abord ici $\nu'^2 > \beta^2$, & cette supposition peut très-bien subsister avec celle de $\nu'^2 > 1$, il suffit pour cela, 1°. que $\alpha^2$ soit positif, c'est-à-dire, $b > c$, puisque, cos. $z^2 = \frac{\nu'^2-\beta^2}{\beta^2\alpha^2}$ étant toujours positif, il faut que $\nu'^2 > \beta^2$. 2°. Que la plus petite valeur de $\nu'^2$, c'est-à-dire, $\beta^2$, ou $\frac{a^2}{b^2}$, soit $> 1$, c'est-à-dire, $a > b$. Donc on a ici $a > b > c$.

26. Nous aurons donc ici $\nu'^2$, ou $\frac{\mu^2}{1+\mu^2} = \frac{-\mu'^2}{1-\mu'^2}$ ; ou afin de rendre tout positif $\nu'^2 = \frac{\mu'^2}{\mu'^2-1}$, d'où la différentielle qu'il s'agit ici d'examiner, abstraction faite de $AT\frac{1}{\mu}$, sera $\frac{d\mu' \cdot [\mu'^2(1-\beta^2)+\beta^2]}{\sqrt{[(\beta^2\alpha^2+\beta^2-1)\mu'^2-\beta^2\alpha^2-\beta^2]}}$.

27. Or on a ici, 1°. $a^2 > b^2$, d'où $\frac{a^2}{b^2}$, ou $\beta^2 > 1$ ; 2°. $\beta^2\alpha^2+\beta^2-1 = \frac{a^2}{c^2}-1$, & par conséquent positif, puisque $a > c$.

28. Donc la différentielle fera de la forme $\frac{d\mu'\sqrt{(f-g\mu'\mu')}}{\sqrt{(k\mu'\mu'-h)}}$, qui dépend, comme dans l'art. 19, d'un arc d'ellipse & d'un arc d'hyperbole.

29. Si $\nu'^2$ eft $< \beta^2$, alors $\alpha^2$ fera négatif, & réciproquement; donc $\alpha^2 = -\alpha'^2$, & on aura dans la différentielle de la page 180, Tom. VI, *Opufc.* la quantité $\frac{\sqrt{(\beta^2-\nu'^2)}}{\sqrt{(\beta^2\alpha'^2-\beta^2+\nu'^2)}}$; ainfi mettant pour $\nu'^2$ fa valeur $\frac{\mu'^2}{\mu'^2-1}$, la différentielle qu'il s'agit d'examiner ici fera $\frac{d\mu'\sqrt{[\mu'^2\,(\beta^2-1)-\beta^2]}}{\sqrt{[(\beta^2\alpha'^2-\beta^2+1)\,\mu'^2+\beta^2-\beta^2\alpha'^2]}}$.

30. Or, $\nu'^2$ étant fuppofé $>1$, la plus petite valeur de $\nu'^2$ qui eft ici $\beta^2-\beta^2\alpha'^2=\frac{a^2}{c^2}$, eft $>1$. Donc $a>c$. De plus, $\alpha^2$ négatif donne $b<c$; donc $a>c>b$; donc $\beta^2$, ou $\frac{a^2}{b^2}>1$; donc auffi $\beta^2\alpha'^2-\beta^2+1$, ou $1-\frac{a^2}{c^2}$ eft négatif; donc la différentielle fera de la forme $\frac{d\mu'\sqrt{(g\mu'\mu'-f)}}{\sqrt{(h-k\mu'\mu')}}$, qui dépend, comme dans l'art. 11 ci-deffus, d'un arc d'hyperbole combiné avec une quantité algébrique.

31. Venons préfentement au cas où $\nu'^2$ eft alternativement $<$ & $>1$. Suppofons d'abord $\alpha^2$ pofitif, c'eft-à-dire, $b>c$, ce qui donne (art. 9) $\nu'^2>\beta^2$, il eft clair que $\beta^2+\alpha^2\beta^2$, ou $\frac{a^2}{c^2}$, qui eft la plus grande

valeur de $\nu'$ sera $>1$, & $\mathcal{C}^2$, qui est sa plus petite valeur, sera $<1$. Donc $\frac{a^2}{c^2}>1$, & $\frac{a^2}{b^2}<1$, donc $a>c$, $b>a$, & $b>c$, ce qui donne $b>a>c$.

32. Donc la différentielle dont il s'agit ici sera, dans le cas où $\nu'$ est $<1$, de la même forme que celle de la pag. 181, Tom. VI, *Opusc.* & par conséquent à cause de $1-\mathcal{C}^2$ positif, & de $\mathcal{C}^2\alpha^2+\mathcal{C}^2-1$, ou $\frac{a^2}{c^2}-1$ positif, sera de la forme $\frac{d\mu\sqrt{(g\mu\mu-f)}}{\sqrt{(h+k\mu\mu)}}$, qui dépend (§. III du LIII^e Mém. art. 23) d'un arc d'ellipse & d'un arc d'hyperbole.

33. Et dans le cas de $\nu'>1$, la différentielle aura, comme dans l'art. 26 ci-dessus la forme $\frac{d\mu'\sqrt{[(\mu'^2(1-\mathcal{C}^2)+\mathcal{C}^2]}}{\sqrt{[(\mathcal{C}^2\alpha^2+\mathcal{C}^2-1)\mu'^2-\mathcal{C}^2\alpha^2-\mathcal{C}^2]}}$, qui se réduit à la forme $\frac{d\mu'\sqrt{(f-g\mu'\mu')}}{\sqrt{(k\mu'\mu'-h)}}$, laquelle dépend encore d'un arc d'ellipse & d'un arc d'hyperbole.

34. Supposons maintenant $\alpha^2$ négatif & $=-\alpha'^2$, ce qui donne $b^2<c^2$, $\nu'^2$ étant alternativement $<1$ & $>1$. Il est clair, 1°. que $\nu'^2$ sera $<\mathcal{C}^2$, à cause de $\cos. z^2=\frac{\nu'^2-\mathcal{C}^2}{\mathcal{C}^2\alpha^2}=\frac{\mathcal{C}^2-\nu'^2}{\mathcal{C}^2\alpha'^2}$. 2°. Que la plus petite valeur de $\nu'^2$, savoir $\mathcal{C}^2-\alpha'^2\mathcal{C}^2$ ou $\frac{a^2}{c^2}$ sera $<1$, & la plus grande valeur $\mathcal{C}^2$ ou $\frac{a^2}{b^2}$ sera $\geq 1$. Donc $a>b$, $c\geq a$, & $b\leq c$, ou $c\geq a\geq b$.

35. Donc la différentielle dont il s'agit ici, sera (art. 17) dans le cas de $\nu' < 1$, de la forme $\frac{d\mu\sqrt{[6^2+(6^2-1)\mu^2]}}{\sqrt{[(6^2\alpha'^2-6^2+1)\mu^2+6^2\alpha'^2-6^2]}}$, ou $\frac{d\mu\sqrt{(f+g\mu\mu)}}{\sqrt{(k\mu\mu-h)}}$, qui se réduit (LIII$^e$ Mém. §. III, art. 23) à un arc d'ellipse & à un arc d'hyperbole.

36. Et dans le cas de $\nu' > 1$, la différentielle aura (art. 29) la forme $\frac{d\mu'\sqrt{[\mu'^2(6^2-1)-6^2]}}{\sqrt{[(6^2\alpha'^2-6^2+1)\mu'^2+6^2-6^2\alpha'^2]}}$, ou $\frac{d\mu'\sqrt{(g\mu'\mu'-f)}}{\sqrt{(k\mu'\mu'+h)}}$, qui se réduit encore à un arc d'ellipse & un arc d'hyperbole.

37. Nous avons donné dans les articles précédens les conditions de rapport entre $c$, $b$, $a$, qui donnent $\nu'^2$ toujours plus petit ou toujours plus grand que l'unité, ou successivement plus petit ou plus grand que l'unité, $\alpha^2$ étant supposé positif ou négatif, c'est-à-dire, $b >$ ou $< c$. On peut trouver ces mêmes conditions par une autre méthode fort simple.

38. Pour cela, on considérera que $\nu' = \frac{1}{\nu}$, & que (art. 15) $\nu = \frac{CV}{CR}$ (Fig. 13); donc pour que $\nu'$ soit toujours $<$ ou toujours $> 1$, ou successivement $>$ & $< 1$, il faut que $\nu$ ou $CV$ soit toujours $>$ ou $< CR$, ou successivement $>$ ou $< CR$.

39. Or $CV$ est moyenne entre $CK$ & $CA$. Donc, 1°. supposant $\alpha^2$ positif, ou $CK \geq CA$, il faut que

$\frac{CV}{CR}$, ou $\frac{CV}{a}$ soit toujours $>1$. Donc $CA$ ou $c$ doit être $>a$, puisque $CA$ est ici la plus petite valeur de $CV$. Donc $b>c>a$.

2°. Par la même raison, pour que $\frac{CV}{a}$ soit toujours $<1$, il faut que sa plus grande valeur $\frac{b}{a}$ soit $<1$; c'est-à-dire, que $b$ soit toujours $<a$; donc $a>b>c$.

3°. Enfin, pour que $\frac{CV}{a}$ soit alternativement $>$ & $<1$, il faut que la plus grande valeur de $\frac{CV}{a}$, c'est-à-dire, $\frac{b}{a}$ soit $>1$, & sa plus petite valeur $\frac{c}{a}<1$. Donc $b>a>c$.

40. Supposons maintenant $\alpha^2$ négatif, c'est-à-dire, $b<c$, il faut,

1°. Pour que $\frac{CV}{a}$ soit toujours $>1$, que la plus petite valeur de $\frac{CV}{a}$, c'est-à-dire, $\frac{b}{a}$, soit $>1$. Donc $c>b>a$.

2°. Pour que $\frac{CV}{a}$ soit toujours $<1$, il faut que la plus grande valeur de $\frac{CV}{a}$, c'est-à-dire, $\frac{c}{a}$ soit $<1$. Donc $a>c>b$.

3°. Enfin, pour que $\frac{CV}{a}$ soit alternativement $>$ & $<1$,

$<1$, il faut que sa plus petite valeur $\frac{b}{a}$ soit $<1$, & sa plus grande valeur $\frac{c}{a}>1$. Donc $c>a>b$.

41. On voit donc, 1°. que $\nu'^2$ sera toujours $<1$ dans les deux cas suivans :

$$\text{I. } b>c>a,$$
$$\text{II. } c>b>a;$$

ce qui s'accorde avec les art. 8 & 18.

2°. Que $\nu'^2$ sera toujours $>1$ dans les deux cas suivans :

$$\text{III. } a>b>c,$$
$$\text{IV. } a>c>b;$$

ce qui s'accorde avec les art. 25 & 30.

3°. Enfin, que $\nu'^2$ sera successivement $<$ & $>1$ dans les deux cas suivans :

$$\text{V. } b>a>c,$$
$$\text{VI. } c>a>b;$$

ce qui s'accorde avec les art. 31 & 34.

42. Ces six conditions, que j'ai marquées par les chiffres romains I, II, &c. expriment évidemment tous les cas possibles d'inégalité entre les demi-axes $c$, $b$, $a$.

43. Dans le cas où $\nu'^2$ est toujours $<1$, la quantité $AT\frac{1}{\mu}$ dépend uniquement des arcs de cercle ; dans le cas où $\nu'^2$ est $>1$, elle dépend uniquement des logarithmes; enfin, dans le cas où $\nu'^2$ est d'abord $<1$,

& enfuite plus grand ou réciproquement, elle dépend d'abord des arcs de cercle, & enfuite des logarithmes, ou réciproquement.

44. Or, dans le cas où $\nu'^2$ eft fucceffivement $<$ & $>1$, ou fucceffivement $>$ & $<1$, on a $\nu^2 = \frac{1}{\nu'^2}$ fucceffivement $>$ & $<1$, ou fucceffivement $<$ & $>1$, c'eft-à-dire, $b>a>c$ & $b<a<c$, ou $c>b>a$; ou $b<a<c$ & $b>a>c$.

45. Donc dans le V$^e$ des cas précédens (art. 41), la quantité $AT\frac{1}{\mu}$ eft d'abord circulaire, puis logarithmique; & dans le VI$^e$, elle eft d'abord logarithmique, puis circulaire.

46. Je défignerai par $(C)$ le cas où $AT\frac{1}{\mu}$ eft toujours circulaire, par $(L)$ le cas où elle eft toujours logarithmique, & par $(CL)$ le cas où elle eft d'abord circulaire, & enfuite logarithmique, & par $(LC)$ le cas où elle eft d'abord logarithmique, enfuite circulaire.

47. Donc en fuppofant, comme nous le faifons ici, que les coupes elliptiques faites par l'extrêmité de l'axe $2c$ foient perpendiculaires au plan de $c$ & de $b$, nous aurons (art. 41, 43, 44 & 45) les fix combinaifons fuivantes :

I. $b>c>a$ $(C)$
II. $c>b>a$ $(C)$
III. $a>b>c$ $(L)$

IV. $a > c > b$ $(L)$

V. $b > a > c$ $(CL)$

VI. $c > a > b$ $(LC)$

48. Nous avons ſuppoſé que les coupes elliptiques étoient perpendiculaires au plan de l'ellipſe qui a pour demi-axes $c$ & $b$. Si elles l'étoient au plan de l'ellipſe qui a pour demi-axe $c$ & $a$, alors nommant $\zeta'$ un des demi-diametres de cette ellipſe à volonté, il eſt clair que les rapports des axes des ellipſes qui forment les coupes, ſeront celui de $\zeta'$ à $b$; d'où il s'enſuit que pour avoir les conditions où $\nu'^2$ ſera toujours $< 1$, ou toujours $> 1$, ou ſucceſſivement $<$ & $> 1$, il faudra mettre dans les conditions de l'article précédent, $a$ pour $b$, & $b$ pour $a$. Donc,

1°. $\nu'^2$ ſera toujours $< 1$ ſi

$a > c > b$ IV. $(C)$

ou $c > a > b$ VI. $(C)$

2°. $\nu'^2$ ſera toujours $> 1$ ſi

$b > a > c$ V. $(L)$

ou $b > c > a$ I. $(L)$

3°. Enfin, $\nu'^2$ ſera ſucceſſivement $<$ & $> 1$, ſi l'on a

$a > b > c$ III. $(CL)$

ou $c > b > a$ II. $(LC)$

49. D'où l'on voit que ſi $\nu'^2$ eſt ſucceſſivement $>$ & $< 1$, ou $<$ & $> 1$, en coupant le ſolide elliptique par un plan perpendiculaire à celui des $c$ & des $b$, on pourra avoir $\nu'^2$ toujours $<$ ou $> 1$, en coupant le

même solide par un plan perpendiculaire à celui des $c$ & des $a$, & réciproquement, puisque dans le premier cas on aura la V$^e$ & la VI$^e$ condition, qui, dans le second cas, donnent $r'^2$ toujours $> 1$ ou toujours $< 1$.

50. Donc dans la formule nécessaire pour trouver l'attraction du sphéroïde à l'extrêmité de l'axe $c$, on pourra toujours supposer $r'^2 <$ ou $> 1$, puisqu'il suffira pour cela de couper le sphéroïde par des plans elliptiques passant par l'extrêmité de l'axe $c$, & perpendiculaires, soit au plan de $c$ & de $b$, soit à celui de $c$ & de $a$.

51. Donc en coupant le sphéroïde d'abord par un plan perpendiculaire à celui des $c$ & des $b$ (ce que j'appellerai la *premiere méthode*), ensuite par un plan perpendiculaire à celui des $c$ & des $a$ (ce que j'appelle la *seconde méthode*), & combinant ensemble les art. 41 & 48, on aura les cas suivans :

I. $b > c > a$ ($C$) ($L$)
II. $c > b > a$ ($C$) ($LC$)
III. $a > b > c$ ($L$) ($CL$)
IV. $a > c > b$ ($L$) ($C$)
V. $b > a > c$ ($CL$) ($L$)
VI. $c > a > b$ ($LC$) ($C$)

Ce qui signifie que dans le cas de $b > c > a$, on aura, par la premieré méthode, $AT\frac{1}{\mu}$ toujours circulaire, & par la seconde toujours logarithmique ; que dans le cas de $c>b>a$, on aura, par la premiere méthode, $AT\frac{1}{\mu}$ toujours circulaire, & par la seconde d'abord circulaire & ensuite logarithmique, &c. & ainsi des autres cas.

52. Donc il n'y a aucun de ces six cas, où $AT\frac{1}{\mu}$ ne puisse être uniquement circulaire ou uniquement logarithmique, suivant qu'on employera la premiere ou la seconde méthode ; & il y a même deux cas, savoir, le premier & le quatriéme, c'est-à-dire, $b>c>a$, ou $a>c>b$, dans lesquels $AT\frac{1}{\mu}$ sera uniquement circulaire ou logarithmique, soit qu'on employe la premiere ou la seconde méthode, en observant seulement que si cette quantité est circulaire par l'une des deux méthodes, elle sera logarithmique par l'autre, quoique les deux méthodes ensemble doivent donner le même résultat total pour l'attraction du sphéroïde à l'extrêmité de l'axe $2c$ ; ce qui nous fournira quelques remarques dans la suite.

53. De plus, il est clair par les art. 12 & 29, que dans le cas de $b>c>a$ (I), & dans celui de $a>c>b$ (IV), la différentielle qui multiplie la quantité angulaire ou logarithmique $AT\frac{1}{\mu}$, dépend d'un arc d'hyperbole combiné avec une quantité algébrique ; que dans aucun cas cette différentielle ne dépend d'un simple arc d'ellipse ou d'hyperbole, & que dans tous

les autres cas, à l'exception des deux qu'on vient d'indiquer, elle dépend d'un arc d'ellipse & d'un arc d'hyperbole à-la-fois.

54. On suppose dans l'article précédent que les coupes du sphéroïde sont perpendiculaires au plan de $c$ & de $b$. Si elles l'étoient au plan de $c$ & de $a$, alors les deux conditions de l'article précédent seroient, en mettant $a$ pour $b$, & $b$ pour $a$, $a>c>b$, & $b>c>a$, qui sont précisément les mêmes que les deux précédentes.

55. De-là, & de l'art. 52, il s'ensuit que les deux cas de $b>c>a$ (I), & $a>c>b$ (IV) sont les deux cas qui donnent les résultats les plus simples, puisque d'une part la quantité $AT\frac{1}{\mu}$ est toujours logarithmique ou circulaire dans chacun de ces cas, & que de l'autre la quantité différentielle qui multiplie $AT\frac{1}{\mu}$ dépend uniquement dans ces deux cas d'un arc d'hyperbole combiné avec une quantité algébrique, & dans tous les autres cas d'un arc d'ellipse & d'un arc d'hyperbole.

56. La différentielle de la pag. 181, Tom. VI, *Opusc.* se réduit en général à la forme $\frac{d\mu\sqrt{(A\mu^2+B)}}{\sqrt{(C\mu^2+D)}}\int\frac{d\mu}{E+F\mu\mu}$, $\mu^2$ étant positif ou négatif. Or, en faisant $A\mu^2+B=z$, on a $\mu^2=\frac{z-B}{A}$, ou (en supposant $A$ négatif & $=-$

$A'$) $\mu^2 = \frac{B-z}{A'}$, & la différentielle devient de cette forme $\frac{dz\sqrt{z}}{\sqrt{(\pm z \mp b)}.\sqrt{(Gz+H)}}\int\frac{dz}{\sqrt{(\pm z \mp B)(L+Mz)}}$; nous avons vu de plus (art. 55) que la différentielle $\frac{dz\sqrt{z}}{\sqrt{(\pm z \mp B)}.\sqrt{(Gz+H)}}$, se réduit, lorsque $c$ est moyen entre $a$ & $b$, à la forme $\frac{dz\sqrt{z}}{\sqrt{(bb \pm fz - zz)}}$, dont l'intégrale, en supposant $u = \frac{b^2}{z}$ (Mém. Berl. 1746, p. 203, art. XX), est $-\frac{2\sqrt{(uu \pm fu - bb)}}{\sqrt{u}}$ + un arc d'hyperbole, ou, ce qui est la même chose, $-\frac{2\sqrt{(bb \pm fz - zz)}}{\sqrt{z}}$ + un arc d'hyperbole, ou enfin $-2\sqrt{[(\pm z \mp b)(Gz+H)]}$ + un arc d'hyperbole; donc la différentielle proposée sera $d\,(arc.\ hyp.) \times \int\frac{dz}{\sqrt{(\pm z \mp B).(L+Mz)}} - d\left(\frac{2\sqrt{[(\pm z \mp B).(Gz+H)]}}{\sqrt{z}}\right)\int\frac{dz}{\sqrt{(\pm z \mp B).(L+Mz)}}$. Or l'intégrale de cette derniere partie sera $-\frac{2\sqrt{[(\pm z \mp B).(Gz+H)]}}{\sqrt{z}} \times \int\frac{dz}{\sqrt{(\pm z \mp B).(L+Mz)}} + \int\frac{2\,dz\sqrt{(Gz+H)}}{\sqrt{z(L+Mz)}}$, & cette derniere quantité s'intégre aisément par des arcs de cercle, ou des logarithmes.

57. Donc l'intégrale de la différentielle qui exprime l'attraction à l'extrêmité de l'axe $2c$, dans le cas où $c$ est moyen entre $a$ & $b$, se réduit à des quantités logarithmiques ou circulaires, plus à la différentielle d'un

simple arc d'hyperbole, multipliée par une quantité toujours logarithmique ou toujours circulaire.

58. Dans le cas où $AT\frac{1}{\mu}$ est imaginaire, & se change (article 23) en une quantité logarithmique $\log.\left(\frac{\mu'+1}{\mu'-1}\right)$, si on veut réduire la différentielle de la page 181, Tom. VI, *Opusc.* à une forme analogue à celle de l'art. 13, on supposera $\log.\left(\frac{\mu'+1}{\mu'-1}\right)=z$, ou $\frac{\mu'+1}{\mu'-1}=c^z$, ce qui donnera $\mu'+1=\mu'c^z-c^z$ & $\mu'=\frac{c^z+1}{1-c^z}$; substituant cette valeur, on aura une quantité beaucoup plus compliquée que celle de l'article 13, & dont l'intégration demeurera toujours très-difficile.

59. Lorsque $c=a$, si on coupe le sphéroïde par des plans passant par l'extrêmité de l'axe $2c$, & perpendiculaires au plan de $c$ & de $a$, on aura, par la méthode de M. Maclaurin, l'attraction du sphéroïde, qui sera celle de l'attraction à l'équateur dans un sphéroïde de révolution, & qui ne renferme que des logarithmes ou des arcs de cercle. Mais dans ce même cas, si on coupe le sphéroïde par des plans passans par l'extrêmité de l'axe $2c$, & perpendiculaires au plan de $c$ & de $b$, alors, dans le cas de $b>c$, on auroit (à cause de $c=a$, qui donne $\zeta^2+\alpha^2\zeta^2=1$) la différentielle

rentielle $d\mu\sqrt{[\mu^2(1-\zeta^2)-\zeta^2]}\times AT\frac{1}{\mu}$, ou $d\mu\sqrt{(\alpha\mu^2-\zeta^2)}\times AT\frac{1}{\mu}$ (art. 10), qui renferme une différentielle logarithmique multipliée par un arc de cercle; & dans le cas de $b<c$, on auroit (art. 29 & 30) $d\mu'\sqrt{[\mu'^2(\zeta^2-1)-\zeta^2]}\times \log.\left(\frac{\mu'+1}{\mu'-1}\right)$, qui renferme une différentielle logarithmique multipliée par une quantité logarithmique; & dans l'un & l'autre cas l'intégration reste très-difficile par la premiere méthode, quoiqu'elle soit très-facile par la seconde.

60. Enfin, si $a=b$, c'est-à-dire; si $\zeta=1$, la différentielle sera $\frac{d\mu\sqrt{(-\zeta^2)}}{\sqrt{(\zeta^2\alpha^2\mu^2+\zeta^2\alpha^2+\zeta^2)}}\times AT\frac{1}{\mu}$, ou plutôt, en faisant $\zeta^2=1$, & changeant les signes des radicaux $\frac{d\mu}{\sqrt{\left(\alpha^2\mu^2+\frac{b^2}{c^2}\right)}}\times AT\frac{1}{\mu}$, ou si $\nu>1$, ce qui donne $b<c$; $\frac{d\mu'}{\sqrt{\left(\frac{b^2}{c^2}-\alpha^2\mu'^2\right)}}\times \log.\left(\frac{1+\mu'}{\mu'-1}\right)$; $\alpha^2$ étant négatif; d'où l'on voit que l'intégration est encore très-difficile, quoique par la formule de la page 184, Tom. VI, elle devienne beaucoup plus simple.

61. On voit par-là combien le choix des méthodes, & des formules est essentiel pour parvenir d'une maniere plus simple & plus facile à la détermination de l'attraction d'un sphéroïde; & c'est ce qu'on va voir encore

par les recherches que nous allons faire sur l'intégration de la formule de la page 184, dont nous venons de parler.

62. Venons donc présentement à la formule de la page 184 du Tom. VI de nos *Opuscules*, laquelle donne d'une autre maniere l'attraction d'un sphéroïde elliptique dont tous les axes sont inégaux, & supposons d'abord $\sigma$ réel; ce qui donne $\sqrt{(\pi\pi - 1)}$ réel, ou $\pi^2 > 1$; car il est bon d'observer que dans la valeur de $\sigma\sigma = \frac{\pi\pi - 1}{\pi^2}$, $\pi^2$ est toujours une quantité réelle & positive, puisque, $1 - \sigma\sigma$ étant $= \frac{\rho\rho}{cc}$, & $\rho$ étant un demi-diametre d'ellipse ainsi que $c$, $1 - \sigma\sigma$, & par conséquent $\pi^2 = \frac{1}{1 - \sigma\sigma}$ est toujours positif.

63. Il faut observer de plus que dans tous les cas le dénominateur $\sqrt{(\delta^2 - \epsilon^2\pi^2 + 1)} \times \sqrt{(\epsilon^2\pi^2 - 1)}$, (page 184 du Vol. cité), est $= \delta\delta$ cos. $u$ sin. $u$, & par conséquent toujours réel. On doit seulement remarquer que si $\delta^2 = \frac{bb}{aa} - 1$ est négatif, c'est-à-dire, si $b < a$, (car $\epsilon^2 = \frac{bb}{cc}$ est toujours positif) il faudra changer les signes des quantités qui sont sous les deux signes radicaux; car $\epsilon^2\pi^2 - 1 = \frac{bb}{cc} \times \left[\frac{cc}{bb}(1 + \delta^2 \text{cos. } u^2)\right] - 1 = \delta^2$ cos. $u^2$, & $\delta^2 - \epsilon^2\pi^2 + 1 = \delta^2 + \delta^2$ cos. $u^2 = \delta^2$ sin. $u^2$. Donc si $\delta^2$ est négatif, on a $\delta^2 = -k^2$,

$\varepsilon^2\pi^2 - 1 = -k^2 \text{cos.} u^2$, & $\delta^2 - \varepsilon^2\pi^2 + 1 = -k^2 \text{sin.} u^2$. Donc il faut changer les signes des quantités qui sont sous les deux signes radicaux, afin que le produit (qui est toujours réel) soit formé de deux quantités réelles.

64. On peut remarquer encore que $\log. \frac{1+\sigma}{1-\sigma} = \log. [\pi + \sqrt{(\pi^2 - 1)}] - \log. [\pi - \sqrt{(\pi^2 - 1)}] = \log. \left(\frac{\pi + \sqrt{(\pi^2 - 1)}}{\pi - \sqrt{(\pi^2 - 1)}}\right) = \log. [\pi + \sqrt{(\pi^2 - 1)}]^2 = 2 \log. [\pi + \sqrt{(\pi^2 - 1)}]$, $\pi$ étant l'abscisse de l'hyperbole dont l'axe est 1, & $2 \log. [\pi + \sqrt{(\pi^2 - 1)}]$ représentant le secteur correspondant.

65. Si $\sigma$ est réel, alors soit supposé $\log. \left(\frac{1+\sigma}{1-\sigma}\right) = z$, ce qui donnera $\frac{1+\sigma}{1-\sigma} = c^z$, & $\sigma = \frac{c^z - 1}{c^z + 1}$; soit $\sigma' = \frac{1}{\sigma} = \frac{\pi}{\sqrt{(\pi^2 - 1)}}$, on aura pour transformée $\frac{z\pi^2 d\sigma'}{\sqrt{[(\delta^2 - \varepsilon^2\pi^2 + 1)(\varepsilon^2\pi^2 - 1)]}}$, quantité dans laquelle il faudra mettre pour $\sigma$ & $\pi^2$, leurs valeurs en $c^z$.

66. Nous avons vu ci-devant comment les logarithmes se changent en arcs de cercle, & réciproquement, lorsque $\sigma$ est imaginaire, ou $\sigma^2$ négatif. Ainsi nous ne nous arrêterons pas sur ce point; nous remarquerons seulement, 1°. que dans le cas où $\sigma$ est imaginaire, & $\sigma^2$ négatif, alors $\pi^2 - 1$ est négatif, puisque $\pi^2 - 1 = \frac{\sigma\sigma}{1 - \sigma\sigma}$, quantité négative; d'où il s'ensuit que

comme la quantité log. $\left(\frac{1+\sigma}{1-\sigma}\right)$ renferme alors des quantités imaginaires, si on fait $\sigma = \frac{\sqrt{-1}}{\sigma'}$, cette quantité se change en $2\sqrt{-1}$ multiplié par l'arc $p$, dont la tangente est $\frac{1}{\sigma'}$; or, comme on a $\frac{1}{1-\sigma\sigma} = \pi^2$, on trouvera $\frac{1}{\sigma'} = \frac{\sqrt{(1-\pi^2)}}{\pi}$, $\sigma' = \frac{\pi}{\sqrt{(1-\pi\pi)}}$, & $d\sigma' = \frac{d\pi}{(-\pi\pi+1)^{\frac{3}{2}}}$; donc puisque $\frac{1}{\sigma'} = \frac{\text{sin. } p}{\text{cos. } p}$, $\pi$ sera le cosinus de l'angle $p$, & $\sqrt{(1-\pi^2)}$ son sinus, & la différentielle se réduira à $\frac{p\pi^2 d\sigma'}{\sqrt{(\delta^2-\varepsilon^2\pi^2+1)}\cdot\sqrt{(\varepsilon^2\pi^2-1)}}$; donc, à cause de $\sigma' = \frac{\text{cosin. } p}{\text{sin. } p}$, & de $\pi^2 = \text{cos. } p^2$, on aura pour transformée une quantité de cette forme: $\frac{p\,dp\,\text{cos. } p^2}{\text{sin. } p^2\sqrt{(A+B\,\text{cos. } p^2+C\,\text{cos. } p^4)}}$, qu'on peut encore changer (en faisant cos. $p^2 = \frac{1}{2}+\frac{1}{2}$ cos. $2p$, & $2p = v$) en

$$\frac{v\,dv\,(1+\text{cos. } v)}{(1-\text{cos. } v)\sqrt{(A'+B'\,\text{cos. } v+C''\,\text{cos. } v^2)}} = \frac{v\,dv\,(1+\text{cos. } v)}{(1-\text{cos. } v)\sqrt{(F+G\,\text{cos. } v+H\,\text{cos. } 2v)}}.$$

67. Mais comme toutes ces transformations, quoiqu'en apparence plus simples que la différentielle de la page 184, ne rendent pas l'intégration plus facile, nous allons nous borner à chercher l'intégrale de la quantité qui multiplie log. $\left(\frac{1+\sigma}{1-\sigma}\right)$ dans cette diffé-

rentielle ; $\sigma$ étant supposé réel ou imaginaire, c'est-à-dire, $\pi^2 >$ ou $\leq 1$, & de plus (art. 62) $\delta^2$ positif ou négatif.

68. Nous avons donc ici quatre cas à examiner,

1°. Celui de $\pi^2 > 1$ & de $\delta^2$ positif.

2°. Celui de $\pi^2 > 1$ & de $\delta^2$ négatif.

3°. Celui de $\pi^2 < 1$ & de $\delta^2$ positif.

4°. Celui de $\pi^2 < 1$ & de $\delta^2$ négatif.

69. Remarquons encore que, puisqu'en général $\pi^2 = \frac{1}{1-\sigma\sigma}$, $\sigma\sigma$ étant positif ou négatif, & que $1-\sigma\sigma = \frac{\rho^2}{c^2}$, il s'ensuit que $\pi^2 > 1$ donne $\sigma\sigma < 1$, & par conséquent $\frac{\rho^2}{c^2} \leq 1$, ou $c > \rho$; par la même raison $\pi^2 < 1$ donne $c < \rho$.

70. Donc, puisque $\rho$ est moyen entre $a$ & $b$, il est clair que $\pi$ sera toujours $> 1$ si $c$ est $> a$ & $> b$; $\pi$ toujours $< 1$ si $c$ est $< a$ & $< b$; & que $\pi$ sera alternativement $>$ & $\leq 1$, si $c$ est $> a$ & $< b$, ou $\geq b$ & $< a$.

71. De plus, la condition de $\delta^2$ positif exige que $b > a$ : condition qui peut très-bien subsister avec celles de $\pi^2 >$ ou $< 1$, puisque cette condition exige seulement que $c$ soit $>$ ou $<$ que $a$ & que $b$; ainsi on peut supposer à-la-fois $\pi^2 > 1$, ou $\pi^2 < 1$, & $\delta^2$ positif.

72. Par la même raison, la condition de $\delta^2$ négatif, exigeant $b \leq a$, cette condition pourra encore

ſubſiſter avec celle de $\pi^2 >$ ou $< 1$. De même, la condition de $\delta^2$ poſitif ſubſiſtera avec la condition de $\pi^2 >$ & $< 1$ ſucceſſivement, pourvu qu'on ait $c > a$ & $< b$, ce qui donne $b > c > a$; mais elle ne ſubſiſtera pas avec la condition de $c > b$ & $< a$, qui donne $a > c > b$, & par conſéquent $a < b$. Parcourons maintenant ces différens cas, & premierement celui de $\pi^2 > 1$ & de $\delta^2$ poſitif.

73. Dans ce cas, ſi l'on fait comme ci-deſſus, $\frac{\pi}{\sqrt{(\pi^2 - 1)}} = \frac{1}{\sigma} = u$, on aura la différentielle exprimée en $\pi$, réduite à

$$\frac{u^2 du}{\sqrt{[(\delta^2 + 1)(u^2 - 1) - \varepsilon^2 u^2]} \cdot \sqrt{(\varepsilon^2 u^2 - u^2 + 1)}},$$

qui, en faiſant $u^2 = x$, & $\delta^2 + 1 = \omega^2$, dépend de la différentielle $\frac{dx \sqrt{x}}{\sqrt{(\omega^2 x - \varepsilon^2 x - \omega^2)} \cdot \sqrt{(\varepsilon^2 x - x + 1)}}$, dans laquelle les quantités qui ſont ſous chacun des ſignes radicaux, ſont poſitives, puiſqu'elles viennent des quantités $\delta^2 - \varepsilon^2 \pi^2 + 1$ & $\varepsilon^2 \pi^2 - 1$, ſuppoſées poſitives l'une & l'autre.

74. Or, on pourra s'aſſurer aiſément par les Mém. de Berlin de 1746, & par le Mém. précédent, §. III, ſi cette différentielle dépend de la rectification de l'ellipſe ſeule, ou de l'hyperbole ſeule, ou de celle de toutes les deux.

75. En effet, ſoit $\omega^2 - \varepsilon^2 = \gamma$, & $\varepsilon^2 - 1 = \delta'$, c'eſt-à-dire, $\frac{b^2}{a^2} - \frac{b^2}{c^2} = \gamma$, & $\frac{b^2}{c^2} - 1 = \delta'$, on aura la

transformée $\frac{dx\sqrt{x}}{\sqrt{(\gamma x-\omega^2)}.\sqrt{(\delta' x+1)}}$, dans laquelle $\gamma x - \omega^2$ & $\delta' x+1$ sont positifs, & qui se réduira (Mém. précéd. §. III) à la rectification d'une ellipse, si elle peut avoir la forme $\frac{dx\sqrt{x}}{\sqrt{(f'x-xx-g'g')}}$, à celle d'une hyperbole, si elle peut avoir la forme $\frac{dx\sqrt{x}}{\sqrt{(xx-g'g'\pm f'x)}}$, ou la forme $\frac{dx\sqrt{x}}{\sqrt{(\pm f'x-xx+g'g')}}$, & dans les autres cas, à celle des deux sections coniques à-la-fois.

76. Or on a $\frac{dx\sqrt{x}}{\sqrt{(\gamma x-\omega^2)}.\sqrt{(\delta' x+1)}} = \frac{dx\sqrt{x}}{\sqrt{[\gamma\delta' xx+(\gamma-\delta'\omega^2)x-\omega^2]}}$; & puisque $\omega^2 = \delta'^2 + 1 = \frac{b^2}{a^2}$ est toujours positif, il est clair que cette quantité se réduit à la rectification de l'ellipse seule, si $\gamma\delta'$ est négatif, & $\gamma - \delta'\omega^2$ positif, c'est-à-dire, si $\left(\frac{b^2}{a^2} - \frac{b^2}{c^2}\right) \times \left(\frac{b^2}{c^2} - 1\right)$, est négatif, & $\frac{b^2}{a^2} - \frac{b^2}{c^2} - \left(\frac{bb}{cc} - 1\right)\frac{b^2}{a^2}$ positif.

77. Or la premiere de ces conditions ne peut avoir lieu si $\gamma$ est négatif & $\delta'$ positif, car alors $\gamma\delta'$ & $\gamma - \delta'\omega^2$ seroient négatifs l'un & l'autre, mais elle aura lieu si $\gamma$ est positif & $\delta'$ négatif; c'est-à-dire, si $\omega^2 \geq \epsilon^2$.

& $\varepsilon^2 < 1$, ce qui donne $\frac{b^2}{a^2} > \frac{b^2}{c^2}$, & $\frac{b^2}{c^2} < 1$; donc $a < c$, & $c > b$.

78. Or cette condition eſt préciſément celle qui réſulte de $\pi^2 - 1$ toujours poſitif, $b$ étant d'ailleurs $> a$, comme l'exige la condition de $\delta^2$ poſitif; donc ſi $c > b > a$ (II) (art. 41), la différentielle peut ſe conſtruire par un arc ſimple d'ellipſe.

79. Pour la réduction à un arc ſimple d'hyperbole, il faut que $\gamma\delta'$ ſoit poſitif, c'eſt-à-dire, $\gamma$ & $\delta'$ tous deux poſitifs, car ils ne peuvent être tous deux négatifs, puiſqu'alors $\gamma - \delta'\omega^2$ ſeroit négatif dans la formule de l'art. 75. Donc $\omega^2 - \varepsilon^2$ & $\varepsilon^2 - 1$ doivent être tous deux poſitifs, c'eſt-à-dire, $\frac{bb}{aa} - \frac{bb}{cc}$, & $\frac{bb}{cc} - 1$, tous deux poſitifs; donc $c > a$ & $b > c$; or cette condition a lieu lorſque $\pi^2 - 1$ eſt poſitif, & $\delta^2$ poſitif, en obſervant ſeulement que $\pi^2$ ne ſera $> 1$ que dans une partie du ſphéroïde.

80. Comme $\omega^2 = \delta^2 + 1$ eſt toujours poſitif, étant $= \frac{b^2}{a^2}$, on voit aiſément que la propoſée ne peut ſe réduire à la forme $\frac{dx\sqrt{x}}{\sqrt{(b^2 \pm fx - xx)}}$, qui dépendroit auſſi de la rectification de l'hyperbole ſeule, mais combinée avec une quantité algébrique (Mém. de Berlin, 1746, pag. 203, art. XX).

81. Il eſt clair auſſi qu'à cauſe de la quantité négative

tive $-\omega^2$, le radical de l'art. 75 ne peut jamais être rationnel.

82. Donc si $\pi^2$ est toujours $>1$ & $\delta^2$ positif, c'est-à-dire, si $c>b>a$ (II) (art. 41), la différentielle dépend d'un simple arc d'ellipse, & si $\delta^2$ est positif & $\pi^2>1$, c'est-à-dire, si $b>c>a$ (I) (art. 41), la différentielle dépend d'un simple arc d'hyperbole, mais $\pi^2$ ne sera $>1$ que dans une partie du sphéroïde & $<1$ dans l'autre.

83. Supposons présentement $\pi^2>1$ & $\delta^2$ négatif, & la différentielle de l'art. 73 sera, en changeant les signes des quantités qui sont sous les radicaux au dénominateur, $\frac{dx\sqrt{x}}{\sqrt{(\omega^2-\omega^2x+\epsilon^2x)}.\sqrt{(x-\epsilon^2x-1)}}$, qui se réduira à un arc simple d'ellipse, si on peut supposer le radical de la forme $\sqrt{(\alpha-x)}.\sqrt{(x-\mathfrak{C})}$, $\alpha$ étant $>x>\mathfrak{C}$; ce qui donne, 1°. $\epsilon^2-\omega^2$ négatif; 2°. $1-\epsilon^2$ positif; d'où $\frac{bb}{cc}<\frac{b^2}{a^2}$, & $1>\frac{b^2}{c^2}$; 3°. $\frac{\omega^2}{\omega^2-\epsilon^2}>\frac{1}{1-\epsilon^2}$, ou $\omega^2\epsilon^2<\epsilon^2$, ou $\omega^2<1$, ou $b<a$, ce qui résulte déja de $\delta^2$ négatif. Donc $c>b$, $c>a$, & $b<a$ : conditions qui subsisteront en supposant $\pi^2-1$ toujours positif, & de plus $\delta^2$ négatif, donc $c>a>b$ (VI) (art. 41). Donc dans ce cas de $c>a>b$, la proposée se construit par un simple arc d'ellipse.

84. Pour la réduction à un simple arc d'hyperbole, il faut que la différentielle puisse se réduire à la forme $\frac{dx\sqrt{x}}{\sqrt{(x-\alpha)}.\sqrt{(x+\beta)}}$, qui donne $\varepsilon^2-\omega^2$ positif & $1-\varepsilon^2$ positif, c'est-à-dire, $\frac{bb}{cc}>\frac{b^4}{a^2}$, & $1>\frac{b^4}{c^2}$ ; donc $a>c$, & $c>b$; donc $a>c>b$ (IV) (art. 41); ce qui donne $a>b$, comme l'exige la supposition de $\delta^2$ négatif. Dans ce cas de $a>c>b$, $\pi^2$ n'est $>1$, que dans une partie du sphéroïde.

85. La réduction à un arc d'hyperbole combiné avec une quantité algébrique, est impossible, par les mêmes raisons que dans l'art. 80, à cause du signe négatif de $\omega^2$.

86. Examinons présentement le cas où $\sqrt{(\pi^2-1)}$, étant imaginaire, c'est-à-dire, le cas où $\sigma^2$ est négatif, la différentielle doit se changer en $\frac{\pi^2 d\pi}{(-\pi\pi+1)^{\frac{3}{2}}}\times$ $\frac{1}{\sqrt{(\delta^2-\varepsilon^2\pi^2+1)}.\sqrt{(\varepsilon^2\pi^2-1)}}$, ce qui suppose (art. 62) que $\delta^2$ est positif.

87. En faisant $\frac{\pi}{\sqrt{(1-\pi^2)}}=u$, ce qui donne $\pi^2=\frac{u^2}{1+u^2}$, la transformée sera

$$\frac{u^2 du}{\sqrt{[(\delta^2+1)(u^2+1)-\varepsilon^2 u^2]}.\sqrt{(\varepsilon^2 u^2-u^2-1)}},$$ qui, en faisant $u^2=x$ & $\delta^2\pm 1=\omega^2$, dépend de la différen-

tielle $\frac{dx\sqrt{x}}{\sqrt{(\omega^2 x - \varepsilon^2 x + \omega^2)}.\sqrt{(\varepsilon^2 x - x - 1)}}$, sur laquelle on fera des opérations analogues aux précédentes, pour savoir si elle est réductible à un simple arc d'ellipse ou à un simple arc d'hyperbole, ou à un arc d'hyperbole combiné avec une quantité algébrique.

88. On verra donc que pour la réduction à un simple arc d'ellipse, il faut que la différentielle se réduise à cette forme $\frac{dx\sqrt{x}}{\sqrt{(x-\alpha)}.\sqrt{(\zeta - x)}}$; donc $\varepsilon^2 - 1$ doit être positif, & $\omega^2 - \varepsilon^2$ négatif, c'est-à-dire, $\frac{bb}{cc} > 1$, & $\frac{bb}{aa} < \frac{bb}{cc}$. Donc $b > c$ & $c < a$; de plus, $\delta^2$ étant positif (*hyp.*), on a $b > a$; donc $b > a > c$, ce qui donne $\pi^2$ toujours $> 1$. Donc si on a $b > a > c$ (V) (art. 41), la différentielle dépend d'un simple arc d'ellipse. Pour la réduction de la même différentielle à un simple arc d'hyperbole, il faut que la différentielle se réduise à $\frac{dx\sqrt{x}}{\sqrt{(x-\alpha)}.\sqrt{(x+\zeta)}}$, ce qui donne $\varepsilon^2 - 1$ positif, & $\omega^2 - \varepsilon^2$ positif, ou $b > c$ & $c > a$, donc $b > c > a$ (I) (art. 41); condition qui suppose que $\pi^2$ ne sera $< 1$ que dans une partie du sphéroïde. Pour la réduction à un arc d'hyperbole combiné avec une quantité algébrique, il faudroit que la différentielle se réduisît à la forme $\frac{dx\sqrt{x}}{\sqrt{(x+\zeta)}.\sqrt{(\alpha - x)}}$, qui est impossible ici, où $\omega^2$ est positif.

T ij

89. Suppoſons enfin $\pi^2 < 1$, & $\delta^2$ négatif, ce qui exige (art. 62) qu'on change les ſignes dans les radicaux du dénominateur de l'art. 87, & la différentielle ſera $\frac{dx\sqrt{x}}{\sqrt{[-\omega^2+\varepsilon^2 x-\omega^2 x.\sqrt{(1+x-\varepsilon^2 x^2)}]}}$, qui ſe réduira à un ſimple arc d'ellipſe, ſi le radical peut être ſuppoſé de la forme $\sqrt{(\alpha-x)}.\sqrt{(x-\beta)}$, c'eſt-à-dire, ſi $1-\varepsilon^2$ eſt négatif, & $\varepsilon^2-\omega^2$ poſitif; ce qui donne $1<\frac{b^2}{c^2}$ & $\frac{b^2}{c^2}>\frac{b^2}{a^2}$, ou $c<b$ & $a>c$; donc $a>b>c$ (III) (art. 41), ce qui s'accorde avec la ſuppoſition de $\delta^2$ négatif, & de $\pi^2-1$ toujours négatif.

90. Pour la réduction à un arc ſimple d'hyperbole, il faut que le radical ſe réduiſe à la forme $\sqrt{(x-\alpha)}.\sqrt{(x+\beta)}$, ce qui donne $1-\varepsilon^2$ poſitif, & $\varepsilon^2-\omega^2$ poſitif; ou $1>\frac{b^2}{c^2}$ & $\frac{b^2}{c^2}>\frac{b^2}{a^2}$; donc $c>b$ & $a>c$; donc $a>c>b$ (IV) (art. 41); ce qui s'accorde encore avec la ſuppoſition de $\delta^2$ négatif, & de $\pi^2<1$ dans une partie ſeulement du ſphéroïde.

91. Le terme négatif $-\omega^2$, rend impoſſible la réduction à un arc d'hyperbole, combiné avec une quantité algébrique.

92. Donc la propoſée ſera réductible à un ſimple arc d'ellipſe ſi on a

(art. 78) $c>b>a$ (II.) (*L*),
(art. 83) $c>a>b$ (VI.) (*L*),
(art. 88) $b>a>c$ (V.) (*C*),
(art. 89) $a>b>c$ (III.) (*C*);

& à un ſimple arc d'hyperbole, ſi on a
(art. 79 & 87) $b > c > a$. (I.) (*LC*), ou (*CL*);
(art. 84 & 90) $a > c > b$ (IV.) (*LC*), ou (*LC*).

Mais dans ces deux derniers cas, comme $c$ eſt plus grand que l'un des deux demi-axes $a$, $b$, & plus petit que l'autre, $\pi^2$ ſera ſucceſſivement $<$ & $> 1$, & la quantité qui multiplie la différentielle ſera ſucceſſivement logarithmique & circulaire. Dans les quatre autres cas, la quantité qui multiplie la différentielle ſera ſeulement, ou logarithmique, ou circulaire, comme le marquent les ſignes (*L*), (*C*), (*LC*), &c.

93. Donc dans tous les cas poſſibles de l'inégalité des trois diametres, la différentielle qui multiplie la quantité logarithmique ou circulaire, eſt réductible à un ſimple arc d'ellipſe, ou à un ſimple arc d'hyperbole; mais dans ce dernier cas, la quantité qui multiplie la différentielle ſera ſucceſſivement logarithmique & circulaire.

94. Donc dans tous les cas où $c$ eſt $> a$ & $> b$, ou bien dans leſquels $c < a$ & $< b$, on pourra réduire l'attraction élémentaire du ſphéroïde à une différentielle d'arc d'ellipſe, multipliée par une quantité logarithmique ou circulaire.

95. Et dans les cas où $c$ eſt moyen entre les deux axes, on pourra réduire cette attraction élémentaire, ou (art. 92) à la différentielle d'un arc ſimple d'hyperbole multiplié par une quantité ſucceſſivement logarithmique & circulaire, ou (art. 53) à la différen-

tielle d'un arc d'hyperbole combiné avec une quantité algébrique, multipliée par une simple quantité logarithmique ou circulaire, ce qui est beaucoup plus simple.

96. Donc dans le cas où $c$ est $>a$ & $>b$, ou bien $c<a$ & $<b$, il faudra employer de préférence (art. 92) la formule de la page 184 du Tom. VI de nos *Opuscules*, après avoir simplifié cette formule par les réductions des art. 78, 83, 88 & 89; & dans le cas où $c$ est moyen entre $a$ & $b$, il faudra employer de préférence (art. 51) la formule de la page 181 du même Volume.

97. Combinant maintenant sous un même point de vue les trois méthodes, savoir, les deux de l'art. 51, & celle des coupes par l'axe $2c$, que j'appelle la troisiéme méthode, on aura (art. 51 & 92)

I. $b>c>a$ $(C)(L)(LC)$ ou $(CL)$,
II. $c>b>a$ $(C)(LC)(L)$,
III. $a>b>c$ $(L)(CL)(C)$,
IV. $a>c>b$ $(L)(C)(LC)$ ou $(CL)$,
V. $b>a>c$ $(CL)(L)(C)$,
VI. $c>a>b$ $(LC)(C)(L)$.

98. Donc de ces six formules, la premiere & la quatriéme donnent, indépendamment des quantités purement logarithmiques ou circulaires (art. 56 & 96), la différentielle d'un arc d'hyperbole multiplié par une quantité purement logarithmique ou circulaire, & les

quatre autres donnent la différentielle d'un arc simple d'ellipse, multiplié par une quantité purement logarithmique ou circulaire.

99. Il ne sera pas difficile par les formules que nous avons données dans les Mém. de Berlin de 1746, & dans le Mém. précéd. §. III, de trouver les axes de l'ellipse & de l'hyperbole dont la rectification donne l'intégrale des différentielles trouvées dans les articles précédens. Par exemple, dans le premier cas (art. 74), on aura le radical de cette forme $\sqrt{\left(x - \frac{\omega^2}{\omega^2 - \varepsilon^2}\right)}$, $\sqrt{\left(\frac{1}{1-\varepsilon^2} - x\right)}$, $\omega^2 - \varepsilon^2$ étant positif, & $1 - \varepsilon^2$ positif, de sorte que l'équation $fr - rr = bb$ des Mém. de Berlin, 1746, pour trouver les demi-axes $r$ & $b$ de l'ellipse, donne $b^2 = \frac{\omega^2}{(\omega^2 - \varepsilon^2)(1 - \varepsilon^2)}$; $f = \frac{\omega^2}{\omega^2 - \varepsilon^2} + \frac{1}{1 - \varepsilon^2} = \frac{2\omega^2 - \varepsilon^2 - \varepsilon^2\omega^2}{(\omega^2 - \varepsilon^2)(1 - \varepsilon^2)}$; donc $r$ ou $\frac{f}{2} \pm \sqrt{\left(\frac{f^2}{4} - bb\right)}$, donne l'axe $2r = f + \sqrt{(f^2 - 4bb)} = \frac{2\omega^2 - \varepsilon^2 - \varepsilon^2\omega^2 \pm (\varepsilon^2 - \varepsilon^2\omega^2)}{(\omega^2 - \varepsilon^2)(1 - \varepsilon^2)} = \frac{2\omega^2}{\omega^2 - \varepsilon^2}$, ou $\frac{2}{1 - \varepsilon^2}$. On se souviendra que $1 - \varepsilon^2 = 1 - \frac{b^2}{c^2}$, & que $\omega^2 = f^2 + 1 = \frac{bb}{aa}$; l'unité est représentée ici par la quantité constante qui est $= \frac{uu}{x}$, puisque $uu = x$. Il en sera de même des autres cas.

100. On peut remarquer encore que $uu$ ou (art. 74) $\pm \frac{1}{\sigma\sigma} = \frac{1}{1 - \frac{\rho\rho}{cc}}$, ou $\frac{1}{\frac{\rho\rho}{cc} - 1}$, d'où $u = \frac{c}{\sqrt{(cc - \rho\rho)}}$, ou $\frac{c}{\sqrt{(\rho\rho - cc)}}$, c'est-à-dire, égal au demi-axe $c$ divisé par l'excentricité de l'ellipse dont les demi-axes sont $c$, $\rho$.

101. A l'égard des abscisses $z$ de cette ellipse, prises sur l'axe $r$, elles seront données (Mém. de Berlin, 1746) par l'équation $rx = rr + \left(\frac{bb}{rr} - 1\right) zz$, ou $\frac{\omega^2}{\omega^2 - \epsilon^2} uu = \frac{\omega^4}{(\omega^2 - \epsilon^2)^2} + \left[\frac{\omega^2}{(\omega^2 - \epsilon^2)(1 - \epsilon^2)} \times \frac{(\omega^2 - \epsilon^2)^2}{\omega^4} - 1\right] zz$, ou enfin $\frac{\omega^2}{\omega^2 - \epsilon^2} \times \frac{1}{\sigma\sigma} = \frac{\omega^4}{(\omega^2 - \epsilon^2)^2} + \left[\frac{(\omega^2 - 1)\epsilon^2}{\omega^2(1 - \epsilon^2)}\right] zz$.

102. Il est aisé de voir par nos formules de la page 184 du Tom. VI, *Opusc.* que dans un secteur du sphéroïde infiniment petit & allongé, l'attraction à l'extrémité de l'axe dépend des logarithmes, & que si les ellipses sont applaties, elle dépend des arcs de cercle; on voit au contraire que dans la méthode des coupes elliptiques, pag. 178, art. 104, l'attraction dépend des arcs de cercle, si les ellipses sont allongées; & des logarithmes si elles sont applaties; c'est que dans le premier cas l'attraction a pour élément $\frac{dy \sin. y \cos. y^2}{1 + \alpha \cos. y^2}$, qui dépend des logarithmes, si $\alpha$ est

négatif,

négatif, ce qui arrive quand l'ellipse est allongée, & que dans le second cas l'attraction a pour élément $\frac{dy \text{ cos.} y^3}{1+\alpha' \text{ cos.} y^2}$, & que cette derniere, en faisant cos. $y^2 =$ $1 -$ sin. $y^2$, devient $\frac{dy \text{ cos.} y (1 - \text{sin.} y^2)}{1+\alpha' - \alpha' \text{ sin.} y^2}$; dont le dénominateur (qui ne peut jamais être négatif dans sa totalité) devient $A+B$ sin. $y^2$, si $\alpha'$ est négatif; ce qui arrive quand l'ellipse est allongée; de sorte que l'intégration dépend alors des arcs de cercle.

103. Nous avons vu jusqu'ici qu'on peut employer trois méthodes pour déterminer l'attraction à l'extrémité de l'axe $2c$; celle des coupes elliptiques passant par cette extrêmité, & perpendiculaire au plan de $c$ & de $b$; celle des coupes elliptiques passant par cette même extrêmité, & perpendiculaire au plan de $c$ & de $a'$; enfin, celle des tranches elliptiques qui ont toutes $2c$ pour axe commun.

104. On a vu de plus que chacune de ces méthodes, donne dans les différentielles, ou des logarithmes seulement, ou des arcs de cercle seulement, ou alternativement l'un & l'autre selon les différens cas, quoiqu'on puisse toujours, parmi ces trois méthodes, en choisir une qui ne donne que des logarithmes ou que des arcs de cercle.

105. La différence de ces formules est d'autant plus digne de remarque, que le résultat de ces trois méthodes doit être le même, quoique les expressions des

différentielles soient très-peu semblables, les unes contenant des arcs de cercle, les autres des logarithmes.

106. On pourroit croire que la difficulté de trouver l'attraction d'un sphéroïde dont tous les axes sont inégaux, tient à ce mêlange alternatif des quantités logarithmiques ou circulaires dans les expressions de la différentielle, & à la difficulté de passer de l'un à l'autre, dans le cas où le résultat est $LC$, ou à transformer un résultat dans l'autre, lorsque l'un est $L$, & l'autre $C$, ou réciproquement.

107. Cette idée pourroit être fondée jusqu'à un certain point; cependant elle ne le seroit pas toujours dans des calculs de cette espece, car supposons, par exemple, qu'on ait à intégrer la différentielle $\frac{x^2 dx}{1+pxx}$ $\int \frac{dx}{1+pxx}$, $p$ étant successivement positif & négatif; il est clair que dans le premier cas on aura des arcs de cercle dans la formule, & dans le second des logarithmes; cependant l'intégrale absolue est en général celle de $\frac{dx}{p}\left(1 - \frac{1}{1+pxx}\right) \times \int \frac{dx}{1+pxx}$, laquelle, en regardant d'abord $p$ comme constant, & $x$ seulement comme variable, est $\frac{x}{p}\int \frac{dx}{1+pxx} - \int \frac{x dx}{p(1+pxx)}$ $- \frac{1}{p}\left(\int \frac{dx}{1+pxx}\right)^2 + R$, $R$ étant une constante qui dépend de $p$; dans cette quantité, le terme

$\int \frac{x\,dx}{p(1+pxx)} = \frac{1}{2p^2}$ log. $(1+pxx)$, & il eſt évident que $\int \frac{dx}{1+pxx}$ exprimera un arc de cercle ou un logarithme ; l'arc de cercle étant $\frac{1}{\sqrt{p}} AT.x\sqrt{p}$, & le logarithme $\frac{1}{\sqrt{p'}}$ log. $\left(\frac{1+x\sqrt{p'}}{1-x\sqrt{p'}}\right)$, en ſuppoſant $p' = -p$; de maniere que, ſi $p$ eſt enſuite ſuppoſée variable, & ſucceſſivement poſitive & négative, on repaſſera aiſément de l'expreſſion logarithmique à l'expreſſion circulaire, ou réciproquement.

108. On peut même, ce qui eſt à la vérité un peu plus difficile, transformer en arc circulaire, ou réciproquement l'intégrale d'une différentielle qui renferme des logarithmes ou des arcs de cercle. Prenons pour exemple un cône dont on veut chercher la ſolidité ; on ſait que, ſi l'on nomme $x$ & $y$ les abſciſſes & les ordonnées du triangle générateur de ce cône, priſes depuis le ſommet du triangle, & qu'on appelle $2\pi$ le rapport de la circonférence au rayon, on aura la ſolidité du cône $= \frac{xyy\times\pi}{3}$; ou $\frac{x^3\pi\alpha^2}{3}$, en ſuppoſant $y = \alpha x$, de maniere que $\frac{c^3\alpha^2\pi}{3}$ ſera la ſolidité totale, en prenant $c$ pour la hauteur du cône. Maintenant imaginons qu'on coupe ce cône parallèlement à ſon axe, c'eſt-à-dire, aux $x$, on formera des hyperboles, dont les aires ſeront, comme l'on ſait, exprimées par des

quantités logarithmiques, & si on appelle $A$ ces différentes aires, on aura $\int A dy$ pour la solidité du cône, ou plutôt $\int - A dy$, parce que, $y$ croissant, ces aires diminuent. Supposons, pour plus de simplicité, que le triangle générateur soit isoscele, & faisons $y' = c - y$, ($c$ étant le rayon de la base du cône, égal (*hyp.*) à la hauteur); on aura l'abscisse totale de chaque hyperbole (prise depuis le centre) $= c$, l'ordonnée $= \sqrt{(2cy' - y'y')}$, & le demi-axe transverse de chaque hyperbole $= y = c - y'$, d'où il est aisé de voir que l'hyperbole sera équilatere, puisque le quarré de l'abscisse $cc$, moins le quarré de l'axe $(c - y')^2$, est égal au quarré de l'ordonnée $2cy' - y'y'$. Or soit $dz\sqrt{(zz - aa)}$ l'élément de l'aire d'une hyperbole équilatere, on sait que l'intégrale de cette quantité est $\frac{z\sqrt{(zz - aa)}}{2} - \int \frac{a^2 dz}{2\sqrt{(zz - aa)}} = \frac{z\sqrt{(zz - aa)}}{2} + \frac{a^2}{2} \log. \left(\frac{z - \sqrt{(zz - aa)}}{a}\right)$; substituant $c - y'$ pour $a$, & $c$ pour $z$, on aura l'aire $A$ de l'hyperbole dont il s'agit, $= \frac{c\sqrt{(2cy' - y'y')}}{2} + \frac{(c - y')^2}{2} \log. \left(\frac{c - \sqrt{(2cy' - y'y')}}{c - y'}\right)$; donc $A dy' = \frac{c dy' \sqrt{(2cy' - y'y')}}{2} + \frac{dy'(c - y')^2}{2} \log. \left(\frac{c - \sqrt{(2cy' - y'y')}}{c - y'}\right)$. La premiere partie renfermera visiblement des arcs de cercle dans son intégrale. A l'égard de la seconde, il faut d'abord, pour la simplifier, mettre $y$ à la place de $c-y'$, & elle deviendra $-\frac{y^2dy}{2}\log.\left(\frac{c-\sqrt{(cc-yy)}}{y}\right)$, ou $y^2dy$ $\int\left(-\frac{dy}{y}+\frac{ydy}{\sqrt{(cc-yy)}}\times\left[\frac{1}{c-\sqrt{(cc-yy)}}\right]\right)$, faisant $c-\sqrt{(cc-yy)}=u$, on aura $yy=2cu-uu$, & la transformée sera $(cdu-udu)\sqrt{(2cu-uu)}$, multiplié par $\int-\frac{cdu+udu}{2cu-uu}+\int\frac{du}{u}=(cdu-udu)\times\sqrt{(2cu-uu)}\times\int\frac{cdu}{2cu-uu}=y^2dy\int\frac{cdu}{2cu-uu}$, dont l'intégrale est $\frac{y^3}{3}\log.\left(\frac{c-\sqrt{(c^2-y^2)}}{y}\right)-\int\frac{y^3}{3}\times\frac{cdu}{2cu-uu}+B$, $B$ étant une constante qui rende l'intégrale $=0$, lorsque $y=c$, & complette lorsque $y=0$. Or il est visible, sans aller plus loin, que la partie qui est sous le signe $\int$ renfermera, par la substitution de $\sqrt{(2cu-uu)}$, au lieu de $y$, le radical $\sqrt{(2cu-uu)}$, & sera par conséquent intégrable par des arcs de cercle; & que la partie logarithmique est nulle lorsque $y=c$, & son coefficient $y^3$, lorsque $y=0$. Ainsi les logarithmes disparoîtront de l'intégrale totale, & les arcs de cercle prendront leur place.

109. La transformation des deux intégrales l'une dans l'autre seroit encore plus remarquable & plus digne d'attention, dans le cas où l'on ne chercheroit pas la solidité totale du cône, mais celle d'une partie

seulement, par exemple, d'un onglet quelconque qui seroit formé par une hyperbole parallèle à l'axe; & dont la solidité doit se trouver également par les segmens hyperboliques parallèles à l'axe & par les segmens circulaires perpendiculaires au même axe. Nous venons de donner la maniere de trouver cette solidité par les segmens hyperboliques; à l'égard des segmens circulaires, il est clair que si on appelle $b$ la distance de l'axe du cône à la plus grande & derniere des hyperboles, & $b+z$ le rayon de chaque cercle, on aura $\sqrt{(b^2+2bz+zz-b)^2}=\sqrt{(2bz+zz)}$, pour l'ordonnée; en sorte que la question se réduira à trouver l'intégrale de $Bdz$, $B$ étant le segment d'un cercle dont le rayon est $b+z$, & l'ordonnée $\sqrt{(2bz+zz)}$; & à comparer ensuite l'intégrale de $Bdz$, avec celle de $Ady$ qui doit lui être égale. C'est un calcul que nous abandonnons à nos Lecteurs, & dont il nous suffit d'avoir indiqué le procédé par le calcul précédent pour la solidité totale du cône.

110. Au reste, ces calculs nous font voir, non-seulement comment, dans certains résultats analytiques, les quantités logarithmiques se transforment en circulaires, & réciproquement, mais encore que lorsqu'on a à intégrer une quantité de cette forme $dp\,dq \times \varphi\,(p, q)$, il n'est pas indifférent, pour la simplicité du calcul, de commencer l'intégration par $p$ ou par $q$; car on voit que la mesure de la solidité totale du cône, par les segmens hyperboliques, est beaucoup plus compliquée que

cette même mesure par des segmens circulaires perpendiculaires à l'axe.

## §. III.

## *Différentes manieres de calculer l'attraction des Sphéroïdes elliptiques, avec des Recherches sur l'attraction de quelques autres Sphéroïdes.*

*Ce paragraphe étant une suite du précédent, j'y conserverai l'ordre des numéros des articles.*

111. Je joindrai ici différens essais pour trouver l'attraction d'un sphéroïde elliptique, essais dont le succès n'a pas à la vérité été tel que je le souhaitois, mais desquels il est néanmoins résulté quelques recherches qui pourront intéresser les Mathématiciens, & leur fournir ou leur occasionner des vues plus heureuses que les miennes.

112. Soit un sphéroïde elliptique qui ne soit pas de révolution, & dont les axes soient $a < b < c$, il est clair que le demi-axe $b$ est moyen entre $a$ & $c$, & qu'ainsi dans l'ellipse dont les demi-axes sont $a$ & $c$, il y aura un demi-diametre $\omega = b$; par conséquent l'ellipse qui aura pour demi-axes $\omega$ & $b$, sera un cercle, & les coupes parallèles à ce cercle seront aussi des

cercles. J'avois d'abord imaginé de chercher l'attraction du sphéroïde à l'extrêmité du diametre qui passe par les centres de ces cercles, parce que cette attraction étant, par le théorême de Maclaurin, en raison donnée avec les attractions dans l'axe, on auroit pu tirer de-là l'attraction du sphéroïde dans l'axe. Mais j'ai bientôt reconnu que ce moyen étoit pour le moins fort laborieux, & vraisemblablement ne donneroit aucun résultat satisfaisant; car l'attraction de la seule circonférence d'un cercle sur un point qui n'est pas placé immédiatement au-dessus du centre, dépend de la rectification d'une ellipse; & de plus, après cette intégration, il faut encore intégrer par deux autres variables successivement.

113. En effet, soit (Fig. 14) $CA = r$, $CB = b$, $BD = a$, élevée perpendiculairement au plan du cercle dont le rayon est $r$, l'attraction que le point $Z$ exerce sur $D$, suivant $DB$, sera, en faisant l'angle $ACZ = z$, proportionnelle à $\frac{rdz}{(aa+bb-2br\,\text{cos.}\,z+rr)^{\frac{3}{2}}}$, soit $aa+bb+rr-2br\,\text{cos.}\,z = rx$; on aura $\text{cos.}\,z = \frac{aa+bb+rr-rx}{2br}$; & la transformée sera $+ \frac{rdx}{2b.r^{\frac{3}{2}}x^{\frac{3}{2}}} : \sqrt{\left[1-\left(\frac{aa+bb+rr-rx}{2br}\right)^2\right]}$. Soit $aa+bb+rr = rA$; & comme $aa+bb+rr$ est $> 2br$, puisque $bb-2br+rr$ est toujours positif, la transformée,

formée, en mettant à part les constantes, sera $\frac{dx}{x^{\frac{1}{2}}\sqrt{\left(1-\frac{AA+2Ax-xx}{4bb}\right)}}$, où la quantité $1-\frac{AA}{4bb}$ est négative, à cause de $A>2b$. Soit $2b=B$, il s'agit donc d'intégrer $\frac{dx}{x^{\frac{1}{2}}\sqrt{(BB-AA+2Ax-xx)}}$; or l'intégrale est $-\frac{\sqrt{(B^2-A^2+2Ax-xx)}}{\sqrt{x}.(B^2-A^2)}-\int\frac{\frac{1}{2}dx\sqrt{x}}{(B^2-A^2)\sqrt{(B^2-A^2+2Ax-xx)}}$, ou $\frac{\sqrt{(B^2-A^2+2Ax-xx)}}{A^2-B^2}+\int\frac{\frac{1}{2}dx\sqrt{x}}{(A^2-B^2)\sqrt{(B^2-A^2+2Ax-xx)}}$; or puisque $A$ est $>B$, $B^2-A^2$ est négatif. Donc (*Mém. de Berlin*, 1746, & *Mémoire précédent*) la différentielle $\frac{dx\sqrt{x}}{\sqrt{(B^2-A^2+2Ax-xx)}}$ dépend de la rectification d'une ellipse, dont un des demi-axes est $\sqrt{(A^2-B^2)}$, & dont l'autre, que j'appelle $r'$, est tel que $2Ar'-r'r'=A^2-B^2$, ce qui donne $(r'-A)^2=B^2$, & $r'=A\pm B$; on voit de plus que $A^2-B^2=\frac{(aa+bb+rr)^2-4bbrr}{rr}$, & que $A\pm B=\frac{aa+(b\pm r)^2}{r}$.

114. L'attraction du point $D$ parallèlement à $DB$, dépendra de l'intégration de $\frac{dz\,\text{cof.}\,z}{(aa+bb+rr-2brz\,\text{cof.}\,z)^{\frac{3}{2}}}$,

& sera encore plus compliquée que la précédente; puisqu'elle dépendra, comme il est aisé de le voir, d'une quantité de cette forme $\frac{dx}{\sqrt{x}.\sqrt{(\alpha+\beta x+\gamma xx)}}$, & par conséquent (Mém. de Berlin, 1746) de la rectification d'une ellipse & d'une hyperbole.

115. Si $b=ma$, $m$ étant un nombre constant, ce qui arrive, quand le diametre (art. 112) passe par les centres de tous les cercles, on trouvera aisément que la différentielle de l'attraction du sphéroïde est

$$\frac{ardrdadz}{(aa+m^2aa-2mar\,\text{cos.}\,z+rr)^{\frac{3}{2}}}$$ parallèlement à $DB$, &

$$\pm\frac{r^2drdadz\,\text{cos.}\,z\mp rdrdadz\times ma}{(aa+m^2aa-2mar\,\text{cos.}\,z+rr)^{\frac{3}{2}}}$$ parallèlement à $BC$.

116. N'ayons égard ici qu'à la premiere de ces quantités. On pourroit essayer de l'intégrer en regardant d'abord $r$ seule comme variable; ce qui donnera une intégrale algébrique, parce qu'en général l'intégrale de $\frac{rdr}{(A+Br+Crr)^{\frac{3}{2}}}$ est algébrique; on mettroit ensuite dans cette intégrale, au lieu de $r$ sa valeur $\sqrt{(Ba-Daa)}$, & on intégreroit en ne regardant que $a$ comme variable; enfin on intégreroit de nouveau par rapport à $z$. Mais il est aisé de voir que dès la seconde différentielle l'intégration seroit déja très-compliquée, à cause de la quantité $2mar$, qui renfermeroit un signe radical, & qui seroit encore elle-même sous

un signe radical. Ainsi il n'y a pas d'apparence que cette méthode conduise à un résultat plus simple que les précédens.

117. D'ailleurs cette méthode, quand elle réussiroit, ne donneroit pas en général l'attraction du sphéroïde à l'extrêmité des trois axes, mais seulement à l'extrêmité des axes $2a$ & $2c$, entre lesquels on suppose que l'axe $2b$ est moyen. Ainsi le problême général ne seroit pas résolu, puisqu'il faudroit nécessairement, pour trouver l'attraction à l'extrêmité de l'axe $2c$, que l'axe $2a$ ou l'axe $2b$ fût moyen entre les deux autres; donc si les axes $2a$, $2b$, sont les deux axes extrêmes pour la valeur, c'est-à-dire, si $a>c>b$, ou $b>c>a$, on ne pourroit, par la méthode dont il s'agit, trouver l'attraction à l'extrêmité de l'axe $2c$, moyen entre les deux autres.

118. Si on supposoit (art. 116) $Daa=aa+m^2a^2$, les formules se simplifieroient, mais l'intégration resteroit toujours très-difficile, & d'ailleurs ce cas de $Daa=aa+m^2a^2$ n'appartiendroit qu'à un sphéroïde particulier.

119. Nous pouvons ici remarquer en passant, que dans un sphéroïde elliptique dont les axes $a$, $b$, $c$, sont inégaux, & dans lequel un des axes quelconque $b$ est moyen entre les deux autres $a$, $c$, on pourra toujours trouver de chaque côté de l'axe $c$, & à égale distance de cet axe, un plan perpendiculaire au plan de $a$ & de $c$, & qui forme une section circulaire dans le sphé-

roïde. Il ne feroit pas non plus difficile de prouver que ces deux plans circulaires font les feuls qu'on puiffe former dans le fphéroïde, & que le plan circulaire ne peut jamais être oblique au plan de $a$ & de $c$. En effet, on s'affurera aifément par le calcul, que pour que les rayons de la fection ainfi formée foient égaux, c'eft-à-dire, pour que leur valeur foit indépendante de l'angle que ces rayons font entr'eux, il faut que tous ces rayons fe trouvent dans un plan perpendiculaire à celui de $a$ & de $c$. On peut confidérer encore que toutes les fections parallèles à la fection circulaire qui paffe par le centre, feront auffi circulaires, & que tous leurs centres feront dans la même ligne droite. Or de-là il eft aifé de faire voir que le plan des axes $a$ & $c$, fera perpendiculaire au plan de la fection.

120. Paffons préfentement à de nouvelles recherches fur l'attraction des folides qui font formés, non par des ellipfes entieres, mais par des portions ou fegmens d'ellipfe.

121. Si on fait tourner un fegment d'ellipfe autour d'une corde quelconque, on pourra toujours déterminer l'attraction que le fphéroïde qui en réfulte exerce à fon fommet, ou, ce qui revient au même, à l'extrémité de la corde. Car l'équation de l'ellipfe, par rapport à cette corde, eft en général $yy + mxy + nxx + ax + by = 0$, où il n'y a point de terme conftant, parce que (*hyp.*) $x$ & $y$ font nulles à-la-fois. Mettant

donc pour $x$, $r$ cos. $z$, & pour $y$, $r$ sin. $z$, on aura une valeur de $r$ sans radicaux en sin. $z$ & cos. $z$, & comme l'attraction du sphéroïde dépend de l'intégration de $rdz$ sin. $z$ cos. $z$, il s'ensuit, &c. Ainsi le théorême énoncé, Tom. VI de nos *Opuscules*, pag. 245, art. 58, n'est qu'un cas particulier de celui-ci.

122. Il faut remarquer, 1°. que dans cette équation la valeur la plus grande de $z$ est celle qui répond à $r=0$, & qui est fournie par l'équation $a$ cos. $z+b$ sin. $z=0$, ou tang. $z=-\frac{a}{b}$. 2°. Que comme la corde qui sert ici d'axe de rotation, partage l'ellipse génératrice en deux parties inégales, on pourra imaginer autour de cette corde deux solides différens, dont on trouvera facilement l'attraction par la méthode précédente.

123. On trouveroit la même chose pour un sphéroïde formé par une courbe dont l'équation seroit $y^m+my^{m-1}x\ldots\ldots+nx^m+ay^{m-1}\ldots\ldots+bx^{m-1}=0$; ce qu'il est très-facile de voir.

124. On trouveroit encore la même chose, si dans cette derniere équation, on avoit, au lieu de $y$ ou de $x$, le radical $\sqrt{(\gamma x^2+\delta y^2)}$. Il faut seulement remarquer, que, comme l'intégration dépend de celle de $rdz$ sin. $z$ cos. $z$, & que $dz$ sin. $z$ cos. $z=xdx$, en supposant sin. $z=x$, la valeur de $r$ doit être telle qu'elle ne contienne que des puissances paires de cos. $z$, afin qu'il n'y ait point dans la transformée d'autre radical que

celui qui viendra de $\sqrt{(\gamma x^2 + \delta y^2)}$, & qui sera $\sqrt{(\gamma \cos. z^2 + \delta \sin. z^2)} = \sqrt{(A + Bxx)}$. Ainsi l'équation en $y$ & en $x$ doit être telle, qu'en substituant $r \cos. z$ pour $x$, & $r \sin. z$ pour $y$, on n'ait dans la valeur de $r$, que des puissances paires de cos. $z$.

125. On peut encore considérer que l'attraction d'un cercle dont $x$ est le rayon, sur un point placé à la distance $\rho$ au-dessus de son centre, est $1 - \frac{\rho}{\sqrt{(\rho\rho + xx)}}$, Tom. VI, *Opusc.* pag. 85. Ainsi nommant $y$ les ordonnées de la courbe génératrice du sphéroïde, & $\rho$ les abscisses, on aura pour l'élément de l'attraction $d\rho - \frac{\rho d\rho}{\sqrt{(\rho\rho + yy)}}$; faisant $y = \rho z$, cette quantité se changera en $d\rho - \frac{d\rho}{\sqrt{(1 + zz)}}$; d'où l'on peut tirer l'équation, ou plutôt les conditions entre $\rho$ & $z$, pour que l'attraction soit réductible à des arcs de sections coniques.

126. Il ne seroit pas plus difficile de trouver par la même méthode la solidité de ce sphéroïde laquelle est $= \int r^3 dz \sin. z$, ou $\int yy d\rho = \int zz \rho^2 d\rho$. Je remarquerai à cette occasion que la méthode donnée par M. Varignon (Mém. Acad. 1693), pour trouver la solidité du sphéroïde que forme une ellipse en tournant autour d'un de ses diametres obliques, n'est pas exacte, ce Géomètre n'ayant pas fait attention dans sa solution à l'angle oblique des deux diametres; le solide dont il

s'agit est, comme on le peut voir aisément, les deux tiers du solide formé par le parallélogramme circonscrit, ainsi que la sphere & le sphéroide sont les $\frac{2}{3}$ du cylindre, ou plutôt de l'espece de cylindre circonscrit. Or, soient $a$, $b$ les deux demi-axes de l'ellipse, $a'$, $b'$ les deux demi-diametres conjugués, $2n$ le rapport de la circonférence au rayon, $m$ le sinus de l'angle des deux diametres, on sait que $ab = a'b'm$, & $aa + bb = a'a' + b'b'$; de plus, les solides formés par les parallélogrammes circonscrits sont entr'eux comme $abb$ à $a'b'b'mm$, c'est-à-dire, comme $b$ à $b'm$; donc les sphéroïdes sont entr'eux comme $b$ à $b'm$. Or l'équation $a' = \frac{ab}{b'm}$ donne $b$ à $b'm$, comme $a'$ est à $a$; donc les sphéroïdes sont aussi en raison de $a'$ à $a$; c'est-à-dire, que les sphéroïdes formés par une ellipse autour d'un de ses diametres $a'$, sont en raison inverse de ce diametre $a'$, & en raison directe du diametre conjugué $b' \times m$, $m$ étant le sinus des deux diametres. Donc aussi les sphéroïdes autour de deux diametres conjugués, sont en raison inverse de ces diametres.

127. Si dans l'équation de l'art. 121 ci-dessus, $yy + mxy + nxx + ax + by = 0$, on ajoute une constante $c$, alors le point attiré sera placé dans l'axe du sphéroïde, soit au-dedans, soit au-dehors, & en substituant pour $x$, $r$ cos. $z$, & pour $y$, $r$ sin. $z$, on aura $rr(\text{sin. } z^2 + m \text{ sin. } z \text{ cos. } z + n \text{ cos. } z^2) + r(a \text{ cos. } z + b \text{ sin. } z) + c = 0$; d'où $r =$

$$\frac{-a\cos z - b\sin z}{2(\sin z^2 + m\sin z\cos z + n\cos z^2)} \pm \frac{\sqrt{[-4c(\sin z^2 + m\sin z\cos z + n\cos z^2) + (b\sin z + a\cos z)^2]}}{2(\sin z^2 + m\sin z\cos z + n\cos z^2)}.$$

Ainſi pour trouver en ce cas l'attraction du ſphéroïde, la difficulté ſe réduit à intégrer le radical précédent, multiplié par $dz \sin z \cos z$; car la quantité non radicale qui entre dans la valeur de $r$, s'intégre d'ailleurs aiſément en faiſant $\sin z = u$, & en faiſant diſparoître le radical $\sqrt{(1-uu)}$.

128. Or qu'on multiplie le haut de la fraction radicale $\frac{dz \sin z \cos z \sqrt{(A\sin z^2 + B\sin z\cos z + C\cos z^2)}}{2(\sin z^2 + m\cos z\sin z + n\cos z^2)}$, par $\frac{\cos z}{\cos z}$, & le bas par $\frac{\cos z^2}{\cos z^2}$, & qu'on mette enſuite la tangente $t$ pour $\frac{\sin z}{\cos z}$, on aura la transformée $\frac{dt}{1+tt} \times \frac{t}{\sqrt{(1+tt)}} \times \frac{1}{1+tt} \times \sqrt{(At^2 + Bt + C)} \times \frac{1+tt}{2(t^2+mt+n)}$, laquelle contenant un double radical, ne peut même être intégrée par des arcs de ſections coniques.

129. En effet, cette quantité ſe change en

$$\frac{A\,dz \sin 2z \sqrt{(B + C\sin 2z + D\cos 2z)}}{F + G\sin 2z + M\cos 2z} = \frac{H\,du \sin u \sqrt{(B + C\sin u + D\cos u)}}{F + G\sin u + M\cos u} = \frac{H\,du \sin u \sqrt{[B + L(\sin u + a)]}}{F + N\sin(u+b)} = \frac{H\,dz \sin(z+a) \sqrt{(B + L\sin z)}}{F + N\sin(z+c)}$$

$=$

$= Hd(\text{fin.}\, z)\,\text{fin.}\,(z-a) \times \frac{\sqrt{(B+L\,\text{fin.}\, z)}}{[F+N\,\text{fin.}\,(z+c)]\,\text{cof.}\, z}$. Soit $\sqrt{(B+L\,\text{fin.}\, z)} = Ay+R$, $A$ & $R$ étant deux conftantes indéterminées, on aura $B+L\,\text{fin.}\, z = A^2y^2 + 2ARy+R^2$, $\text{fin.}\, z = \frac{A^2y^2+2ARy+R^2-B}{L}$, $\text{cof.}\, z = \frac{\sqrt{[L^2-(A^2y^2+2ARy+R^2-B)^2]}}{L}$. Faifant, pour plus de fimplicité, $R=0$, & $A=1$; on aura la transformée de cette forme $\frac{Sydy\times[Myy+N+P\sqrt{(1+Fyy+Gy^4)}]}{\sqrt{(1+Fyy+Gy^4)}} \times \frac{y}{F+Oyy+R+B\sqrt{(1+Fyy+Gy^4)}}$; multipliant haut & bas par $F+Oyy-B\sqrt{(1+Fyy+Gy^4)}$, le terme le plus compliqué fera de cette forme $\frac{Hy^{2r}dy}{(L+Ky^2+My^4)\sqrt{(1+Fyy+Gy^4)}}$, quantité qui ne fauroit s'intégrer par des arcs de fections coniques.

130. On peut demander, à caufe de l'équivoque du figne radical, qui exprime la valeur du rayon $r$, de quel figne on doit fe fervir pour exprimer cette valeur, au moins dans le cas où le point attiré eft au-dedans du fphéroïde; car lorfqu'il eft au-dehors, alors au lieu de la valeur de $r$, il faut, comme l'a remarqué M. de la Grange, employer la différence des deux valeurs, ce qui réduit l'expreffion au feul figne radical.

131. Pour lever cette difficulté, on remarquera fimplement que dans l'ellipfe génératrice du fphéroïde, $r$ a deux valeurs, l'une pofitive, l'autre négative, &

que la positive existe dans le segment générateur, & la négative, dans le segment qui est le complément de celui-ci à l'ellipse entiere; & comme ce dernier segment n'existe point dans le solide dont il s'agit, il est clair qu'il faut toujours prendre la valeur positive de $r$, c'est-à-dire, celle qui a le signe $+$ devant le signe radical; car lorsqu'une équation du second degré a une valeur positive & une valeur négative, c'est évidemment le signe $+$ devant le signe radical qui désigne la premiere de ces deux valeurs, & le signe $-$ la seconde.

132. Si on a une courbe dont l'équation soit $r = Z + \sqrt{\zeta}$, $Z$ & $\zeta$ étant des fonctions rationnelles de sin. $z$ & cos. $z$, & que $\zeta$ soit telle qu'elle ne change point en faisant cosin. $z$ négatif, & sin. $z$ positif, alors il est visible que dans la différentielle de l'attraction $rdz$ sin. $z$ cos. $z$, si on prend deux arcs correspondans $z$, & $180 - z$, que j'appelle $z'$, la difficulté se réduira à intégrer $dz(Z' - Z)$ cos. $z$ sin. $z$, & que par conséquent on pourra trouver par les logarithmes, ou par les arcs de cercle, l'attraction du sphéroïde formé par cette courbe. On voit même que les quantités $Z'$ & $Z$ pourroient encore, si on le vouloit, contenir un radical de cette forme $\sqrt{(A + B \text{ cos. } z^2)}$ sans que l'intégration devînt plus difficile.

133. On peut remarquer aussi que si $Z$ est tel qu'il devienne négatif en faisant sin. $z$ & cos. $z$ négatifs, c'est-à-dire en prenant $180 + z$ au lieu de $z$, & qu'en même-temps $\zeta$ ne change point de valeur, alors les

deux courbes semblables que donnera la coupe du sphéroïde par l'axe, appartiendront à la même équation. Car puisque $r = Z + \sqrt{\zeta}$, il est clair que dans la courbe génératrice, qu'on suppose rentrante, étant prise dans sa totalité, $r$ a deux valeurs $Z \pm \sqrt{\zeta}$, l'une positive, l'autre négative, & que si on fait $z' = 180 + z$, ces valeurs deviendront $Z' \pm \sqrt{\zeta'}$, ou $Z' \pm \sqrt{\zeta}$, puisque $\zeta$ ne change point de valeur (*hyp.*). Donc la valeur négative $Z - \sqrt{\zeta}$ correspondante à $Z$, & la valeur positive $\sqrt{\zeta} + Z'$ correspondante à $180 + Z$ seront absolument les mêmes avec des signes différens. Donc, &c.

134. Quoique je n'aye pu jusqu'à présent intégrer la différentielle de l'attraction d'un sphéroïde elliptique autrement que par des arcs de sections coniques, cependant j'invite les Géomètres à cette recherche, dont le succès ne me paroît pas désespéré. J'imagine, par exemple, qu'on pourroit employer une méthode analogue à celle des art. 67 & suiv. du §. III du Mém. précédent; en joignant ensemble deux différentielles dont la somme fût réductible à des arcs de sections coniques, quoique chacune en particulier ne le fût pas. Par exemple, il résulte des recherches ci-dessus, que la différentielle de l'attraction est de cette forme $\frac{dx\sqrt{x}}{\sqrt{(A+Bx+Cxx)}} \log. \left(\frac{1+\sigma}{1-\sigma}\right)$, où, à cause de $\sigma = \frac{1}{\sqrt{x}}$, on peut mettre $\log. \frac{\sqrt{x}+1}{\sqrt{x}-1}$. Or si on suppo-

soit $\frac{\sqrt{u'}+1}{\sqrt{u'}-1} = A\left(\frac{\sqrt{x}-1}{\sqrt{x}+1}\right)$, & qu'en même-temps $\frac{du\sqrt{u}}{\sqrt{(A+Bu+Cuu)}} + \frac{dx\sqrt{x}}{\sqrt{(A+Bx+Cxx)}}$ fût intégrable, on feroit disparoître de la somme des deux différentielles la quantité logarithmique log. $\left(\frac{\sqrt{x}+1}{\sqrt{x}-1}\right)$, parce que log. $\left(\frac{\sqrt{x}+1}{\sqrt{x}-1}\right)$ + log. $A\left(\frac{\sqrt{x}-1}{\sqrt{x}+1}\right)$ = log. $A$. Il en feroit de même si $\frac{du\sqrt{u}}{\sqrt{(A+Bu+Cuu)}} + \frac{Ddx}{\sqrt{(A+Bx+Cxx)}}$ étoit intégrable, & que $\frac{\sqrt{x}-1}{\sqrt{x}+1}$ fût égale à $\left(\frac{\sqrt{u}+1}{\sqrt{u}-1}\right)^{\frac{1}{D}}$. J'invite les Mathématiciens à suivre cette idée, & à en tirer meilleur parti, s'il est possible. Je prévois néanmoins que cette recherche pourra renfermer d'assez grandes difficultés, sur-tout dans les cas où la quantité $\frac{\sqrt{x}+1}{\sqrt{x}-1}$ devient de réelle imaginaire, c'est-à-dire, où log. $\left(\frac{\sqrt{x}+1}{\sqrt{x}-1}\right)$ représente successivement des logarithmes & des arcs de cercle.

135. Si un sphéroïde n'est pas de révolution, & que le rayon $r$, près du pole, soit exprimé par une fonction de l'angle $z$, & de l'angle $q$, que font les méridiens avec un méridien fixe, on aura pour l'attraction au pole ou à l'extrêmité de l'axe $r\,dz\,dq$ sin. $z$ cos. $z$, ou $dq\,dz$ sin. $z$ cos. $z\,\varphi$ (cos. $z$, cos. $q$); d'où il est aisé

de voir que si la fonction donnée est une fonction rationnelle & sans diviseur, la difficulté de la premiere intégration se réduira à l'intégration des fractions rationnelles, quand même la fonction contiendroit sin. $z$, ou sin. $q$. Ainsi on pourra d'abord intégrer ou par rapport à $z$, ou par rapport à $q$, en regardant l'autre angle comme constant, & plus naturellement l'angle $q$. Mais dans la seconde intégration par rapport à $q$ ou par rapport à $z$, on trouvera de nouvelles difficultés, semblables à celles qui nous ont arrêtés jusqu'ici dans la recherche de l'attraction des sphéroïdes elliptiques, ou même plus grandes encore. Cependant la fonction pourroit être telle que le tout s'intégreroit par logarithmes réels ou imaginaires. Par exemple, si on avoit $\varphi$ (cos. $z$, cos. $q$) $=\Psi$ cos. $z \times \Delta$ cos. $q$, $\Psi$ & $\Delta$ étant des fonctions rationnelles, dans lesquelles mêmes on pourroit supposer qu'il y eût des sin. $z$ & des sin. $q$, il est visible que l'intégration se réduiroit à celle de $QZ\,dq\,dz$, ou $\int Q\,dq \times \int Z\,dz$, $Q$ & $Z$ étant des fonctions rationnelles; & ainsi du reste.

136. Au lieu d'exprimer les rayons $r$ en entier, par des fonctions de l'angle $z$, on pourroit prendre simplement l'excès $\alpha$ du rayon $r$, sur le rayon correspondant d'une sphere, & on auroit pour l'attraction dans le sens de l'axe $\alpha\,dp$ sin. $p$ cos. $p\,dq$, & pour l'attraction perpendiculaire à celle-là, $\alpha\,dp$ sin. $p^2\,dq$ cos. $q$.

137. On peut remarquer en passant que, si on prenoit cette derniere attraction dans le sens de chaque

méridien, en faisant abstraction du facteur cos. $q$ & de $\alpha$, on auroit $dp$ sin. $p^2 dq$, laquelle attraction doit être évidemment $= 0$, puisque les deux parties du méridien de chaque côté de l'axe sont égales & semblables. Cependant si on intégroit à l'ordinaire cette quantité, en faisant pour l'intégrale totale $p = 180$, & $q = 360$, ou $q = 180$, & $p = 360$, elle ne seroit pas $= 0$, comme il est aisé de le voir; ce qui prouve combien il est nécessaire d'avoir égard au facteur cos. $q$, & de décomposer, par rapport à un plan fixe, l'attraction dont il s'agit.

138. Comme les différentielles des pag. 181 & 184 du Tom. VI de nos *Opuscules*, donnent également l'attraction du sphéroïde, & que celle de la pag. 181 peut même avoir deux formes différentes, selon que les sections elliptiques sont perpendiculaires au plan de $c$ & de $b$, ou à celui de $c$ & de $a$; qu'enfin quelques-unes de ces différentielles (principalement dans certains cas) sont bien plus aisément intégrables que les autres, il ne sera pas inutile de montrer ici comment on peut les transformer l'une dans l'autre.

139. Pour cela, soit comme dans le Tom. VI, *Opusc.* pag. 183, $AO = 2c$, $AS = r$, (Fig. 13) un rayon quelconque de l'ellipsoïde, partant du point $A$, $AkO$ l'ellipse dont le demi-axe $CK$, conjugué à $c$, est $= b$, $ArO$ l'ellipse dont le demi-axe conjugué $CR$ à $c$, est $= a$, & dont le plan est perpendiculaire à $AkO$; soit aussi l'angle $ASG = y$, l'angle $SGt$ ou $SGr = u$ (en

imaginant un plan $Gkr$ parallèle à l'ellipse dont les axes sont $2a$ & $2b$); soient menées ensuite les lignes $si$ & $st$ perpendiculaires à $Gk$ & à $Gr$, & joignant $Ai$, $At$, soient nommés l'angle $SAi$, $z$, l'angle $iAG$, $k$, l'angle $SAt$, $t$, & l'angle $tAG$, $s$, nous aurons pour l'attraction du point $s$ suivant $AS$, les trois différentes expressions $dudy$ fin. $y \times r$, $dkdz$ cof. $z \times r$, $dsdt$ cof. $t \times r$; & nous allons montrer comment ces différentes expressions peuvent se changer l'une dans l'autre.

140. Nous remarquerons d'abord que $AG = r$ cof. $y$, & que de plus $Ai = r$ cof. $z$, & $AG = Ai$ cof. $k$, d'où $AG = r$ cof. $z$ cof. $k$, & cof. $y =$ cof. $z$ cof. $k$; on aura de même $AG$ ou cof. $y \times r = At \times$ cof. $s = r$ cof. $t$ cof. $s$, d'où cof. $y =$ cof. $z$ cof. $k =$ cof. $t$ cof. $s$. De plus, $GS = r$ fin. $y$, $is = GS$ cof. $u = r$ fin. $y$ cof. $u$; & comme $is = r$ fin. $z$, on aura fin. $y$ cof. $u =$ fin. $z$. Enfin, $Gi = Ai$ fin. $k = r$ cof. $z$ fin. $k$; or $Gi = GS \times$ fin. $u = r$ fin. $y$ fin. $u$; donc fin. $y$ fin. $u =$ cof. $z$ fin. $k$. On trouvera de même $Gt = At$ fin. $s = r$ cof. $t$ fin. $s = GS$ cof. $u = r$ fin. $y$ cof. $u$; d'où fin. $y$ cof. $u =$ cof. $t$ fin. $s$; & enfin, $Gi$ ou $r$ fin. $y$ fin. $u = ts = r$ fin. $t$.

141. On a donc toutes ces équations,

1. cof. $y =$ cof. $z$ cof. $k$,
2. cof. $y =$ cof. $t$ cof. $s$,
3. fin. $y$ cof. $u =$ fin. $z$,
4. fin. $y$ fin. $u =$ cof. $z$ fin. $k$,

5. sin. $y$ sin. $u$ = sin. $t$,

6. sin. $y$ cos. $u$ = cos. $t$ sin. $s$.

142. On tire de la troisiéme & de la quatriéme équation (en divisant celle-ci par celle-là), $\frac{\text{sin. } u}{\text{cos. } u}$, ou tang. $u = \frac{\text{cos. } z \text{ sin. } k}{\text{sin. } z}$ ; on a de plus cos. $y$ = cos. $z$ cos. $k$; & par ce moyen on transformera l'une dans l'autre les différentielles $dudy$ sin. $y$, & $dkdz$ cos. $z$, de la maniere suivante.

143. Soit $du = Adz + Bdk$, $dy$ sin. $y$, ou $-d(\text{cos. } y) = Cdz + Ddk$, on trouvera aisément par la méthode que M. de la Grange a donnée dans le Vol. de Berlin, 1773, pag. 126, $dudy$ sin. $y = (AD - BC) dzdk$; or puisque cos. $y$ = cos. $z$ cos. $k$, on aura $dy$ sin. $y$ = $dz$ sin. $z$ cos. $k$ + $dk$ sin. $k$ cos. $z$; donc $C$ = sin. $z$ cos. $k$, & $D$ = sin. $k$ cos. $z$. De plus, puisque tang. $u = \frac{\text{cos. } z \text{ sin. } k}{\text{sin. } z}$, on aura $du$ ou $\frac{d \text{ tang. } u}{1 + \text{tang. } u^2} = \left(\frac{-dz \text{ sin. } k + dk \text{ cos. } k \text{ sin. } z \text{ cos. } z}{\text{sin. } z^2}\right) \times \frac{1}{1 + \frac{\text{cos. } z^2 \text{ sin. } k^2}{\text{sin. } z^2}} = \frac{-dz \text{ sin. } k + dk \text{ cos. } k \text{ sin. } z \text{ cos. } z}{\text{sin. } z^2 + \text{cos. } z^2 \text{ sin. } k^2}$; d'où l'on tire $A = -\frac{\text{sin. } k}{\text{sin. } z^2 + \text{cos. } z^2 \text{ sin. } k^2}$ ; & $B = \frac{\text{cos. } k \text{ cos. } z \text{ sin. } z}{\text{sin. } z^2 + \text{cos. } z^2 \text{ sin. } k^2}$ ; donc $AD - BC = \frac{-\text{sin. } k^2 \text{ cos. } z - \text{sin. } z^2 \text{ cos. } z \text{ cos. } k^2}{\text{sin. } z^2 + \text{cos. } z^2 \text{ sin. } k^2}$, qui se réduit à $-$ cos. $z$, en mettant dans le numérateur $1 -$ sin. $k^2$

fin. $k^2$ au lieu de cof. $k^2$, & $1 -$ cof. $z^2$ au lieu de fin. $z^2$. Ainfi la différentielle $du dy$ fin. $y$ fe transforme en $dk dz$ cof. $z$.

144. Il eft facile de voir qu'on changera $du dy$ fin. $y$ en $ds dt$ cof. $t$ par une méthode femblable ; & on transformeroit de même $dk dz$ cof. $z$ en $ds dt$ cof. $t$, par le moyen des équations cof. $z$ cof. $k =$ cof. $t$ cof. $s$, fin. $z =$ cof. $t$ fin. $s$ ; & fin. $t =$ cof. $z$ fin. $k$, tirées des fix équations de l'arc. Car ces équations donneront fin. $z =$ cof. $t$ fin. $s$, & $\frac{\text{cof. } z \text{ fin. } k}{\text{cof. } z \text{ cof. } k}$, ou tang. $k = \frac{\text{fin. } t}{\text{cof. } t \text{ cof. } s} = \frac{\text{tang. } t}{\text{cof. } s}$ ; & fi on vouloit avoir les équations de $t$ & $s$ en $k$ & en $z$, on auroit fin. $t =$ cof. $z$ fin. $k$, & $\frac{\text{fin. } s \text{ cof. } t}{\text{cof. } t \text{ cof. } s}$, ou tang. $s = \frac{\text{fin. } z}{\text{cof. } z \text{ cof. } k} = \frac{\text{tang. } z}{\text{cof. } k}$.

145. Au lieu de prendre cof. $y =$ cof. $z$ cof. $k$, & tang. $u = \frac{\text{cof. } z \text{ fin. } k}{\text{fin. } z}$, on pourroit peut-être imaginer d'autres équations entre $u$, $y$, $z$ & $k$, qui transformeroient la différentielle de la pag. 183 du Tom. VI de nos *Opufcules*, en une différentielle $Q dz dk$ plus aifément intégrable. C'eft un objet de recherche, qui peut être intéreffant pour les Géomètres, & que j'abandonne à ceux qui croiront pouvoir tirer parti de cette idée pour trouver l'attraction d'un fphéroïde elliptique.

146. J'avois imaginé d'intégrer d'abord la formule

de la page 183 du Tome VI de nos *Opuscules* en faisant varier $u$, & ensuite $y$, & j'avois cru trouver un résultat qui me conduisoit à une formule algébrique d'attraction pour les sphéroïdes elliptiques. Comme cette méthode pourroit en tromper d'autres, il ne sera peut-être pas inutile de la détailler ici.

147. La différentielle de la page 183,

$$\frac{du . \rho\rho dy \text{ sin. } y \text{ cos. } y^2}{c\left[1 + \left(\frac{tt}{cc} - 1\right) \text{cos. } y^2\right]},$$

peut être mise sous cette forme

$$\frac{c du dy \text{ sin. } y \text{ cos. } y^2}{\frac{cc}{tt} + 1 - \frac{cc}{tt} \text{cos. } y^2},$$

ou, en mettant pour $\frac{1}{\rho^2}$ sa valeur $\frac{aa + (bb - aa) \text{ cos. } u^2}{aabb}$,

$$\frac{c du dy \text{ sin. } y \text{ cos. } y^2 . a^2 b^2}{[ccaa + (ccbb - ccaa) . \text{cos. } u^2] \text{sin. } y^2 + a^2 b^2},$$

dans laquelle on peut négliger le coefficient constant $c . a^2 b^2$.

148. Intégrons maintenant par $u$, en faisant $y$ constant; & nous aurons d'abord à intégrer

$$\frac{du}{a^2 b^2 + [ccaa + (ccbb - ccaa) \text{ cos. } u^2] \text{sin. } y^2},$$

ou en faisant $t =$ à la tangente de $u$,

$$\frac{dt}{1 + tt\left[a^2 b^2 + \left(ccaa + \frac{(ccbb - ccaa)}{1 + tt}\right)\right] \text{sin. } y^2} =$$

$$\frac{dt}{a^2 b^2 (1 + tt) + ccaa (1 + tt) \text{ sin. } y^2 + (ccbb - ccaa) \text{ sin. } y^2} =$$

$$\frac{dt}{a^2 b^2 + c^2 b^2 \text{ sin. } y^2 + a^2 b^2 tt + ccaatt \text{ sin. } y^2} =$$

$$\frac{dt}{(a^2b^2+c^2b^2\,\text{fin.}\,y^2)\left(1+\frac{a^2b^2t^2+ccaatt\,\text{fin.}\,y^2}{a^2b^2+c^2b^2\,\text{fin.}\,y^2}\right)} =$$

$$\frac{1}{a^2b^2+c^2b^2\,\text{fin.}\,y^2} \times \frac{\sqrt{(a^2b^2+c^2b^2\,\text{fin.}\,y^2)}}{\sqrt{(a^2b^2+c^2a^2\,\text{fin.}\,y^2)}} \times \frac{d\omega}{1+\omega\omega},$$ en faisant $\omega = \frac{t\sqrt{(a^2b^2+c^2a^2\,\text{fin.}\,y^2)}}{\sqrt{(a^2b^2+c^2b^2\,\text{fin.}\,y^2)}}$.

149. Donc l'intégrale eſt

$$\frac{1}{\sqrt{(a^2b^2+c^2b^2\,\text{fin.}\,y^2)}\times\sqrt{(a^2b^2+c^2a^2\,\text{fin.}\,y^2)}},$$ multiplié par l'angle dont la tangente eſt $\omega$; or cet angle a pour tangente $\frac{t\sqrt{(a^2b^2+c^2a^2\,\text{fin.}\,y^2)}}{\sqrt{(a^2b^2+c^2b^2\,\text{fin.}\,y^2)}}$; donc lorſque $t=0$, ou $\infty$, c'eſt-à-dire, lorſque $u=0$, ou $90^\circ$, ou $180^\circ$, on a également $\omega=0$, ou $90^\circ$, ou $180^\circ$.

150. Donc, comme on peut également prendre $u=90^\circ$ en quadruplant l'intégrale par $y$, & en prenant cette intégrale depuis $y=0$ juſqu'à $y=180$, ou prendre $u=180$, & doubler l'intégrale par $y$, la difficulté ſe réduira à intégrer $90^\circ \times 4 \times$

$$\frac{dy\,\text{fin.}\,y\,\text{cof.}\,y^2}{\sqrt{(a^2b^2+c^2b^2\,\text{fin.}\,y^2)}.\sqrt{(a^2b^2+c^2a^2\,\text{fin.}\,y^2)}},$$ qui ſe réduit, en faiſant cof. $y=t'$, à $\frac{t't'dt'\times 90^\circ\times 4}{\sqrt{(A+Bt't'+Ct'^4)}}$; c'eſt-à-dire, à des arcs de ſections coniques.

151. Mais cette méthode donne un faux réſultat; parce qu'on y traite tacitement le coefficient de $t$ en $y$ comme conſtant. On le verra clairement en faiſant

$t$, non pas $=0$, ni $\infty$, mais, par exemple, $=1$, ou en général $=a'$. Soit $Y$ le coefficient de $t$ ou de $a'$ dans la valeur de $\omega$; il est aisé de voir que $Y$ doit entrer dans l'intégrale de la quantité dont le numérateur est $dy$ sin. $y$ cos. $y^2$. Cependant on ne l'y fait pas entrer dans la solution précédente, & c'est en cela que cette solution est fautive. L'erreur tient à ce qu'en faisant $t=0$, ou $\infty$, le coefficient de $t$ en $y$, dans la valeur de $\omega$, disparoît, & empêche de voir pour un moment qu'il n'en est pas de même dans les autres valeurs de $\omega$.

152. Nous allons présentement donner quelques théorêmes sur l'attraction des sphéroïdes, qui ne sont pas elliptiques; nous supposerons d'abord, comme dans les Tomes II & III de nos *Recherches sur le Systême du Monde*, que ce soient des solides de révolution, & que le rayon $r$ de la courbe ovale génératrice soit exprimé par $1+\alpha\phi A$, $\alpha$ étant une très-petite quantité, & $A$ l'angle pris depuis l'axe de révolution, & compris entre le rayon vecteur $r$, & cet axe, le centre des rayons $r$ étant le sommet de cet angle, & placé dans un point de l'axe qui soit à-peu-près le milieu.

153. Observons d'abord que la fonction $\phi A$ doit être telle, qu'elle ne devienne jamais infinie ni imaginaire, tant que $A$ n'est pas $>180°$. Mais il n'est pas absolument nécessaire que $\phi A$ demeure la même en supposant $A$ négatif; car le sphéroïde étant formé par la rotation *entiere* d'une courbe, ou plutôt d'une *demi-*

*courbe* autour de ſon axe, il peut ſe faire que les deux parties ſemblables & égales de cette courbe, placées à droite & à gauche de l'axe, ne ſoient point unies par la loi de continuité; c'eſt ce qu'on verra ſur-tout évidemment, s'il s'agit de trouver l'attraction à l'extrêmité de l'axe de rotation, puiſqu'alors il ſuffira de chercher l'attraction de la demi-courbe, & de la multiplier par 360°. Et ſi on cherche dans ce même ſphéroïde l'attraction en un point quelconque du méridien, alors ſi $\varphi A$ change de valeur en faiſant $A$ négatif, il faudra ſeulement avoir égard dans les calculs à cette circonſtance, & prendre l'intégrale en ne conſidérant $\varphi A$ que comme une quantité qui eſt toujours la même des deux côtés de l'axe de révolution. Ceci s'éclaircira par la ſuite encore davantage, & ſera même rendu encore plus général.

154. Ainſi $\varphi A$ pourroit être ſuppoſé tel que non-ſeulement il changeât de ſigne en faiſant $A$ négatif, mais même qu'il devînt imaginaire; parce qu'on n'a égard ici qu'à la courbe qui s'étend depuis $A = 0$ juſqu'à $A = 180°$, & qui eſt ſuppoſée la courbe génératrice du ſphéroïde.

155. On pourroit même ſuppoſer ſans inconvénient que $\varphi A$ changeât de valeur, ou même devînt imaginaire dans l'étendue des 180 degrés que nous donnons à l'angle $A$; mais alors, pour avoir $\varphi A$ toujours réelle, il faudroit regarder la courbe génératrice, comme compoſée de deux portions différentes, qui ne ſeroient point

unies par la loi de continuité, dans l'étendue même des 180° dont il s'agit ; & on auroit égard à cette circonstance dans les calculs ; par exemple, si $\varphi A$ contenoit un terme de cette forme, cof. $A^{\frac{1}{3}}$, il faudroit, lorsque $A$ est $> 90°$, mettre cof. $180 - A$ au lieu de cof. $A$ ; mais alors, comme nous le verrons plus bas, il feroit bon d'employer une méthode particuliere pour trouver l'attraction du sphéroïde : méthode qui peut même s'étendre au cas où $\varphi A$ ne feroit exprimé par aucune fonction algébrique ni transcendante, mais feroit une quantité irréguliere quelconque, qui n'auroit d'autre propriété que d'être la même pour le même $A$, & de ne point donner d'angles finis dans la courbe génératrice.

156. Peut-être même ne faudroit-il pas exclure de la fonction $\varphi A$ des quantités telles que $f$ cof. $A^{b\sqrt{-1}}$ ; $f$ & $b$ étant constans ; car cette quantité cof. $A^{b\sqrt{-1}}$ est, comme l'on fait, $= fA' + fB'\sqrt{-1}$, $B'$ & $A'$ étant des quantités réelles ; favoir, $B'$ le finus, & $A'$ le cofinus d'un angle dont le rayon est cof. $A$, & dont la valeur est $b$ log. cof. $A$. Or il pourroit peut-être y avoir d'autres termes qui détruififfent celui-là quant à la partie imaginaire.

157. Si $\varphi A$ renferme une fraction, alors il faudra que le dénominateur de cette fraction foit tel que jamais il ne devienne $= 0$ ; car autrement $r$ deviendroit infini, & nous fuppofons ici que $\alpha\varphi A$ est une quantité

très-petite. Il ne faut pas même que $\alpha\varphi A$ puisse jamais devenir fort grande, d'où il s'ensuit que le dénominateur de $\varphi A$, quand il y en a un, ne doit pas être une quantité très-petite.

158. Par conséquent, si le dénominateur de $\varphi A$ est supposé, par exemple, $\alpha + \beta$ cos. $A + \gamma$ cos. $A^2 + \delta$ cos. $A^3 + \varepsilon$ cos. $A^4$ &c. comme l'on sait que ce dénominateur peut se diviser en facteurs trinomes & réels de la forme $\alpha' + \beta'$ cos. $A + \gamma'$ cos. $A^2$, il faut que chacun de ces facteurs ne deviennent jamais ni zero, ni très-petit, tant que cos. $A$ sera réel, c'est-à-dire, tant que cos. $A$ sera entre $+1$ & $-1$. Donc si on fait $\alpha' + \beta'$ cos. $A + \gamma'$.cos. $A^2 = 0$, il faut que la valeur de cos. $A$ qui en résultera, soit imaginaire ou beaucoup plus grande que l'unité, soit positive, soit négative.

159. Par conséquent, si $\varphi A$ est une fraction, on ne représenteroit pas sa valeur d'une maniere exacte en réduisant cette fraction en série, sur-tout si dans le développement de cette série, il se trouvoit des puissances négatives de cos. $A$, ou de sin. $A$, car ces puissances négatives donneroient $\varphi A = \infty$ lorsque cos. $A$ ou sin. $A$ seroient $= 0$, c'est-à-dire, lorsque $A$ seroit $= 90^\circ$, ou $0$, ou $180^\circ$; & donneroit alors $r$ infinie, ce qui est contre l'hypothèse faite ici, que $r$ differe peu de l'unité.

160. Il est clair encore, 1°. que, lorsque $A = 0$ & $A = 180^\circ$, $\frac{dr}{dA}$ doit être $= 0$, pour que le sphéroïde

puisse être supposé représenter la figure de la terre ; autrement la direction de la pesanteur, qui doit toujours être perpendiculaire à la surface du sphéroïde, seroit très-différente le long de l'axe & dans les points infiniment proches de l'axe (Voyez Tom. VI, *Opusc.* pag. 344, art. 19). 2°. On voit aussi que la courbe génératrice du sphéroïde doit être une courbe ovale & rentrante, ce qui exclut toute valeur de $\varphi A$, qui donneroit un point de rebroussement en quelqu'endroit de la courbe génératrice. Ainsi ces deux conditions excluent déja une infinité de valeurs de $\varphi A$, par exemple, celles où $\varphi A$ seroit $=$ sin. $A^m$ lorsque $A$ est est infiniment petit, $m$ étant $< 1$.

161. Quelle que soit la valeur de $\varphi A$, algébrique ou transcendante, & quelque forme qu'on lui suppose, (laquelle valeur doit ici être $= 0$ lorsque $A = 0$, puisque la premiere valeur de $r$ est supposée $= 1$), on peut toujours, comme l'on sait, exprimer $\varphi A$ d'une maniere très-exacte, en développant cette valeur par les méthodes ordinaires, lorsque $A$ est infiniment petit, par une suite de puissances de sin. $A$, ou même de $A$, qui ne differe point alors de sin. $A$, & celle de ces puissances, sin. $A^m$, dont l'exposant est le moindre, donne, comme l'on sait encore, la vraie valeur de $r$, les autres puissances devant être négligées ; or si cette puissance est telle que $m$ soit au-dessous de l'unité, le sphéroïde ne peut être en équilibre, puisqu'il est clair que $\frac{dr}{dA}$ ne

seroit

feroit pas $=o$, lorfque $A=o$, mais infini. Donc $\varphi A$ ne fauroit être tel, qu'en le développant en férie, le premier terme fin. $A^m$ ait un expofant fractionnaire $>1$. A plus forte raifon, $m$ ne peut-il être négatif; ce qui d'ailleurs, en faifant $A=o$, donneroit $\varphi A=\infty$, & non pas $=o$, comme il le doit être alors.

162. Par la même raifon, fi on fait $A=180^\circ$, il faudra que la valeur de $\frac{dr}{dz}$ foit $=o$ pour cette valeur de $A$. Et en général toutes les valeurs de $\varphi A$ qui ne donneront pas $d\varphi A=o$ lorfque $A$ fera $=o$, ou $180^\circ$, devront être rejettées.

163. Pour qu'il n'y ait pas, dans la courbe génératrice, de point d'inflexion, il faut que les ouvertures des angles des petits côtés de la courbe foient toutes tournées vers le centre des rayons $r$, qu'on fuppofe placé au-dedans de la courbe; donc les perpendiculaires à la courbe doivent être convergentes au-dedans de la courbe; d'où il eft aifé de voir que la fomme des deux angles $\frac{dr}{rdA}+dA$ doit être plus grande que l'angle fuivant $\frac{dr+ddr}{rdA+drdA}$; & que par conféquent $\frac{dr+ddr}{rdA+drdA}-\frac{dr}{rdA}$ doit être $<dA$; donc $\frac{ddr}{rdA}-\frac{dr^2}{r^2dA}$ doit être $<dA$. Or c'eft en effet ce qui a lieu ($\alpha$ étant fuppofé très-petit) tant que $d(\varphi A)$ & $dd\varphi A$ n'eft pas $=\infty$. Donc $\varphi A$ doit être tel, que $d\varphi A$

& $dd\varphi A$ ne soit nulle part $= \infty$, quelque valeur qu'on donne à $A$, depuis o jusqu'à 180 degrés; la chose est assez claire par elle-même pour $d\varphi A$, puisque si $d\varphi A$ étoit quelque part infinie, $\frac{dr}{dz}$ seroit infini, ce qui ne se peut, la courbe étant supposée ovale, rentrante, & peu différente du cercle; mais on voit de plus ici que $dd\varphi A$ doit aussi avoir la même propriété.

164. Par exemple, si la valeur de $\varphi A$, en supposant $A$ infiniment petit (ou $= 180°$ à un infiniment petit près), est sin. $A^m$, ou $A^m$, $m$ étant $< 2$, il est clair que $ddr$ ou $dd\varphi A$ sera $= \infty$ lorsque $A = 0$, ou $180°$, & qu'ainsi $\varphi A$ ne peut avoir une telle valeur. C'est ce que nous prouverons aussi plus bas d'une autre maniere.

165. La courbe génératrice du sphéroïde devant être concave dans toute son étendue, on peut supposer l'origine des $r$ placée de telle sorte, que, lorsque $A = 90°$, on ait $dr = 0$; il suffira pour cela que cos. $A$ se trouve par-tout à une puissance positive dans la différentielle de $\varphi A$.

166. Or si dans cette hypothèse la valeur de $\varphi A$ est telle, qu'en faisant $A' = 180° - A$ la valeur de $\varphi (180° - A)$ soit constamment plus grande ou plus petite que $\varphi A$, il est aisé de voir que le point qui répond à $A = 90°$, sera tiré parallélement à l'axe avec plus de force d'un côté de l'équateur que de l'autre, (j'appelle ici *équateur* le plan passant par le centre des $r$, & perpendiculaire à l'axe); par conséquent l'attrac-

tion en ce point ne sera pas perpendiculaire au sphéroïde, comme elle le doit être à cause de $dr = 0$ (*hyp.*) lorsque $A = 90°$, & l'équilibre seroit impossible.

167. Ainsi, si on avoit, par exemple, $\varphi A = E + B$ cos. $A + C$ cos. $A^3 + D$ cos. $A^5$ &c. $B, C, D$, &c. étant tous de même signe, (& de plus $E$ étant $= - B - C - D$, afin que $r = 1$ lorsque $A = 0$), il est clair que l'équilibre seroit impossible, parce que les deux angles $A'$ & $A$, également éloignés de 90°, donneroient constamment $r$ plus grand d'un côté que de l'autre.

168. Il en seroit de même si faisant partir du centre les abscisses $x$ dans la courbe génératrice, & supposant dans cette même courbe des ordonnées $y$ parallèles à l'axe, les $y$ étoient constamment plus grandes d'un côté que de l'autre; car alors il est clair, en faisant tourner ces $y$ autour de l'axe, que dans chaque position une des $y$ exerceroit parallèlement à l'axe une attraction plus forte à l'équateur, que l'autre $y$; & qu'ainsi l'attraction à l'équateur ne pourroit être perpendiculaire au sphéroïde, comme elle le doit être pour l'équilibre.

169. En général, si dans cette hypothèse de $\frac{dr}{dA} = 0$ à l'équateur, les deux parties de la courbe génératrice au-dessus & au-dessous du plan de l'équateur, sont égales & semblables, & qu'en supposant toujours $dr = 0$ à l'équateur & aux deux poles, on trace à volonté, soit au-dessus, soit au-dessous du plan de

l'équateur, au lieu de la partie supérieure ou inférieure de la courbe génératrice, une autre courbe qui soit toute au-dehors ou toute au-dedans de la courbe génératrice, il est visible que l'attraction parallèle à l'axe dans le sphéroïde formé par cette nouvelle courbe, ne sera pas nulle à l'équateur, & qu'ainsi il ne pourra y avoir d'équilibre.

170. On voit par-là combien il est de figures, même ovales & peu différentes d'un cercle, qui ne peuvent former un sphéroïde, dont les parties soient en équilibre.

171. Voyons maintenant si nous ne pourrions pas trouver encore de nouvelles conditions pour la valeur de $\varphi A$, & servons-nous pour cela de la méthode que nous avons employée dans d'autres occasions pour examiner d'autres loix de la nature, par exemple, celle du rapport des sinus de réfraction dans le passage des corps solides sphéroïdes d'un milieu résistant dans un autre; cette méthode consiste à examiner ce qui arrive lorsqu'on considere un état, où la loi qu'on cherche, quelle qu'elle soit, commence à se manifester infiniment peu. L'avantage de cette méthode, qu'on peut employer en bien d'autres cas, consiste, en ce que la série qui exprime la loi qu'on cherche, est alors très-convergente, parce que ses termes sont formés des puissances croissantes d'une quantité infiniment petite, & qu'on peut même alors négliger tous ses termes, excepté le premier, ou du moins tous les termes qui contiendroient des

puissances plus élevées, que celles dont on a besoin pour l'objet qu'on se propose de prouver.

172. Nous allons donc considérer ici l'attraction dans un point infiniment proche du pole, parce qu'au pole l'attraction horisontale n'a pas lieu, que par conséquent elle commence à se manifester infiniment près du pole, & qu'il en est de même de la *variation* de l'attraction verticale.

173. Soit $P$ le pole du sphéroïde (Fig. 15), l'arc ou angle $PQ = \delta$, l'angle $OQR = q$, & l'arc $QR = p$, il n'est pas difficile de voir que cos. $PR$, ou cos. $A =$ cos. $p$ cos. $\delta -$ sin. $p$ sin. $\delta$ cos. $q$; que l'élément de l'attraction perpendiculaire à $CQ$ sera $\frac{dp \times dq \text{ sin.} p^2 \text{ cos.} q}{2^{\frac{1}{2}}(1 - \text{cos.} p)^{\frac{1}{2}}} \times \alpha \varphi(A)$; & que cette attraction seroit nulle au point $P$, où $\delta = 0$.

174. Supposons maintenant que $\delta$ soit infiniment petit, il est aisé de voir que $\varphi A$, ou $\varphi PR$ deviendra (en négligeant les quantités infiniment petites du second ordre sin. $\delta^2$) $\varphi(p, q) +$ sin. $\delta \Psi(p, q)$, & que l'attraction horisontale au point $Q$, c'est-à-dire, l'attraction perpendiculaire à $CQ$, sera proportionnelle à $B$ sin $\delta$, $B$ étant une constante qui dépend de la valeur de $\Psi(q, p)$ après l'intégration totale.

175. Cette attraction est à l'attraction verticale suivant $QC$ (qu'on peut supposer constante, parce qu'elle l'est à très-peu près), comme $C$ sin. $\delta$ est à 1, $C$ étant encore une constante.

176. Or il faut pour l'équilibre, que le rapport des deux attractions soit $= \frac{\alpha d\varphi A}{dA}$, ou $\frac{\alpha d\varphi \delta}{d\delta}$. Donc si $\varphi A$ est telle, qu'en faisant $A$ infiniment petit, elle se réduise à une quantité de cette forme, $E$ sin. $A^m$, $m$ étant un nombre fractionnaire quelconque plus grand que l'unité, mais plus petit que 2, (car nous avons déja exclu les cas où $m$ est $< 1$), il est impossible alors que le rapport des deux attractions soit égal à $\frac{\alpha d\varphi \delta}{d\delta}$, puisque ce rapport seroit $= Em$ sin. $\delta^{m-1}$, & que sin. $\delta^{m-1}$ ne peut être supposé $=$ sin. $\delta$, $m$ étant (*hyp.*) un nombre $< 2$.

177. Et si dans l'article 174 $B$ étoit $= 0$, comme les autres termes négligés dans l'expression de l'attraction horisontale, seroient de la forme $H$ sin. $\delta^p$, $p$ étant $>$ que l'unité, alors, le terme $Em$ sin. $\delta^{m-1}$ ne pouvant être détruit par aucun autre, il est clair que l'équilibre seroit encore impossible.

178. Si en faisant $A = 180°$, le rayon est exprimé par $A' + B'$ sin. $\alpha^m$ comme il le doit être en effet, & que le nombre $m$ soit encore plus petit que 2, l'équilibre est encore impossible, par les mêmes raisons.

179. Il en seroit de même si $\varphi A$ étoit telle, qu'en faisant $A = 90°$, ou cos. $A = 0$, & supposant $dr = 0$ lorsque $A = 90°$, la valeur de $\varphi A$ devenoit alors cos. $A^m$, $m$ étant un nombre plus petit que 2. En effet, quoique la valeur de $\alpha\varphi A$, comptée depuis l'équateur,

ne soit pas simplement $\alpha\varphi A$, mais $\alpha\varphi A \times \Psi \rho$, $\rho$ étant l'angle variable de chaque vertical avec l'équateur, il est néanmoins aisé de voir que, si on prend, à compter de l'équateur, un arc infiniment petit $=\delta$, comme on l'a pris dans l'art. précédent en partant du pole, l'attraction horisontale à l'extrémité de cet arc, sera proportionnelle, comme dans l'art. précédent, à $B'$ sin. $\delta$, & que le rapport de cette attraction à la pesanteur, sera $C'$ sin. $\delta$, $C'$ & $B'$ étant des constantes. Or le rapport de $dr$ à $d\delta$ en ce point est évidemment celui de $\alpha d(\text{sin.}\,\delta)^m$ à $d\delta$, c'est-à-dire, $\alpha m$ sin. $\delta^{m-1}$. Donc, &c.

180. Ce n'est pas tout; & l'on peut prouver que la valeur de $\varphi A$, lorsque $A$ est infiniment petit, ne sauroit être sin. $A^m$, $m$ étant une fraction quelconque. En effet, si en supposant $A$ infiniment petit, la valeur de $\alpha\varphi A$ (qui renferme alors, comme l'on sait, une suite de puissances de $A$, ou sin. $A$) renferme dans cette suite un seul terme à exposant fractionnaire $\delta$ sin. $A^m$, $m$ étant une fraction, on peut prouver par la même méthode, que l'équilibre est impossible. Car il y aura nécessairement dans la valeur de $\frac{dr}{dA}$ un terme $\delta$ sin. $A^{m-1}$ qui aura un exposant fractionnaire. Or il est aisé de voir, en suivant le procédé ci-dessus, que la valeur de l'attraction horisontale, lorsque $\delta$ est infiniment petit, ne peut être composée que d'une suite de termes $A$ sin. $\delta + B$ sin. $\delta^2 + C$ sin. $\delta^3$, &c. où sin. $\delta$ n'est

élevé qu'à des puissances entieres, & que l'attraction verticale sera de même $E+F$ sin. $\delta+G$ sin. $\delta^2$, &c. Donc le rapport de ces deux attractions ne renfermera jamais que des puissances entieres de sin. $\delta$. Donc, &c.

181. On verra de même, & par toutes les raisons exposées ci-dessus, que l'équilibre est impossible, si en faisant $A$ infiniment peu différent de 90°, la valeur du rayon est $=1+B'$ cos. $A^p+C'$ cos. $A^q$, &c. & qu'il y ait un seul des exposans $p$, $q$, &c. qui soit fractionnaire.

182. On pourroit objecter ici, que dans l'expression de l'attraction horisontale & verticale, nous n'avons point d'égard à certains termes où il pourroit entrer des puissances fractionnaires de sin. $A$; par exemple, il est certain (Tom. II & III de nos *Recherches sur le Systême du Monde*) que l'attraction verticale doit renfermer un terme de cette forme, $\frac{4\pi}{3}(1+\alpha\phi\delta)$; & $\phi\delta$ pourroit en ce cas contenir des puissances fractionnaires de sin. $\delta$. Mais il faut observer, que dans la comparaison ou le rapport de l'attraction horisontale à la verticale, ces termes renfermeroient le quarré de $\alpha$ ou des puissances plus élevées de $\alpha$; & on peut supposer $\alpha$ si petit, que son quarré $\alpha^2$ & les puissances plus élevées soient d'un ordre d'infiniment petit, moindre que $\alpha$ sin. $A^m$, $m$ étant un nombre entier tel qu'on voudra. Ainsi la démonstration précédente aura toujours lieu dans ce cas; or il est aisé de conclure delà qu'elle

aura

aura lieu même dans les cas où $\alpha$ ne feroit pas aussi petit qu'on vient de le supposer. Car si l'équilibre étoit possible, en ne supposantt pas $\alpha$ aussi petit que nous venons de faire, & en donnant à $\varphi A$ une valeur qui renfermât des puissances fractionnaires de sin. $A$ ou cos. $A$, il est clair que l'équilibre auroit lieu encore en supposant $\alpha$ si petit qu'on voudroit, puisque $\alpha$ disparoît dans la comparaison du rapport des deux attractions à la quantité $\frac{\alpha d\varphi A}{dA}$; cette quantité $\alpha$ se trouvant également dans l'un & dans l'autre. Donc, &c.

183. Donc en général $\varphi A$ ne peut être exprimé que par une suite, qui soit de cette forme $A$ sin. $A^2 +$ $B$ sin. $A^3 + C$ sin. $A^4$, &c. lorsque $A = 0$, ou $180°$, & qui soit de la forme $A'$ cos. $A^2 + B'$ cos. $A^3 +$ $C'$ cos. $A^4$, &c. lorsque $A = 90°$.

184. On peut considérer de plus que dans le développement de la quantité $\varphi$(cos. $p$ cos. $\delta$ — sin. $p$ sin. $\delta$ cos. $q$), pour l'expression de l'attraction horisontale, si on met pour cos. $\delta$ sa valeur $1 - \frac{\text{sin. } \delta^2}{2} - \frac{\text{sin. } \delta^4}{8}$, &c. tous les termes où cos. $q$ est élevé à une puissance paire, doivent s'en aller, parce que ces termes seront encore multipliés par $\frac{dq \text{ sin. } p^2 \text{ cos. } q}{(1 - \text{cos. } p)^{\frac{1}{2}}}$, & auront par conséquent zero pour intégrale, à cause de

la puissance impaire de cos. $q$ (Voyez Tome V, *Opuscules*, page 27, article 54), en sorte qu'il ne restera, dans le développement de la fonction dont il s'agit, que les termes où cos. $q$, & par conséquent sin. $\delta$ cos. $q$ seront élevées à une puissance impaire; or, delà il est aisé de conclure qu'il ne doit y avoir dans le développement de $\varphi\delta$, que des puissances paires de sin. $\delta$, afin que $\frac{d\varphi\delta}{d\delta}$, qui doit exprimer le rapport de l'attraction horisontale à la verticale, ne renferme que des puissances impaires. Donc lorsque $A$ est infiniment petit, ou infiniment peu différent de 180°, la valeur de $\varphi A$ doit être $B$ sin. $A^2 + C$ sin. $A^4 + D$ sin. $A^6$, &c. & par la même raison encore, on trouvera que la valeur de $\varphi A$, lorsque $A = 90°$, à très-peu près, ne doit contenir que des quantités de cette forme, $b$ cos. $A^2 +$ $c$ cos. $A^4 + e$ cos. $A^6$, &c.

185. On peut reconnoître aisément les cas où la valeur du rayon renfermera, lorsque $A = 0$, ou 90° à peu-près, des sin. $A^m$ & cos. $A^p$, dans lesquels $m$ & $p$ seront fractionnaires. Car il est visible qu'alors il y auroit quelque différentielle de $r$, savoir celle d'un ordre $> m$, qui seroit infinie, lorsque $A = 0$, ou 180°. Donc si, en différentiant successivement $r$, & faisant $dA$ constant, il se trouve une différentielle infinie, lorsque $A = 0$, ou 180°, il est clair que l'équilibre est impossible.

186. Il en sera de même pour cos. $A^p$; c'est-à-dire, que si, en faisant $A = 90°$, on différentie successivement $r$, & qu'il y ait une valeur infinie pour quelqu'une des différentielles $d^m r$ du rayon $r$, l'équilibre sera impossible.

187. Il faut pourtant remarquer que la valeur de $d^m r$ pourroit encore être infinie, quand même il n'y auroit pas d'exposans fractionnaires. C'est ce qui arrivera, par exemple, en supposant que $\varphi$(sin. $A$) renferme, lorsque $A = 0$, ou $180°$, ou $90°$, des puissances entieres négatives, de sin. $A$, ou cos. $A$, mais alors $dy$ même & $y$, seroient infinis, ce qui ne se peut. Ainsi ce cas ne met aucune restriction réelle à la démonstration précédente.

188. Nous avons considéré jusqu'à présent l'équilibre du fluide, indépendamment de la force centrifuge, & en supposant le sphéroïde en repos. Si on a présentement égard à cette force centrifuge, il sera facile de voir, en revenant sur les propositions précédentes, qu'elles peuvent être encore appliquées à ce cas; & qu'ainsi la fonction $\varphi A$ devra, pour l'équilibre, avoir la forme indiquée dans les articles précédens.

189. Il y aura seulement cette différence, que si le fluide ne tourne pas autour de son axe, & qu'il y ait en ce cas quelque figure propre à l'équilibre, alors (en supposant $\alpha$ infiniment petit) on pourra donner à $\alpha$ telle valeur infiniment petite qu'on voudra, parce que cette quantité $\alpha$, comme nous

l'avons vu plus haut (art. 182) disparoît de l'équation; de sorte que le sphéroïde pourra (dans le cas supposé) avoir une infinité de figures, toutes très-peu différentes d'une sphere, & toutes propres à l'équilibre, quoique toutes puissent être d'ailleurs assujetties à la même loi, & ne différer que par la valeur de $\alpha$. Au lieu que si l'on a égard à la force centrifuge, il y aura par la condition de l'équilibre une équation entre $f$ & $\alpha$. Mais il n'en sera pas moins vrai qu'on peut supposer $f$, & par conséquent $\alpha$ si petits que dans l'équation de l'équilibre, on pourra négliger, comme a fait ci-dessus, art. 182, les puissances de $f$ & de $\alpha$; d'où l'on conclura, comme dans ce même art. 182, que les théorêmes démontrés, art. 182, pour le cas où $f=0$, & appliqués ici au cas où $f$ & $\alpha$ sont supposés excessivement petits, auront lieu lors même que $f$ & $\alpha$ ne seront plus d'une excessive petitesse.

190. La considération de la rotation du fluide, & par conséquent de la force centrifuge, donne lieu de plus à quelques remarques particulieres.

191. Nous venons de prouver (art. 184) que lorsque fin. $A$ est très-petit, la puissance la moins élevée de $\phi A$ doit être fin. $A^2$, ou fin. $A^4$, ou, &c. suivant les puissances paires. On peut observer de plus que, si le sphéroïde tourne sur son axe, le terme fin. $A^2$ doit nécessairement s'y trouver. Car il est clair que la force centrifuge produisant dans la force horisontale un terme de cette forme, $R$ cos. $A$ fin. $A$, il faut nécessaire-

ment qu'il se trouve dans l'expression de $\varphi A$ un terme de la forme sin. $A^2$, ou cos. $A^2$, sans quoi l'équilibre est impossible.

192. On prouvera de même, & par les mêmes raisons, que le terme cos. $A^2$ doit nécessairement se trouver dans l'expression de $\varphi A$, lorsque $A$ est $=90°$.

193. Dans la théorie précédente sur la valeur de $\varphi A$, on évite, comme il a déja été remarqué plus haut (art. 171), les inconvéniens de la méthode des suites, dont l'usage paroît dangereux, lorsque les suites peuvent devenir divergentes. Ici on suppose $\delta$ infiniment petit, de sorte que les suites sont toujours très-convergentes, & peuvent même être supposées aussi convergentes qu'on voudra, en prenant $\delta$ aussi petit qu'il sera nécessaire pour cet effet.

194. M. de la Place a remarqué dans les Mém. de l'Acad. de 1772, Tom. II, que si un sphéroïde, très-peu différent d'une sphere, a la figure nécessaire pour être en équilibre, il y sera encore en y ajoutant les termes $a$ cos. $A^2 + b$ cos. $A + c$, c'est une suite évidente de notre théorie générale sur ce même objet, Tom. V de nos *Opuscules*. Car nous avons fait voir, page 24 de ce Tome V, que l'addition du terme $b$ cos. $A$ ne changeoit pas la figure du sphéroïde; il en est de même du terme $c$, qui ne change rien à l'attraction horisontale; & quant au terme $a$ cos. $A^2$, il sera évidemment détruit en donnant à la force centrifuge une valeur

convenable; comme nous l'avons aussi fait voir dans l'endroit cité.

195. Si au lieu de prendre pour indéterminées dans l'expression de la valeur de l'attraction, les angles $OQR$ & $RCQ$, comme on a fait, art. 173, on eût pris les angles $RCP$ & $OPR$, & qu'on eût fait $PR=z$, & l'angle $QPR$, $n$, on auroit trouvé l'élément de l'attraction horisontale $= \alpha dz \varphi z \times dn$ fin. $z \times \frac{RM}{QR^3}$ (a); & celui de l'attraction verticale $\alpha dz \varphi z \times dn$ fin. $z \times \frac{QM}{QR^3}$. Or il est aisé de voir que $CM$ ou le cosinus de l'angle $RCM$ est cof. $z$ cof. $\delta$ + fin. $z$ fin. $\delta$ cof. $n$; on a de plus $QR = \sqrt{(2.QM)} = \sqrt{[2(1-CM)]}$; & $RM$ ou le finus de l'angle $RCM$, est égal, comme il est encore aisé de le voir, à fin. $z$ cof. $n \times$ cof. $\delta$ — cof. $z$ fin. $\delta$; il faudra de plus, comme nous l'avons remarqué dans nos *Recherches sur le Systême du Monde*, Tom. II, pag. 276 & 277, & Tom. III, pag. 198 & 220, ajouter à la quantité ci-dessus, déja trouvée pour l'attraction verticale, la quantité $\frac{4\pi}{3}(1+\alpha\varphi\delta)$, qui exprime l'attraction de la sphere dont le rayon est $CQ$, $2\pi$ étant le rapport de la circonférence au rayon, & en retrancher la quantité $2\pi \times \alpha\varphi\delta$, égale à l'intégrale de $\alpha\varphi\delta \times \frac{-d(\text{cof. } QR)}{2^{\frac{1}{2}}(1-\text{cof. } QR)^{\frac{1}{2}}}$, multipliée par 360°; mainte-

(a) On prend ici $RM$ pour sa projection sur le plan $PCO$.

tenant si on différentie la quantité $\frac{\alpha d\zeta\varphi\zeta \times d\pi \text{ fin. } \zeta}{(1 - \text{cof. } \zeta \text{ cof. } \delta - \text{fin. } \zeta \text{ fin. } \delta \text{ cof. } \pi)^{\frac{3}{2}}}$, en ne faisant varier que $\delta$, & qu'on divise cette différence par $d\delta$, on trouvera précisément la moitié de l'attraction horisontale, comme il est aisé de le voir. De-là on tire par un calcul fort simple les théorêmes de M. de la Place, que cet Académicien a démontrés par une savante analyse dans le second Volume des Mém. de 1772, page 545 & suiv.

196. Si au lieu de $\varphi\zeta$, on avoit $\varphi(\zeta, \pi)$, alors le sphéroïde ne seroit pas un solide de révolution, & il faudroit (Tom. VI de nos *Opusc.* pag. 162 & suiv.) avoir égard, pour l'équilibre, à l'attraction perpendiculaire au plan *OQPC*, qui n'est pas alors la même des deux côtés du plan. Or l'attraction perpendiculaire au plan *OQPC* sera $\alpha d\zeta\varphi\zeta \times d\pi \text{ fin. } \zeta \times \frac{\text{fin. } \zeta \text{ fin. } \pi}{QR^{\frac{3}{2}}}$, & si on suppose un méridien qui fasse avec le méridien *PQO* un angle infiniment petit $d\omega$, il faudra pour l'équilibre, comme on le peut voir aisément, que cette attraction soit à l'attraction verticale $\frac{4\pi}{3}$ comme $d\omega \times \frac{\alpha d\varphi(\zeta, \pi)}{d\pi}$ est à $\delta\omega \times \text{fin. } \delta$; d'où l'on voit que l'attraction dont il s'agit, multipliée par fin. $\delta$ doit être $= \frac{4\pi}{3} \times \frac{d\varphi(\zeta, \pi)}{d\pi}$. Or si on différentie l'attraction verti-

cale en faiſant ſeulement varier l'angle $\delta$ de la quantité infiniment petite $d\omega$, & en diviſant par $d\delta$, on trouvera une quantité égale à la moitié de l'attraction perpendiculaire au plan *OQPC*, comme il eſt très-facile de le voir. Delà on peut tirer aiſément pour les ſphéroïdes qui ne ſont pas de révolution, de nouveaux théorêmes, analogues à ceux des Mém. de 1772, déja cités. On verra, par exemple, que ſi le ſphéroïde eſt en équilibre, & que l'angle $\delta$ demeure conſtant pendant que l'angle $n$ varie, l'attraction verticale ou la peſanteur ſera la même; & qu'à différentes latitudes, la longitude reſtant la même ou non, la différence de la peſanteur, à compter de l'équateur ou du pole, ſera comme le quarré du ſinus, ou du coſinus de latitude.

197. De plus, comme la nature des fonctions $\varphi z$, & $\varphi(z, n)$ n'entre en aucune maniere dans les opérations que nous venons de faire pour la différentiation de l'attraction verticale, il eſt aiſé de voir que ces théorêmes auront lieu quand même $\varphi z$ & $\varphi(z, n)$ ne feroient pas des fonctions analytiques, mais des quantités quelconques irrégulieres, qui demeuraſſent ſeulement les mêmes, quand $z$ & $n$ demeureroient les mêmes.

198. De ces théorêmes il réſulte évidemment que le double de la différence de peſanteur à l'extrêmité de deux rayons quelconques, multipliés par le rayon 1, eſt égal, ſoit qu'il y ait équilibre ou non, à la ſomme des forces tangentielles qui agiſſent ſur l'arc compris entre ces rayons.

199.

199. Or on ſait par la théorie de l'Hydroſtatique, que la ſomme de ces forces eſt égale à la différence de poids des deux rayons, ſoit qu'il y ait équilibre ou non.

200. Donc le double de la différence de peſanteur à l'extrêmité de deux rayons quelconques, multiplié par le rayon 1 (qui eſt le demi-axe), eſt égal, ſoit qu'il y ait équilibre ou non, à la différence de poids total des deux rayons.

201. Dans ces théorêmes, comme nous ſuppoſons que le fluide peut n'être pas en équilibre, & que par conſéquent il peut être en mouvement, nous n'avons d'égard qu'aux forces (verticale ou horiſontale) qui viennent de l'attraction des parties, & nous faiſons abſtraction de celles qui pourroient venir du mouvement de ces mêmes parties.

202. On peut trouver facilement ce que la conſidération de la force centrifuge doit ajouter de modification à ce théorême; ainſi on verra que le double de la différence des poids $- \frac{1}{2} f$ ſin. $\delta^2$ eſt égal à la ſomme des forces tangentielles, c'eſt-à-dire, à la différence de poids des deux rayons. Car ſoit qu'il y ait équilibre ou non, ſoit que le fluide tourne ou ne tourne pas autour de ſon axe, la ſomme des forces tangentielles réſultantes de l'attraction & de la force centrifuge, eſt toujours égale, comme l'on ſait, à la différence de poids des rayons, réſultante auſſi de l'attraction & de la force centrifuge.

203. On peut obſerver ici que la méthode de l'article 194 eſt bien moins commode, & ſur-tout moins facile que celle de l'article 173, pour trouver l'attraction du ſphéroïde; mais qu'en même-temps cette méthode de l'art. 194 donne avec une extrême facilité les théorêmes qui viennent d'être démontrés, au lieu que les autres méthodes, & en particulier celle de l'art. 173, ne donneroient ces mêmes théorêmes que par des calculs aſſez compliqués. D'où l'on voit combien il eſt utile d'employer & d'eſſayer dans cette théorie des méthodes différentes, puiſque ces différentes méthodes ont les unes ſur les autres des avantages réciproques, ſelon ce qu'on ſe propoſe de trouver.

204. On peut auſſi démontrer, en employant la méthode de l'art. 194, les théorêmes donnés ci-deſſus (art. 183 & ſuiv.) ſur les valeurs de $\varphi A$ néceſſaires à l'équilibre, lorſque ſin. $A$ ou coſ. $A$ ſont infiniment petits; & le réſultat ſera le même.

205. Cette maniere de démontrer les théorêmes dont il s'agit, auroit même l'avantage de n'exiger aucune opération ſur la quantité ou fonction indéterminée $\varphi(z)$; en ſorte que ces théorêmes ſeront vrais, quelle que ſoit cette fonction. Or on ſait d'ailleurs que ſi cette fonction eſt celle qui convient à un ſphéroïde elliptique homogène, ce ſphéroïde ſera en équilibre, en ayant égard à la force centrifuge, & on peut prouver aiſément que l'attraction horiſontale dans le ſphéroïde dont il s'agit, ſeroit compoſée de termes

$B$ fin. $A + C$ fin. $A^3 + D$ fin. $A^5$, lorfque fin. $A$ feroit infiniment petit ; d'où réfulte une nouvelle confirmation de nos théorêmes fur la forme de $\varphi A$ néceffaire pour maintenir l'équilibre.

206. On peut auffi démontrer par les mêmes méthodes, que fi au lieu de $\varphi A$, on avoit $\varphi(\zeta, n)$, il faudroit, lorfque $n$ eft très-petit, que $\varphi n$ fût de la forme $a$ fin. $n^2 + b$ fin. $n^4$, &c.

207. La force centrifuge étant fuppofée $f$ à la diftance 1, la partie de cette force perpendiculaire au rayon $r$ fera exactement $fr$ fin. $A$ cof. $A$, & la partie qui eft dans la direction du rayon $r$, fera $fr$ fin. $A^2$; de forte que fi on nomme $F$ la force horifontale, ou perpendiculaire au rayon, & $F'$ la force verticale dirigée fuivant le rayon, on aura exactement & rigoureufement la proportion $F = fr$ fin. $A$ cof. $A : F' - fr$ fin. $A^2 :: dr : rdA$; & comme $F$ & $F'$ ne contiennent que $\alpha$, $A$ avec des conftantes, il eft clair qu'on aura une équation, dans laquelle tous les termes où fin. $A$ fe trouve élevé à la même puiffance, feront féparément égaux à zero, & dans laquelle de plus $f$ ne fe trouvera qu'au premier degré à tous les termes.

208. Donc en fuppofant chacun de ces termes égaux à zero, ce qui donne autant d'équations, dont chacune renferme tous les termes où fin. $A$ eft élevé à la même puiffance, on tirera de ces équations une valeur de $f$ en $\alpha$, & cette valeur devra être la même pour

chaque équation, dans l'hypothèse que le fluide puisse être en équilibre.

209. On sait déja que cette équation aura lieu rigoureusement dans le sphéroïde elliptique, & que l'équation pour l'équilibre du sphéroïde elliptique, avec force centrifuge, sera (Tom. V, *Opusc.* pag. 37) donnée par la proportion $\frac{1+\Gamma\alpha}{1+\alpha} - f : 1 + \Delta\alpha :: 1 : (1+\alpha)^3$, en prenant $f$ pour la force centrifuge à la distance 1, & non pas rigoureusement pour la force centrifuge sous l'équateur, à la distance $1+\alpha$; ou plutôt pour le rapport de cette force centrifuge à l'attraction $\frac{4\pi}{3}$ d'une sphere du rayon 1.

210. Ainsi dans l'équation générale de l'équilibre, où il n'y a d'indéterminées que $f$ & $\alpha$, on est déja sûr que la valeur de $f$ tirée de l'équation précédente pour l'ellipse, satisferoit à cette équation générale.

211. Or nous avons fait voir que l'équilibre exige pour la valeur de $r$ une quantité de cette forme : $1 + \alpha(A' \text{ sin. } A^2 + B' \text{ sin. } A^4 + C' \text{ sin. } A^6$, &c.) lorsque $A$ est supposé très-petit, & l'on peut même, pour plus de simplicité, supposer $A' = 1$, en sorte que $r = 1 + \alpha(\text{sin. } A^2 + B' \text{ sin. } A^4 + C' \text{ sin. } A^6$, &c.).

212. Donc si les coefficiens $B'$, $C'$, &c. ont la valeur qui détermine le sphéroïde elliptique, l'équation entre $f$ & $\alpha$ aura lieu ; & par conséquent il y aura une

valeur de $B'$, $C'$, &c. qui ſera celle qui convient à ce ſphéroïde.

213. Mais y aura-t-il d'autres valeurs de $B'$, $C'$, &c. qui ſatisfaſſent à l'équilibre, & qui donnent une autre équation entre $f$ & $\alpha$ que celle qui appartient au ſphéroïde elliptique. C'eſt ce qu'il paroît difficile de croire, d'autant que la valeur linéaire de $f$ en $\alpha$, tirée de chaque terme égalé à zero, doit être la même dans chacune de ces équations, & que ces équations étant en nombre infini, & ne pouvant différer entr'elles que par la valeur des coefficiens $B$, $C$, &c., il paroît difficile que pluſieurs valeurs de $f$ en $\alpha$ puiſſent y ſatisfaire. Ceci n'eſt au reſte qu'une ſimple conjecture, qui mériteroit un plus profond examen.

214. Si on fait $r = 1 + (A' + B'k + C'k^2 + D'k^3)$; $k$ étant le coſinus de $A$, (Tom. III, *Opuſc.* pag. 180 & 181), nous avons fait voir qu'en ſuppoſant un noyau ſphérique de la denſité $\frac{3}{7}$, & abſtraction faite de la force centrifuge, $D$ peut être tout ce qu'on voudra; & qu'ainſi dans cette hypothèſe il y aura équilibre, quelque figure qu'on donne au ſphéroïde, pourvu que cette figure differe peu d'une ſphere.

215. On peut voir aiſément, par la même raiſon, que ſi $r = 1 + (A' \text{ſin.} A^2 + B' \text{ſin.} A^4 + C' \text{ſin.} A^6, \&c.)$ il y aura un rapport de denſité entre le noyau & le fluide, qui donnera toutes ſortes de figures d'équilibre.

216. Lorſque $B' = 0$, & $C' = 0$, &c., c'eſt-à-dire, lorſque le ſphéroïde eſt à très-peu près elliptique, ſi

le rapport du noyau au fluide, n'eſt pas tel qu'il le faut pour que l'on ait toutes ſortes de figures d'équilibre, on peut y établir l'équilibre par le moyen de la force centrifuge; nous l'avons fait voir ailleurs, (*Recherches ſur le Syſtême du Monde*, Tom. III, page 184 & ſuiv.)

217. Il n'en eſt pas de même pour les autres termes $B'$ ſin. $k^4$, $C'$ ſin. $k^6$, &c. ſi la denſité du noyau n'eſt pas telle qu'il le faut pour la condition requiſe à l'équilibre, on ne peut y ſuppléer par la force centrifuge, parce que cette force ne donne pas, au moins dans la premiere approximation, de terme qui puiſſe détruire ceux qui viennent de $B'$ & de $C'$, &c.

218. J'ai fait voir (Tome V, *Opuſc.* pag. 37) que ſi le fluide a un noyau ſphérique au centre, la figure requiſe pour l'équilibre ne ſauroit être rigoureuſement elliptique. Elle le ſera ſeulement à-peu-près, ſi la force centrifuge eſt ſuppoſée très-petite par rapport à la peſanteur.

219. Mais on peut demander ſi dans ce cas il y aura rigoureuſement une figure poſſible d'équilibre? C'eſt ce qu'il ne paroît pas facile de prouver; cependant cette poſſibilité paroît aſſez vraiſemblable; & dans ce cas il y auroit une figure non rigoureuſement, mais à très-peu-près elliptique, & peu différente du cercle, qui donneroit l'équilibre rigoureux.

220. Dans cette ſuppoſition, nous avons fait voir que, ſi le rapport des denſités du noyau & du fluide,

est $=\frac{1}{5}$, le fluide, supposé en repos, pourra avoir telle figure qu'on voudra, pourvu qu'elle soit à-peu-près elliptique & peu différente du cercle.

221. Il paroîtroit donc que, pour avoir l'équilibre rigoureux, il suffiroit de faire à cette figure un changement infiniment petit du second ordre, c'est-à-dire, de l'ordre $\alpha^2$, comme nous l'avons déja observé, Tom. VI, *Opusc.* pag. 223.

222. Néanmoins, comme cette supposition même d'un changement de l'ordre de $\alpha^2$ pourroit encore ne pas suffire à l'équilibre, il seroit alors nécessaire de donner à la force centrifuge $f$ une petite valeur, c'est-à-dire, de faire tourner tant soit peu le fluide.

223. Mais il y auroit toujours cette différence entre le cas où le rapport des densités est $\frac{1}{5}$, & ceux où il ne l'est pas, que dans le premier cas, la force centrifuge ne devra être que de l'ordre de $\alpha^2$, au lieu que dans les autres cas, elle sera de l'ordre de $\alpha$.

# REMARQUES
## *SUR LE MÉMOIRE PRÉCÉDENT.*

En relisant ce Mémoire, long-temps après qu'il a été fait, j'ai trouvé encore les Remarques suivantes à y ajouter. J'ai cru qu'elles pourroient être utiles dans la recherche de l'attraction des sphéroïdes.

*Remarque sur l'article 133.*

1. On peut observer ici que dans la belle méthode donnée par M. de la Grange, pour trouver l'attraction des sphéroïdes, il détermine l'attraction d'un point pris au-dedans du corps par la *somme* des rayons partans de ce point, mais que cette somme en est proprement la *différence*, & le doit être, parce que les rayons sont disposés en sens contraire, & exercent sur ce point des attractions opposées.

2. On peut remarquer aussi que les deux valeurs de $r$ en $p$ & en $q$, qu'on trouve dans ce cas-là, savoir, $r = k \pm \sqrt{s}$, ($k$ étant ainsi que $s$ une fonction de sin. & cos. de $p$ & de $q$) sont telles qu'en faisant $p$ négatif, la valeur positive se change en négative, & la néga-tive

tive en positive, lorsque le point attiré est au-dedans du corps; ce qui doit en effet avoir lieu dans les sphéroïdes elliptiques, où la ligne tirée par le point attiré, coupe toujours le sphéroïde en deux points seulement, & en deux points opposés. Dans ce cas, la quantité $k$ devient de signe contraire, en faisant sin. $p$ & cos. $p$ négatifs, & $s$ reste la même, comme nous avons vu dans l'art. 132, pour $z$ dans la quantité $Z \pm v\zeta$.

3. Mais on auroit tort de croire que, quand $r$ n'a que deux valeurs, c'est une marque que le rayon ne coupe la surface ou la courbe, qu'en deux points. Car soit, par exemple, $r = a$ cos. $p^2 \pm b$ sin. $p$, il est clair qu'en supposant $p$ fort petit & $= \alpha$, les deux valeurs de $r$ sont positives, c'est-à-dire, toutes deux du même côté; supposons maintenant $p = 180 + \alpha$, les deux valeurs de $r$ seront aussi positives & égales aux deux précédentes, mais placées en sens contraires, en sorte que le rayon $r$ coupera la courbe en quatre points, deux de chaque côté du point attiré. On voit aisément que dans ce cas il ne faudroit pas prendre en général la somme des deux valeurs de $r$, ni même leur différence, pour avoir l'attraction du sphéroïde, parce que ce sphéroïde a pour ainsi dire deux surfaces différentes, & qu'il est comme composé de deux solides. Il faudra varier le calcul suivant les cas.

*Sur l'article 136.*

1. Si la courbe $AO$ génératrice du sphéroïde n'étoit pas très-peu différente du cercle $AB$, (Fig. 16) & qu'en nommant $CA$ ou $CB$, 1, l'angle $BCA = z$, $CO = 1 + \varphi z$, $x$ les parties de la ligne $BO$, à commencer du point $B$, on voulût avoir l'attraction de $BO$, (ou plutôt du petit solide formé par $BO$) sur le point $A$, on auroit cette attraction suivant $AC = dx \times (1 - x)$ $dz(1-x)\,\text{fin.}\,z \times \frac{1-(1-x)\,\text{cof.}\,z}{\sqrt{[1-(1-x)\,\text{cof.}\,z)^2 + (1-x)^2\,\text{fin.}\,z^2]^3}}$ $= \frac{dx(1-x)^2\,dz\,\text{fin.}\,z\,(1-\text{cof.}\,z + x\,\text{cof.}\,z)}{[1-2(1-x)\,\text{cof.}\,z + (1-x)^2]^{\frac{3}{2}}}$, quantité qu'il faudra multiplier encore par le rapport $2\pi$ de la circonférence au rayon. Si on intégre cette équation en ne regardant que $x$ comme variable, on verra aisément que l'intégration dépendra des logarithmes, puisqu'en faisant $1 - x = y$, la différentielle deviendra égale à $\frac{-2\pi dy.y^2 dz\,\text{fin.}\,z\,(1-y\,\text{cof.}\,z)}{(1-2y\,\text{cof.}\,z + y^2)^{\frac{3}{2}}}$; quantité qui s'intégre par logarithmes, en regardant $z$ comme constant. Delà il est aisé de conclure que, quelle que soit la fonction $\varphi z$, la différentielle à intégrer sera de la forme suivante $Z\,dz \times Z''$, $Z''$ étant une fonction de $z$, en partie algébrique, en partie logarithmique.

2. On peut, sans beaucoup de peine, appliquer

cette méthode au cas où le point $A$, dont on cherche l'attraction, n'est pas le sommet du sphéroïde, mais tout autre point; mais dans tous les cas, le résultat de la triple intégration seroit si compliqué, que nous abandonnons cette recherche à ceux qui voudront la pousser plus loin.

## *Sur l'article 173.*

1. Au lieu de $\varphi(\text{cos}.\, p\, \text{cos}.\, \delta - \text{sin}.\, p\, \text{sin}.\, \delta\, \text{cos}.\, q)$, on peut écrire $\varphi[\text{cos}.\, \delta + (\text{cos}.\, p - 1)\, \text{cos}.\, \delta - \text{sin}.\, p\, \text{sin}.\, \delta\, \text{cos}.\, q)$, & pour avoir l'attraction horisontale & l'équation du sphéroïde qui en résulte, on emploiera une méthode analogue à celles que nous avons données ailleurs pour de semblables questions (*a*), en développant en série la fonction précédente, & en faisant attention, 1°. qu'il faut négliger les termes où cos. $q$ se trouve avec une dimension paire, parce que ces termes se trouveront multipliés encore par cos. $q$ & seront par conséquent nuls dans l'intégration; 2°. que les puissances impaires de cos. $q$ (les seules qu'il faille conserver ici) étant toujours accompagnées des puissances impaires de sin. $p$, & ces quantités se trouvant encore multipliées par sin. $p^2$ dans le facteur $\frac{dp\, dq\, \text{sin}.\, p^2\, \text{cos}.\, q}{(1 - \text{cos}.\, p)^{\frac{1}{2}}}$, sin. $p$ y sera à une puissance impaire; & comme $dp$ sin. $p$ est la différence de $1 - \text{cos}.\, p$;

(*a*) Voyez Tom. V, *Opusc.* pag. 114.

il sera aisé d'appliquer ici les formules données dans le Tom. V de nos *Opuscules*, pag. 28, art. 55 & suiv. 3°. Nous avons donné encore ailleurs (*a*) une méthode très-simple d'avoir l'intégrale de $dq$ cos. $q^{2m}$ lorsque $q = 180$, ou $360°$. 4°. Enfin, comme sin. $\delta$ accompagne toujours cos. $q$, & que cos. $q$ ne doit se trouver dans la fonction développée qu'avec une dimension impaire, il est clair que sin. $\delta$ se trouvera par-tout avec une dimension impaire; & comme le second membre de l'équation qui donne l'équilibre, est $\frac{d\varphi \text{ cos. } \delta}{d\delta} = \frac{-\text{sin. } \delta dz}{dy}$ (en nommant $\varphi$ cos. $\theta$, $z$, & cos. $\delta$, $y$) par conséquent sin. $\delta$ disparoîtra de tous les termes, & il ne restera que des puissances paires de sin. $\delta$. Nous remarquerons encore que pour avoir l'intégrale totale qui exprime l'attraction du sphéroïde, il faut faire, ou $p = 180°$ & $q = 360°$, ou $p = 360$ & $q = 180°$. Le résultat sera le même dans les deux cas.

2. On parviendra aisément par ce moyen à une équation qui aura un nombre infini de termes, & qui répondra à celle que M. de la Place a trouvée de son côté dans les Mém. de 1773. Mais il nous semble que cette équation aura toujours, par la nature de la solution, deux désavantages. Le premier, d'être fondée sur le développement d'une fonction en série, développement qui peut donner un très-faux résultat, comme

(*a*) *Recherc. sur le Syst. du Monde*, Tom. II, pag. 225 & suiv.

nous l'avons souvent remarqué dans d'autres problêmes. En effet, qu'on suppose ici, par exemple, $\varphi$ (cos. $\delta + \rho$) à la place de la fonction cherchée, & qu'on fasse cette fonction égale à une puissance fractionnaire $\frac{m}{n}$, on verra (Tom. V, *Opusc.* pag. 171 & suiv.) que, si cos. *PR*, ou cos. $\delta + \rho$ est tel que $\rho$ ne soit pas très-petit par rapport à cos. $\delta$, la série pourra être divergente, & par conséquent fausse, ainsi que l'équation qui en résulte.

3. Un second désavantage de cette équation qui donne la nature du sphéroïde supposé en équilibre, est d'avoir une infinité de termes, qui la rendent très-difficile à intégrer. Mais voilà jusqu'où l'analyse a pu aller jusqu'ici dans cette solution.

4. Soit fait $p = 2u$, on aura $1 -$ cos. $p = 1 -$ cos. $2u = 2$ sin. $u^2$, & cosin. $p = 1 - 2$ sin. $u^2$, sin. $p =$ sin. $2u = 2$ sin. $u$ cos. $u$; ainsi la différentielle $\frac{dp\,dq\ \text{sin.}\,p^2\ \text{cos.}\,q}{(1-\text{cos.}\,p)^{\frac{3}{2}}}$, deviendra de la forme $du\,dq$ cos. $q \times \frac{\text{sin.}\,u^2\ \text{cos.}\,u^2}{\text{sin.}\,u^3} = \frac{du\,dq\ \text{cos.}\,q\ \text{cos.}\,u^2}{\text{sin.}\,u}$; & $\varphi A$ ou $\varphi$(cos. $p$ cos. $\delta -$ sin. $p$ sin. $\delta$ cos. $q$) deviendra aussi $\varphi$ (cos. $\delta -$ 2 sin. $u^2$ cos. $\delta - 2$ sin. $u$ cos. $u$ sin. $\delta$ cos. $q$).

5. Quant à l'attraction verticale, elle sera $=$ à la fonction précédente, multipliée par $\frac{dp\,dq\ \text{sin.}\,p}{(1-\text{cos.}\,p)^{\frac{3}{2}}}$, c'est-

à-dire, par $\frac{du\,dq \text{ fin. } u \text{ cof. } u}{\text{fin. } u} = du\,dq \text{ cof. } u$.

6. On peut, si l'on veut, trouver l'équation du sphéroïde, en opérant sur cette fonction comme nous avons opéré tout-à-l'heure sur la fonction en $\delta, p, q$; il faudra seulement observer que les intégrales en $u$ & en $q$ doivent être prises de maniere, qu'elles se terminent lorsque $u = 90$, & $q = 360$, ou lorsque $u = 180$, & $q = 180$.

7. L'équation $1 - \text{cof. } p = 2 \text{ fin. } u^2$, donne $2(1 - \text{cof. } p) = 4 \text{ fin. } u^2$, ou $QR^2 = 4 \text{ fin. } u^2$, d'où $\text{fin. } u = \frac{QR}{2}$; ainsi il est aisé de voir que fin. $u$ est le sinus de l'angle que forme $QR$ avec la tangente en $Q$.

*Sur l'article 174 & suiv.*

1. La différentielle de l'attraction horisontale étant $\frac{dp\,dq \text{ fin. } p^2 \text{ cof. } q}{(1 - \text{cof. } p)^{\frac{1}{2}}} \times \varphi(\text{cof. } p \text{ cof. } \delta - \text{fin. } p \text{ fin. } \delta \text{ cof. } q)$, il est aisé de voir que si $\varphi A = \text{cof. } A^m$, $m$ étant un nombre quelconque positif, entier ou rompu, la difficulté se réduira, lorsque $\delta$ sera très-petit, à intégrer $\frac{x^n dx}{(1-x)^{\frac{1}{2}}}$, $n$ étant un nombre quelconque; donc si $n = \frac{+r}{2}$, $r$ étant un nombre entier impair, la différentielle se réduit à des arcs de cercle.

2. Supposons toujours (Fig. 15) $PQ = \delta$, $QR = p$, & l'angle $OQR = q$, soit $PR = \rho$, & imaginons que le sphéroïde ne soit pas un solide de révolution, en sorte que son rayon soit $r + \alpha\varphi(PR.\zeta)$, $\zeta$ exprimant l'angle entre le méridien $PR$ & un méridien fixe; on verra aisément qu'en nommant l'angle $OPR$, $\sigma$, & $\eta$ l'angle entre le méridien fixe & le méridien $PQO$, on aura $\sigma = \zeta \pm \eta$; d'où $\text{sin.}\,\sigma = \text{sin.}\,\zeta\,\text{cos.}\,\eta \pm \text{cos.}\,\zeta\,\text{sin.}\,\eta$, & $\text{cos.}\,\sigma = \text{cos.}\,\zeta\,\text{cos.}\,\eta \mp \text{sin.}\,\zeta\,\text{sin.}\,\eta$, par la même raison, $\text{sin.}\,\zeta = \text{sin.}\,\sigma\,\text{cos.}\,\eta \mp \text{sin.}\,\eta\,\text{cos.}\,\sigma$, & $\text{cos.}\,\zeta = \text{cos.}\,\sigma\,\text{cos.}\,\eta \pm \text{sin.}\,\sigma\,\text{sin.}\,\eta$. De plus, on remarquera que $\eta$ est constant, ainsi que $\delta$, que $\text{sin.}\,\sigma =$ (comme il est très-aisé de le voir) $\frac{\text{sin.}\,p\ \text{sin.}\,q}{\text{sin.}\,\rho}$; & que $\text{cos.}\,\sigma = \frac{\sqrt{(\text{sin.}\,\rho^2 - \text{sin.}\,p^2\ \text{sin.}\,q^2)}}{\text{sin.}\,\rho}$, ou plus simplement $\frac{RK}{\text{sin.}\,\rho}$ ($RK$ étant la projection de $\text{sin.}\,\rho$) $= \frac{RN + NK}{\text{sin.}\,\rho}$, ou $\frac{RM\ \text{cos.}\,\delta + MV}{\text{sin.}\,\rho} = \frac{\text{sin.}\,p\ \text{cos.}\,q\ \text{cos.}\,\delta + \text{cos.}\,p\ \text{sin.}\,\delta}{\text{sin.}\,\rho}$; d'où l'on voit que si la quantité $\varphi A$ est telle, que la quantité radicale $\text{sin.}\,\rho$ disparoisse du dénominateur, & que $\text{sin.}\,\rho$, ou $\sqrt{(1 - \text{cos.}\,\rho^2)}$, se trouve élevé à une puissance paire, on pourra trouver aisément l'attraction verticale & horisontale d'un tel sphéroïde.

3. Il est encore bon d'observer que, si on exprime l'excès très-petit du rayon $CR$ sur l'axe $CP$, par une fonction de $PR(\rho)$ & de $\zeta$, il faut que cette fonction

soit telle, qu'en supposant l'angle $\beta$ augmenté de 180°, elle demeure la même; autrement on auroit deux sphéroïdes différens représentés par la même équation.

### *Sur l'article 194.*

1. Si l'on veut faire exactement & rigoureusement le calcul des lignes dont il est fait mention dans cet article, on considérera (Fig. 15) qu'en faisant $CP = 1$, $CR = 1 + \varphi\zeta$, l'angle $OPR$, $\nu$, & l'angle $PCQ$, $\delta$, on auroit $CQ = 1 + \alpha\varphi\delta$, $CK = (1 + \alpha\varphi\zeta)\cos.\zeta$, $RK = (1 + \alpha\varphi\zeta)\sin.\zeta\cos.\nu$; $NK = (1 + \alpha\varphi\zeta)\cos.\zeta \frac{\sin.\delta}{\cos.\delta}$; $RN = RK - NK = \left(\frac{1 + \alpha\varphi\zeta}{\cos.\delta}\right) \times (\sin.\zeta\cos.\nu\cos.\delta - \cos.\zeta\sin.\delta)$; $RM = RN\cos.\delta = (1 + \alpha\varphi\zeta) \times (\sin.\zeta\cos.\nu\cos.\delta - \cos.\zeta\sin.\delta)$; $QM = 1 + \alpha\varphi\delta - CM$; & $CM$ ou $CN + MN = \frac{CK}{\cos.\delta} + \frac{RM.\sin.\delta}{\cos.\delta} = (1 + \alpha\varphi\zeta)(\cos.\zeta\cos.\delta + \sin.\zeta\cos.\nu\sin.\delta)$; d'où l'on tirera aisément la valeur de $QR$.

2. Si dans cet article 194, on fait $1 - \cos.\zeta\cos.\delta - \sin.\zeta\sin.\delta\cos.\nu = x$, on aura $\cos.\nu = \frac{1 - x - \cos.\zeta\cos.\delta}{\sin.\zeta\sin.\delta}$; & en regardant $\sin.\zeta$ & $\sin.\delta$ comme constans, & substituant pour $\nu$ sa valeur en $x$, on trouvera, par une méthode analogue à celle de l'art. 113, que l'intégration de la quantité qui multiplie $\varphi\zeta$ dans l'expression des deux attractions, dépend, pour l'attraction

l'attraction horisontale, de la rectification d'une ellipse, & pour l'attraction verticale, de $\frac{dx}{\sqrt{x} \cdot \sqrt{(A + Bx + Cxx)}}$; c'est-à-dire, de la rectification d'une ellipse & d'une hyperbole.

3. Si on avoit sin. $\delta = 0$ & cos. $\delta = 1$, l'intégration se réduiroit, comme il est aisé de le voir, aux arcs de cercle ou aux logarithmes; donc si on suppose sin. $\delta$ très-petit, il est aisé de voir que l'intégration dépendra encore en ce cas des arcs de cercle ou des logarithmes.

4. Puisque $\frac{RM}{QR^3}$ est égale à la différence (doublée) de $\frac{1}{(1 - \text{cos.}\, z\, \text{cos.}\, \delta - \text{sin.}\, z\, \text{sin.}\, \delta\, \text{cos.}\, n)^{\frac{1}{2}}}$, divisée par $d\delta$, qu'on réduise en série cette quantité dans l'hypothèse que $\delta$ soit très-petit, après l'avoir mise sous la forme $[1 - \text{cos.}\, z + \text{cos.}\, z(1 - \text{cos.}\, \delta) - \text{sin.}\, z\, \text{sin.}\, \delta\, \text{cos.}\, n)^{-\frac{1}{2}}$, & qu'ensuite on la différentie par rapport à $\delta$, on aura une suite de termes de la forme cos. $z^p (1 - \text{cos.}\, \delta)^p \times$ sin. $z^r$ sin. $\delta^r$ cos. $n^r \times \frac{1}{(1 - \text{cos.}\, z)^{\frac{m}{2}}}$, dans lesquels il faudra négliger ceux où cos. $n$ se trouvera à une puissance impaire, & ces termes multipliés par $\alpha dz \varphi z dn$ sin. $z$ donneront l'élément de l'attraction horisontale. De plus il est clair que, si $\varphi z$ étoit constant, la quantité dont il s'agit, exprimeroit l'attraction horisontale d'une sphere, laquelle est $= 0$.

5. A l'occaſion des calculs de cet article 194 ſur l'attraction du ſphéroïde, je ferai une remarque qui pourra être de quelqu'utilité.

6. Dans le troiſiéme Volume de mes *Recherches ſur le Syſtême du Monde*, pag. 197 & ſuiv. j'ai fait voir que l'attraction d'une ſurface ſphérique eſt très-différente ſur un point placé à la ſurface même, ou à une diſtance infiniment petite en-dedans, ou en-dehors de cette ſurface, ce que j'ai depuis développé & expliqué dans le Tome I de mes *Opuſcules*, pag. 258 & ſuiv.

7. Il n'en eſt pas de même de l'attraction d'une ſphere ou d'une portion de ſphere, renfermée entre deux ſurfaces concentriques, ſur un point placé ſur cette ſurface, ou à une diſtance très-petite; car dans tous les cas, l'attraction eſt égale à la maſſe diviſée par le quarré de la diſtance du point au centre de la ſphere.

8. Or il doit en être de même de l'attraction d'un ſphéroïde ſur un point placé, ſoit à la ſurface, ſoit à une diſtance très-petite en-dedans ou en-dehors; & en effet, ſi dans les formules du troiſiéme Volume de nos *Recherches ſur le Syſtême du Monde*, on prend celles qui donnent l'attraction du ſphéroïde à la ſurface, ou infiniment près de la ſurface, on trouvera qu'elles ſont les mêmes. Par exemple, pag. 175, Corol. II, les deux premieres formules donneront en retranchant la ſeconde de la premiere, & réduiſant à l'homogénéité, $\frac{1}{3} - 1 = -\frac{2}{3}$; de même, pag. 195, la premiere formule du Corol. V, moins la ſeconde du

Corol. II, pag. 193, lesquelles formules répondent aux deux précédentes, en faisant $n = o$, donnent, en réduisant à l'homogénéité $\frac{4}{3} - 2 = -\frac{2}{3}$; & la premiere formule du Corol. VI, pag. 196, moins la troisiéme du Corol. IV, pag. 194, donne de même $-\frac{2}{3}$, on trouvera pareillement qu'en retranchant toujours la formule qui répond à $\frac{(x \pm n)dx}{(nn \pm 2nx + 2rx)^{\frac{3}{2}}}$, ($n$ étant successivement positif, zero, & négatif), des formules qui se correspondent l'une à l'autre dans les trois différentes suppositions sur la valeur de $n$, les résultats seront les mêmes.

9. Enfin, on trouveroit aussi les mêmes résultats en prenant les formules des pag. 209 & suiv., qui sont les mêmes que celles des pag. 192 & suiv.

10. Lorsque $\delta > r$, $\delta = r$, & $\delta < r$, $\delta$ étant dans les deux cas extrêmes infiniment peu différent de $r$, on trouve que la quantité $\varphi(PQ) \times \frac{-d\,\text{cos}.\,QR(\delta \pm \text{cos}.\,QR)}{(rr + \delta\delta \pm 2\delta\,\text{cos}.\,QR)^{\frac{3}{2}}}$ est $= 4\pi \times \varphi(PQ)$ dans le premier cas, $= 2\pi \times \varphi(PQ)$ dans le second, & $= o$ dans le troisiéme. Cependant il sembleroit que dans le second, comme dans le troisiéme cas, elle devroit être $= o$, par la théorie de l'attraction de la sphere.

11. Mais il faut remarquer qu'en retranchant cette quantité de la différentielle correspondante dans laquelle on a mis $\varphi(PR)$ au lieu de $\varphi(PQ)$, on a

pour facteur, au lieu de $\varphi(PQ)$, $\varphi(PR)-\varphi(PQ)$, qui devient évidemment zero en $R$, en sorte que $\varphi(PR)$ doit être regardée, comme formée de deux quantités $p+\varphi(PQ)$ telles, que la premiere est $=0$ en $R$, & que l'attraction produite par la seconde $\varphi(PQ)$, de quelque maniere qu'on représente cette attraction, est entiérement détruite par une attraction contraire & semblable ; ainsi le calcul du second cas est exact, & doit l'être, comme on peut le conclure aisément des remarques précédentes.

12. En effet, il arrive alors la même chose que, si au lieu de prendre, par exemple, l'intégrale de $\frac{xdx(r-x)}{(2rx)^{\frac{1}{2}}}$, dans la pag. 177 du troisiéme Volume de nos *Recherches sur le Systême du Monde*, & d'en retrancher l'intégrale de $\frac{xdx.r}{(2rx)^{\frac{1}{2}}}$, on retranchoit la seconde différentielle de la premiere, & qu'on prît l'intégrale de la différence $-\frac{xxdx}{(2rx)^{\frac{1}{2}}}$, laquelle seroit $=-\frac{2}{5}$, comme on le trouveroit par l'autre procédé; & ainsi du reste.

13. Cette remarque levera entiérement la crainte qu'on pourroit avoir, que les intégrales ne fussent quelquefois fautives, en s'y prenant par la méthode que nous avons donnée dans ce troisiéme Volume de nos *Recherches sur le Systême du Monde* ; & cette obser-

vation a lieu, si je ne me trompe, pour toutes les autres méthodes, qu'on pourroit employer à la détermination de l'attraction, qu'un sphéroïde infiniment peu différent d'une sphere, exerce sur un de ses points quelconques.

*Sur l'article 195.*

1. Depuis que j'ai écrit ce qui est contenu dans cet article, j'ai vu que M. de la Place (dans les Mém. de l'Acad. de 1774) avoit aussi appliqué ses théorêmes sur la loi de la pesanteur, au cas du sphéroïde qui n'est pas de révolution. On voit que ces théorêmes se déduisent de notre méthode avec une grande facilité.

2. Ce même Académicien, à qui j'avois communiqué ma démonstration très-simple de son théorême, en a aussi trouvé depuis une autre plus simple que la premiere, & qu'il a lue à l'Académie au mois de Juillet 1778 (*a*). Il m'a appris en même-temps que M. de la Grange avoit aussi trouvé de son côté une démonstration de ce théorême général.

3. Si on suppose l'attraction proportionnelle à une puissance *n* de la distance, on trouvera aussi très-aisément, par le plus simple calcul, les théorêmes que M. de la Place a démontrés dans cette même addition à ses recherches, lue à l'Académie en 1778. En effet, il est clair, 1°. que l'attraction verticale a dans ce cas à l'ex-

(*a*) Elle a été imprimée dans le Volume de 1774, pag. 261 & suiv.

posant du dénominateur $-\frac{n}{2}$ au lieu de 1, & qu'ainsi il faut ajouter à l'exposant du dénominateur trouvé pour le cas de $n=-2$, $-\frac{n}{2}-1$, ce qui rend cet exposant $=-\frac{n}{2}-1+\frac{1}{2}=\frac{-n-1}{2}$, ou en numérateur, $+\frac{n+1}{2}$. 2°. Que l'exposant de l'attraction horisontale sera, par la même raison, $-\frac{n}{2}-1+\frac{3}{2}=\frac{-n+1}{2}$, ou en numérateur $+\frac{n-1}{2}$; d'où résultent les théorêmes dont il s'agit.

4. On voit aussi que par les formules du Tom. V de nos *Opuscules*, page 26 & suiv., la recherche de la figure de la terre se réduira dans ce cas, à l'intégration de $\frac{du \text{ fin. } u^3 \text{ cof. } u^m}{(1-\text{cof. } u)^{\frac{-n+1}{2}}}$, ou $du$ fin. $u^3$ cof. $u^m \times (1-\text{cof. } u)^{\frac{n-1}{2}}$, facilement intégrable par les méthodes connues, au moins tant que $n$ est un nombre entier.

## *Sur l'article 196.*

1. Toutes les fois qu'en faisant $A$ infiniment petit, la valeur de $r$ renferme fin. $A^{\frac{m}{n}}$, $\frac{m}{n}$ étant une fraction, l'équilibre est impossible, quand même la figure n'auroit point d'équation réguliere. C'est encore une

suite de cet art. 196, & de la méthode de l'art. 193 pour trouver l'attraction du sphéroïde.

2. Ajoutons en même-temps que, quand on auroit démontré l'impossibilité de l'équilibre en regardant $\varphi A$ comme une fonction continue, elle ne seroit pas absolument démontrée pour cela dans le cas, très-possible, où $\varphi A$ seroit une fonction discontinue, ou plutôt une fonction non exprimable algébriquement, ni même sous une forme transcendante, quoique la courbe génératrice parût avoir aux yeux une courbure réguliere & continue. Nous avouerons néanmoins que la possibilité de l'équilibre dans ce cas est bien peu vraisemblable.

3. Si au lieu de faire commencer les arcs $PR$ en $P$, on les faisoit commencer en un point quelconque $Q$ du méridien, en sorte que $PQ$ fût $= \delta$, & que le rayon $r$ fût $= 1 + \alpha\varphi(\delta + z)$, alors supposant $z$ infiniment petit, on trouveroit par une méthode semblable aux précédentes, qu'en prenant $z$ infiniment petit, la valeur de $r$ devroit être exprimée par $1 + a$ sin. $z +$ $b$ sin. $z^2 + c$ sin. $z^3$, &c., ou, ce qui revient au même, à cause de $z$ infiniment petit, $1 + a'z + b'z^2 + c'z^3$, &c.; d'où l'on conclura que ni $ddr$ ni $d^n r$ ne sauroit jamais être infini. On a donc une nouvelle propriété, ou condition de $\varphi A$, savoir, qu'en supposant $A$ tel qu'on voudra ( & non plus infiniment petit) $d^n\varphi A$ ne sauroit être infini.

## Sur l'article 201.

S'il y a au centre du ſphéroïde fluide un noyau ſolide ſphérique, il ne ſera pas difficile de voir ce que ce noyau doit changer aux théorêmes dont il s'agit; car il eſt clair que ce noyau augmente l'attraction verticale de la quantité $\frac{4\pi\rho^3}{3(1+\alpha\varphi\delta)^2} \times (\Delta - 1)$, $\Delta$ étant ſuppoſé la denſité du noyau, & 1 celle du fluide; & que l'attraction verticale ne ſouffre aucune altération.

## Sur l'article 202.

1. En ſuppoſant toujours le ſphéroïde peu différent d'une ſphere, on peut employer différentes méthodes pour déterminer l'attraction du ſphéroïde en un point quelconque.

On peut d'abord, en faiſant partir les rayons du centre du ſphéroïde, exprimer ces rayons par $1 + \alpha\varphi A$, comme nous l'avons fait.

2. Dans la même hypothèſe, au lieu de prendre $A$ pour l'angle $QCP$, on peut prendre $A$ pour l'angle $QPC$, qui a ſon ſommet au ſommet $P$ du ſphéroïde, ou plutôt le complément à deux droits de cet angle, formé par la corde $PQ$ & la tangente en $P$, complément qui eſt $= 0$ en $P$, ainſi que l'angle $QCP$.

3. On peut auſſi faire partir les rayons du ſommet du

du sphéroïde dont on cherche l'attraction, & exprimer ces rayons par $\rho + \alpha\varphi A$, $\rho$ étant le rayon correspondant dans la sphere dont le rayon seroit 1, & $A$ exprimant l'angle $QCP$, ou l'angle $QPC$.

4. Outre ces différentes manieres d'exprimer la nature du sphéroïde ou de sa courbe génératrice, on peut encore s'y prendre de différentes manieres pour en trouver l'attraction.

5. On peut chercher cette attraction en intégrant les quantités $\frac{\alpha\varphi A}{\rho'^3}$, $\rho'$ étant la distance d'un point quelconque de la courbe au point attiré, après avoir décomposé cette quantité dans le sens vertical & le sens horisontal. C'est la méthode que nous avons suivie dans nos *Recherches sur le Systême du Monde*, Tom. II & III, dans le Tome V de nos *Opusc.* pag. 25 & suiv., & dans le Mémoire précédent.

6. On peut aussi employer la méthode de M. de la Grange, dans les Mém. de Berlin, de 1773, en cherchant l'attraction des petites pyramides formées par les rayons qui ont leur sommet au point dont on cherche l'attraction. Ces méthodes ont l'une & l'autre leurs avantages.

7. Ce n'est pas tout encore. Pour exprimer le rayon $\rho'$, ou $QR$, & pour décomposer l'attraction, on peut employer différentes méthodes.

8. Soit $QR'$ (Fig. 17) la projection du rayon $\rho'$ sur le plan $PQC$, qui passe par l'axe $PC$, & par le point $Q$ dont on cherche l'attraction, & soit $QR' = \rho''$,

l'angle $PCQ = \delta$, l'angle que fait le rayon $\rho'$ avec $\rho''$, $\zeta$, & l'angle $R'QC$, $\gamma$, on aura une valeur de $\rho'$ en $\zeta$, $\gamma$, $\delta$, comme on en a une par les angles $q$, $p$, $\delta$ dans l'art. 173, & par les angles $\chi$, $\eta$, $\delta$ dans l'art. 194.

9. On pourra de même avoir encore une autre valeur de $\rho'$ par l'angle $\zeta$, & par tout autre angle $R'QK$ de la projection $Q'R$ avec une ligne fixe $QK$ de position quelconque.

10. Si cette ligne fixe $QK$ est parallèle à l'axe, on décomposera pour lors l'attraction directe du point $Q$ en deux autres, l'une parallèle, l'autre perpendiculaire à l'axe, & il faudra pour l'équilibre que les sommes ou intégrales de ces attractions soient entr'elles comme $QZ$ à $QH$, $QZ$ étant perpendiculaire à la courbe en $Q$.

11. Si la ligne fixe $QK$ tombe sur la perpendiculaire $QZ$ à la courbe, alors il faudra simplement (sans avoir égard à l'attraction verticale) que l'attraction horisontale soit nulle. Ce qui donnera une équation d'autant plus simple, que $\frac{4\pi}{3}$ n'y paroîtra pas, & que le second membre sera $= 0$.

12. Si on employoit cette derniere méthode, il seroit peut-être bon, pour plus de simplicité, d'exprimer la nature de la courbe génératrice par les valeurs de $CZ$ en $A$.

13. On peut faire des remarques analogues aux pré-

cédentes, pour le cas où le ſphéroïde attirant n'eſt pas un ſolide de révolution. Nous abandonnons aux Géometres le détail de tous ces calculs, dont nous croyons qu'on pourra tirer parti pour perfectionner la théorie de l'attraction des ſphéroïdes.

14. M. Clairaut, dans ſon Livre de *la Figure de la Terre*, a déterminé l'attraction horiſontale à l'extrêmité d'un diametre quelconque, par le moyen des coupes elliptiques perpendiculaires à ce diametre; on pourroit employer ici la même méthode, mais elle ſeroit moins ſimple que celle que nous avons ſuivie.

### *Sur l'article 209.*

1. Le même M. Clairaut, dans ſon Livre de *la Figure de la Terre*, trouve que l'équation entre $f$ & $\alpha$ dans l'hypothèſe elliptique, eſt $f = \frac{4}{5}\alpha - \frac{2}{175}\alpha^2 + \frac{8}{875}\alpha^3$, &c. Cette équation n'eſt exacte que lorſque $\alpha$ eſt aſſez petit; dans les autres cas elle eſt peu exacte; mais on peut obſerver, 1°. que lorſque $\alpha = 0$, on a $f = 0$; d'où il s'enſuit que le ſphéroïde étant ſuppoſé elliptique & peu différent d'une ſphere, devient une ſphere exacte quand le fluide ne tourne pas. Nous avons de plus fait voir dans notre ſixiéme Volume d'*Opuſcules*, que dans ce cas de $f = 0$, il y a un autre ſphéroïde, mais infiniment applati, & par conſéquent illuſoire, qui ſatisfait à l'équilibre. Ne pourroit-on pas conclure delà que, s'il y a quelqu'autre hypothèſe que

celle de la figure elliptique, qui donne l'équilibre en ayant égard à la force centrifuge, cette figure deviendra toujours sphérique lorsque $f$ sera $=0$. En effet, la valeur de $f$ en $\alpha$, exprimée par une suite quelconque, doit contenir $\alpha$ à tous ses termes; en sorte que $f = \alpha\varphi'\alpha$; d'où l'on voit que $f$ étant $=0$, donne d'abord $\alpha = 0$, d'où résulte la figure sphérique, & ensuite $\varphi\alpha = 0$, qui dans le cas de l'ellipticité donne une valeur infinie & illusoire, & semble devoir aussi donner un pareil résultat dans le cas de la non-ellipticité.

2. Nous avons donné, Tom. VI de nos *Opusc.* l'équation exacte du sphéroïde dans l'hypothèse elliptique, savoir, $2\omega = \frac{2k^2 + g(ATk) - gk}{k^3}$. Pour exprimer cette équation par une série, la plus convergente qu'il sera possible, on mettra, au lieu de $ATk$, c'est-à-dire, de l'angle dont la tangente est $k$, $\int \frac{dx}{\sqrt{(2x - xx)}}$, $x$ étant le sinus verse du même angle, & 1 le sinus total, ce qui donnera $k = \frac{\sqrt{(2x - xx)}}{1 - x}$; la quantité $\int \frac{dx}{\sqrt{(2x - xx)}}$, ou $\int \frac{dx}{\sqrt{x}.\sqrt{(2 - x)}}$ peut se réduire en une série très-convergente, parce que $x$ n'est jamais $> 1$, & cette quantité sera exprimée par une suite de cette forme, $A\sqrt{x} + Bx^{\frac{3}{2}} + Cx^{\frac{5}{2}}$, &c., ensuite on mettra pour $\frac{3k^2 + g}{k^3}$ sa valeur $\frac{3(1 - x)^3}{(2x - xx)^{\frac{3}{2}}} \times \frac{2x - xx + 3(1 - 2x + xx)}{(1 - x)^2}$;

& au lieu de $= \frac{gk}{k^3}$, ou $- \frac{g}{k^2}$ ſa valeur $\frac{-g(1-x)^2}{2x-xx}$, ce qui donnera l'équation

$$\left[\frac{3(1-x)[1+2(1-x)^2]}{(2x-xx)^{\frac{3}{2}}} \times (A\sqrt{x} + Bx^{\frac{3}{2}} + Cx^{\frac{5}{2}} \text{ \&c.})\right]$$

$$-\frac{g(1-x)^2}{2x-xx} = 2\omega;$$ équation dont le radical $\sqrt{x}$ diſparoîtra, comme il eſt aiſé de le voir à cauſe de $(2x-xx)^{\frac{3}{2}} = x^{\frac{3}{2}}(2-x)^{\frac{3}{2}}$; & dont on pourra encore faire diſparoître le radical $\sqrt{(2-x)}$, en faiſant $\sqrt{(2x-xx)} = \sqrt{x}z^2$, ce qui donne $2-x = zz$, & $x = 2-zz$; & on peut remarquer que $z$ eſt la corde qui répond au ſinus verſe $x$.

### *Sur l'article 210.*

1. Lorſque le ſphéroïde eſt elliptique, la valeur du rayon $r$ eſt donnée par la proportion $r^2$ ſin. $A^2 : 1 - r^2$ coſ. $A^2 :: (1+\alpha)^2 : 1$, d'où $r^2$ ſin. $A^2 = (1+\alpha)^2 = (r^2$ coſ. $A^2)(1+\alpha)^2$, & $rr = \frac{(1+\alpha)^2}{1+(2\alpha+\alpha\alpha)\,\text{coſ.}\,A^2}$; ou enfin $r = \frac{1+\alpha}{\sqrt{[(1+\alpha)^2 - \text{ſin.}\,A^2(2\alpha+\alpha\alpha)]}} = \frac{1}{\sqrt{\left(1-\frac{\text{ſin.}\,A^2(2\alpha+\alpha\alpha)}{(1+\alpha)^2}\right)}}$; d'où l'on voit que la valeur de $r$ eſt $= 1+\alpha \times \varphi$ ſin. $A$; cette fonction de ſin. $A$, renfermant elle-même la quantité $\alpha$.

2. Or dans la théorie que nous avons donnée, nous avons ſuppoſé que $\varphi A$ ne contenoit point $\alpha$. Il ſeroit bon de voir auſſi ce qui réſulteroit du cas où $\varphi A$ contiendroit $\alpha$, c'eſt-à-dire, où $r$ ſeroit $= 1 + \varphi(A, \alpha)$, $\alpha$ étant une quantité très-petite, & $\varphi(A, \alpha)$ étant telle, qu'elle ſoit $= 0$ quand $A = 0$. Ce ſeroit l'objet d'une nouvelle recherche dans laquelle nous ne nous engagerons point ici.

3. Nous nous bornerons à remarquer, 1°. que l'équation approchée de l'ellipſe eſt $r = 1 + \alpha$ ſin. $A^2$. 2°. Que par conſéquent ſi on fait $\varphi A =$ ſin. $A^2$, & qu'on ait de plus égard à la force centrifuge, le ſphéroïde dont l'équation ſeroit $r = 1 + \alpha$ ſin. $A^2$, $\alpha$ étant ſuppoſé très-petit, ſeroit à très-peu-près en équilibre, c'eſt-à-dire, qu'il ne s'en faudroit que d'une quantité de l'ordre de $\alpha^2$, cenſée infiniment petite du ſecond ordre, que l'équilibre n'eût lieu dans un tel ſphéroïde. 3°. Que l'équilibre ſeroit exact & parfait, ſi on ajoutoit à la quantité $\alpha$ ſin. $A^2$ dans la valeur de $r$, ce qu'il faut pour que $r$ appartînt exactement à une ellipſe dont la différence des axes fût $= \alpha$. 4°. Que cette quantité qu'il faudroit ajouter à $\alpha$ ſin. $A^2$ pour avoir la valeur exacte de $r$, ſeroit celle qui réſulteroit du développement du radical

$$\frac{1}{\sqrt{\left(1 - \frac{\text{ſin. } A^2 (2\alpha + \alpha^2)}{(1+\alpha)^2}\right)}}$$, c'eſt-à-dire, une ſérie infinie, dont les deux premiers termes ſeroient évidem-

ment $1+\alpha$ ſin. $A^2$, & de laquelle il faudroit ôter ces deux premiers termes, déja employés dans la valeur de $r$.

4. Delà on voit que s'il y a quelque fonction de $A$ différente de ſin. $A^2$, qui donne l'équilibre du ſphéroïde, ſoit en ayant égard à la force centrifuge, ſoit en la ſuppoſant nulle, cette fonction de $A$ ne donne point, ainſi que ſin. $A^2$, l'équilibre rigoureux, mais ſeulement à une quantité près de l'ordre de $\alpha^2$.

5. De plus, lorſque $\varphi A =$ ſin. $A^2$, on ſait d'ailleurs que l'équilibre rigoureux eſt poſſible, en ajoutant à $r = 1 + \alpha$ ſin. $A^2$, ce qui eſt néceſſaire pour faire appartenir le rayon $r$ à un ſphéroïde rigoureuſement elliptique, & peu différent d'une ſphere; cette quantité ajoutée contiendroit $\alpha$ & $A$, & la moindre puiſſance de $\alpha$ y ſeroit $\alpha^2$, & ne ſeroit nulle que lorſque $\alpha$ ſeroit $= 0$, auquel cas $\alpha$ ſin. $A^2$ ſeroit auſſi $= 0$, & $r = 1$, ce qui donneroit une ſphere.

6. Mais on peut demander en premier lieu ſi dans ce cas de $r = 1 + \alpha$ ſin. $A^2$, il ne ſeroit pas poſſible d'ajouter à la valeur de $r$, pour établir l'équilibre, non-ſeulement la valeur convenable au ſphéroïde rigoureuſement elliptique, mais d'autres fonctions de $\alpha$ & de $A$, dans leſquelles la moindre puiſſance de $\alpha$ ſeroit plus grande que l'unité, ou même $= \alpha^2$, & qui donneroient également l'équilibre? En ce cas, tous ces ſphéroïdes, (à l'exception du ſphéroïde rigoureuſement elliptique)

différeroient en rigueur du ſphéroïde elliptique d'une quantité de l'ordre de $\alpha^m$, $m$ étant $> 1$, ou même $= 2$; & on pourroit en conclure, avec aſſez de vraiſemblance, que, ſi la force centrifuge $f$ n'étoit pas très-petite, il y auroit pluſieurs ſphéroïdes, différant ſenſiblement les unes des autres, & dont un ſeul ſeroit elliptique, qui donneroient l'équilibre.

7. On peut demander en ſecond lieu ſi dans le cas où $r = 1 + \alpha\varphi A$, ($\varphi A$ étant une certaine fonction de $A$) donneroit l'équilibre à une quantité près de l'ordre de $\alpha^2$, on pourroit trouver, comme dans le cas de $r = 1 + \alpha$ ſin. $A^2$, une quantité qui étant ajoutée à la valeur $1 + \alpha\varphi A$ du rayon $r$, donneroit l'équilibre exact & rigoureux? Si cette quantité exiſtoit, il eſt évident qu'elle contiendroit $\alpha$ & $\varphi A$, & que la plus petite puiſſance de $\alpha y$ ſeroit $\alpha^m$, $m$ étant $> 1$. De plus, il ſe pourroit encore (comme nous venons de le remarquer pour le cas de $r = 1 + \alpha$ ſin. $A^2$) que cette quantité, ajoutée à la valeur de $r$ pour l'équilibre exact, ne fût pas unique, & qu'on pût faire différens changemens à la valeur de $r$, tous d'un ordre $\alpha^m$ plus petit que $\alpha$, qui donneroient l'équilibre rigoureux.

8. Toutes ces queſtions ſont à-peu-près de la même nature, que celle que nous avons agitée dans le Tom. VI de nos *Opuſc.* pag. 223, ſavoir, ſi dans le cas où le ſphéroïde a un noyau tel, qu'il eſt, à très-peu-près, en équilibre en donnant à $\alpha$ telle valeur qu'on veut, l'équilibre exact & rigoureux eſt poſſible, en faiſant

à

à la figure du ſphéroïde un changement d'un ordre moindre que $\alpha$.

9. En général il paroît aſſez vraiſemblable & aſſez naturel de ſuppoſer que lorſqu'un ſphéroïde, dont la différence des axes eſt $\alpha$ ou de l'ordre de $\alpha$, dans quelqu'hypothèſe que ce ſoit, a une figure où l'équilibre a lieu à une quantité près de l'ordre de $\alpha^m$, $m$ étant $> 1$, un changement de l'ordre de $\alpha^m$, fait à ce ſphéroïde, donneroit l'équilibre rigoureux. Mais la choſe n'eſt rigoureuſement certaine que dans le ſeul cas où $r = 1 + \alpha \sin. A^2$, & où le ſphéroïde eſt entierement homogène, & tourne ſur ſon axe; les théories connues nous apprennent que ce ſphéroïde, ſuppoſé rigoureuſement elliptique, ſera en équilibre. Dans les autres cas, on ne pourroit réſoudre exactement les queſtions que nous propoſons ici, que par un calcul très-compliqué, très-ſubtil, & qui peut-être paſſe les forces de l'analyſe connue.

# LIV. MÉMOIRE,

## *Contenant différentes Recherches d'Optique.*

### §. I.

### *Sur les loix de la réfraction.*

1. M. Newton a prétendu dans son *Optique*, (Liv. I, Part. II, Prop. III, Exp. VIII) que si un rayon qui a traversé différens milieux $B$, $C$, contigus à un même milieu $A$, (le rapport des sinus, pour les rayons des couleurs extrêmes dans le passage de $A$ à $B$, $C$ étant supposé $\frac{1}{m}$ & $\frac{1}{m'}$, $\frac{1}{M}$ & $\frac{1}{M'}$), si ce rayon, dis-je, sort parallèle à sa premiere situation, la lumiere sera blanche, & il a conclu delà, 1°. que $\frac{\frac{1}{m}-1}{\frac{1}{m'}-1} = \frac{\frac{1}{M}-1}{\frac{1}{M'}-1}$. 2°. Que le rapport des sinus dans le passage de $B$ à $C$ sera $\frac{m}{M}$ & $\frac{m'}{M'}$. M. Klingenstjerna a dé-

montré que la premiere de ces deux loix ne pouvoit subsister avec la prétendue blancheur des rayons, résultante du parallélisme. Voyez le sixiéme Volume de nos *Opusc.* XLIXe Mém. art 1, 2, 3, 4 & 5.

2. Comme il est très-essentiel de démontrer que $\frac{\frac{1}{m}-1}{\frac{1}{m'}-1}$, n'est pas constant, puisque si cette équation avoit lieu, les couleurs ne pourroient jamais être détruites dans les lunettes, j'ai observé, ce me semble, avec raison, que M. Klingenstierna n'a pas démontré en général la fausseté de cette équation, mais seulement que cette équation ne pouvoit subsister avec la prétendue blancheur résultante du parallélisme des rayons émergens aux incidens.

3. Des amis de feu M. Klingenstierna m'ont objecté que cet habile Mathématicien ne regardoit pas l'expérience de M. Newton sur cette prétendue blancheur, comme vraie, & qu'au contraire il la croyoit fausse. En ce cas, sa démonstration de l'incompatibilité des deux assertions, ne prouve point ce qu'il étoit le plus essentiel de démontrer, savoir, que $\frac{\frac{1}{m}-1}{\frac{1}{m'}-1}$ n'est pas constant, puisque sa démonstration est appuyée sur une supposition fausse, & reconnue, dit-on, pour telle par lui-même. Il se peut que M. Klingenstierna se soit

ſeulement propoſé de démontrer l'*incompatibilité* de la *prétendue* loi de Newton avec ſon expérience auſſi *prétendue*; cela ſuffit pour jetter un doute très-bien fondé, ou ſur la loi, ou ſur l'expérience, ou même ſur l'une & ſur l'autre, mais non pas pour démontrer rigoureuſement la fauſſeté de la loi. Il faut avoir recours pour cela à des moyens directs, & indépendans de toute hypothèſe.

4. On dira peut-être, comme je l'ai déja remarqué, (Tom. VI, *Opuſc.* pag. 269, art. 20) qu'il y a des cas où l'expérience de Newton peut être vraie, c'eſt-à-dire, où les rayons ſortent blancs & parallèles aux incidens, & qu'ainſi il réſulte de la démonſtration de M. Klingenſtierna, que $\frac{\frac{1}{m}-1}{\frac{1}{m'}-1}$ n'eſt pas conſtant. Mais il réſulte de cette même démonſtration que, ſi $\frac{\frac{1}{m}-1}{\frac{1}{m'}-1}$ étoit conſtant, il n'y auroit aucun cas où l'expérience de Newton pût être vraie, & comme on ne ſauroit prouver *à priori*, ſans avoir recours à l'obſervation, que $\frac{\frac{1}{m}-1}{\frac{1}{m'}-1}$ n'eſt pas conſtant, il s'enſuit qu'il auroit fallu s'aſſurer auparavant par l'expérience qu'il y a des cas

où l'expérience de Newton est vraie, ce que M. Klingenstierna ne paroît pas avoir fait.

5. Il y a plus ; nous avons prouvé (Tom. VI, *Opusc.* pag. 269, art. 20 & 21, & pag. 287, art. 11) que le parallélisme de tous les rayons émergens à tous les incidens, c'est-à-dire, le parallélisme de tous les rayons émergens entr'eux, (& par conséquent la blancheur du rayon émergent) est impossible, non-seulement si $\frac{d\mu}{1-\mu} = \frac{dm}{1-m}$, mais encore si $\frac{d\mu}{1-\mu}$ est $< \frac{dm}{1-m}$. Ainsi pour que l'expérience de Newton soit possible, même en un seul cas, il faut que $\frac{d\mu}{1-\mu}$ soit $> \frac{dm}{1-m}$, proposition qu'on ne peut supposer vraie sans le secours de l'expérience.

6. On voit bien en effet (Mém. Acad. 1756, pages 384 & 385) que d'après les expériences de M. Dollond, le rayon émergent peut être parallèle à l'incident sans que la lumiere soit blanche au sortir du prisme, mais on ne voit pas que personne ait examiné s'il y a un seul cas où le parallélisme & la blancheur aient lieu à-la-fois.

7. Remarquons encore que si la blancheur n'a pas lieu lorsque le rayon émergent est parallèle à l'incident, c'est qu'il n'y a en effet qu'un rayon émergent d'une seule couleur, qui soit parallèle au rayon incident

de la même couleur, & que ce parallélisme n'a pas lieu pour les autres rayons.

8. Observons de plus que la démonstration même de M. Klingenstierna n'a lieu, qu'en supposant la seconde loi de Newton vraie, savoir, que le rapport des sinus en passant du milieu *B* dans le milieu *C* soit $\frac{m}{M}$ & $\frac{m'}{M'}$. C'est ce qui résulte évidemment du Tome VI de nos *Opusc.* pag. 262, art. 4 & 5. Cette supposition, il est vrai, paroît assez bien prouvée par les expériences ; mais elle ne peut être démontrée *à priori*. Car en supposant que le rapport des sinus du milieu *A* dans le milieu *B* soit $\frac{1}{m}$, il n'est pas même rigoureusement démontré que le rapport des sinus du milieu *B* dans le milieu *A* soit $\frac{m}{1}$.

9. En un mot, tout ce que j'ai prétendu, c'est que la preuve donnée par M. Klingenstierna, que $\frac{\frac{1}{m}-1}{\frac{1}{m'}-1}$ n'est pas constant, étoit seulement hypothétique, & non pas absolue & rigoureuse, comme la théorie des lunettes achromatiques exige qu'elle le soit ; & il me semble que mes assertions sur ce sujet, subsistent dans leur entier.

10. Ce qui prouve encore, ce me semble, que la démonstration de M. Klingenstierna contre la prétendue

loi de Newton, n'eſt qu'hypothétique, c'eſt, 1°. qu'à la fin de ſon écrit (Voy. Mém. Acad. 1756, pag. 407), il dit que cette loi *paroît mériter* d'être vérifiée de nouveau par des expériences; ce qui prouve qu'il la regardoit, non comme fauſſe, mais comme douteuſe. 2°. Qu'il démontre qu'en ſuppoſant l'expérience de Newton vraie, la loi de Newton a lieu lorſque les réfractions ſont petites, d'où il conclut avec raiſon que ſi l'expérience eſt vraie, l'aberration de réfrangibilité ne pourroit ſe corriger dans les lunettes, *comme Newton l'a prétendu.* Ainſi, d'après les démonſtrations de M. Klingenſtierna, & d'après ſon aveu même, il reſtoit à prouver abſolument & rigoureuſement, ſoit par la théorie, ce qui ne paroît pas facile, ſoit par l'expérience, que $\frac{\frac{1}{m}-1}{\frac{1}{m'}-1}$ n'eſt pas $=\frac{\frac{1}{M}-1}{\frac{1}{M'}-1}$, vérité néceſſaire pour la conſtruction des lunettes achromatiques, & bien plus eſſentielle pour la perfection de la Dioptrique, que le parallélisme ou non parallélisme des rayons émergens aux incidens, au ſortir d'un priſme placé dans deux différens milieux.

11. Quant à ce que prétendent les défenſeurs de M. Klingenſtierna, qu'il n'a pas ſuppoſé poſſible le parallélisme des rayons émergens aux incidens, c'eſt une queſtion indifférente à celle dont il s'agit ici, c'eſt-à-dire, à la démonſtration rigoureuſe & abſolue de la

fausseté de la loi de Newton. Il paroît par l'écrit inséré dans les Mém. Acad. 1756, que M. Klingenstierna n'y a pas, au moins formellement, révoqué en doute ce parallélisme. Mais cet écrit n'est, à ce qu'on assure, qu'un extrait du Mémoire entier de ce Mathématicien sur le même objet, imprimé en Suédois dans les Mémoires de l'Académie de Stockolm, pour l'année 1754. Je m'en rapporte donc, sur la question dont il s'agit, à ceux qui ont lu ce Mémoire en entier.

12. Nous avons dit ci-dessus (art. 1), que selon M. Newton, si son expérience est vraie, le rapport des sinus dans le passage de $B$ à $C$ sera $\frac{m}{M}$ & $\frac{m'}{M'}$. Or cette derniere loi étant admise par tous les Opticiens, & l'expérience de Newton n'étant pas vraie, comme M. Dollond l'a démontré (Voyez Mém. Acad. 1756, pag. 385), que deviendra la conséquence tirée par Newton, sur le rapport $\frac{m}{M}$ des sinus, & jusqu'ici reçue en Optique, comme une vérité constante? vérité dont nous avons nous-mêmes fait usage pour démontrer rigoureusement le théorême de M. Klingenstierna (*Opuscules*, Tom. VI, pag. 261, art. 4 & 5).

13. La réponse est que l'expérience de Newton est vraie, lorsque les deux faces du prisme sont parallèles, c'est-à-dire, lorsque le prisme est supposé changé en un parallélépipéde; alors les rayons émergens de toutes les couleurs sont parallèles aux incidens, & delà

delà il eſt aiſé de démontrer la ſeconde loi ſur le rapport $\frac{m}{M}$ des ſinus dans le paſſage de *B* à *C*. C'eſt ce qu'on peut voir dans les *Opuſcules* de Newton, Opuſc. XVIII, *Leçons Optiques*, art. XXXIII.

14. Au reſte, cette démonſtration eſt appuyée ſur une hypothèſe que tous les Opticiens ont admiſe juſqu'ici d'après l'expérience, ſavoir, qu'un rayon qui étant réfracté d'un milieu quelconque dans un autre, revient ſur ſes pas, & repaſſe du ſecond milieu dans le premier, reprend dans ce premier milieu (en ſens contraire) la même direction qu'il avoit quand il eſt entré du premier milieu dans le ſecond. Or delà il eſt aiſé de conclure qu'un rayon, qui tombe ſur un verre plan placé dans l'air ou dans tout autre milieu, en ſortira parallèle à lui-même. S'il y avoit de même pluſieurs milieux *A*, *B*, *C*, &c. placés dans l'air, ou dans tout autre milieu *D*, terminés par des ſurfaces planes parallèles, & non contigus entr'eux, le rayon réfracté dans ces différens milieux ſortiroit encore parallèle à lui-même, puiſqu'à la ſortie de chaque milieu *A*, *B*, *C*, &c. il repaſſeroit dans l'air ou dans le milieu *D*. Mais la ſuppoſition que font les Opticiens ſur la réciprocité des rayons incident & réfracté, ſuppoſition ſur laquelle eſt appuyé le parallèliſme dont nous venons de parler, a beſoin d'être prouvée, comme elle l'eſt en effet, par l'expérience, & ne peut être démontrée rigoureuſement par la théorie, quoique cette ſuppoſition paroiſſe d'ail-

leurs assez naturelle. En effet, supposons, par exemple, que le rapport des sinus dépende du rapport de densité des deux milieux, $\Delta$, $\Delta'$, & soit une fonction de ce rapport, c'est-à-dire, $\varphi\left(\frac{\Delta}{\Delta'}\right)$; il est clair que si $h$ est le sinus d'incidence, & $h'$ le sinus de réfraction, on aura $h' = h\varphi\left(\frac{\Delta}{\Delta'}\right)$. Maintenant soit $h'$ le sinus d'incidence du milieu $\Delta'$ dans le milieu $\Delta$, on aura le sinus de réfraction $= h'\varphi\left(\frac{\Delta'}{\Delta}\right)$ qui ne peut être égal à $h$, que dans le cas où $\varphi\left(\frac{\Delta}{\Delta'}\right) \times \varphi\left(\frac{\Delta'}{\Delta}\right) = 1$; c'est-à-dire, dans certaines suppositions sur la valeur de $\varphi\left(\frac{\Delta}{\Delta'}\right)$, par exemple, si $\varphi\left(\frac{\Delta}{\Delta'}\right) = \frac{\Delta^m}{\Delta'^m}$, $m$ étant un nombre quelconque.

15. Lorsque les milieux $A$, $B$, $C$, &c. sont contigus, toujours terminés par des surfaces parallèles, & environnés du milieu $D$, l'expérience alléguée par Newton, prouve encore que dans ce cas le parallélisme a lieu entre le rayon incident & les rayons émergens, comme dans le cas où les milieux $A$, $B$, $C$, &c. ne sont point contigus. Or delà il est aisé de conclure, ce qui est encore assez naturel, qu'un rayon qui passe d'un milieu $A$ dans un milieu $B$, immédiatement contigu, souffre dans ce milieu $B$ la même réfraction, que s'il passoit du milieu $A$ dans le milieu $D$, & ensuite dans le milieu $B$. En effet, soit $h$ le sinus d'in-

cidence, $mh$ le sinus de réfraction dans le milieu $A$, $m' \times mh$ le sinus de réfraction du milieu $A$ dans le milieu contigu $B$, le sinus de réfraction du milieu $B$ dans l'air, sera (*hyp.*) $= h = m' \times mh \times \frac{1}{mm'}$; ainsi $\frac{1}{mm'}$ sera le rapport des sinus en passant du milieu $B$ dans le milieu $D$; & du milieu $D$ dans le milieu $B$, ce rapport sera (art. 14) $= m'm$; or du milieu $A$ dans le milieu $D$, ce rapport est $\frac{1}{m}$, & par conséquent le sinus de réfraction $mh$ du milieu $D$ dans le milieu $A$, deviendroit $mh \times \frac{1}{m} = h$ en repassant du milieu $A$ dans le milieu $D$; donc en passant du milieu $D$ dans le milieu $B$, le sinus de réfraction sera $h \times mm'$, comme en passant du milieu $A$ dans le milieu $B$.

16. On peut voir au reste sur les loix de la réfraction à travers différens milieux, notre XLIX^e^ Mém. Tom. V de nos *Opusc.* & sur-tout le §. VI de ce Mémoire, & les art. 25, 26 & 27; ainsi que les Mém. de l'Acad. de 1767, pag. 27.

## §. II.

### *Considérations sur la Réfraction des rayons dans un ou plusieurs prismes.*

LES recherches qu'on va lire, sont en quelque maniere la suite du paragraphe précédent. Nous y donnerons la théorie des rayons qui entrent & sortent parallèles d'un ou de plusieurs prismes ; théorie peu difficile en elle-même, mais qui nous a conduits à quelques constructions assez simples, & à quelques résultats qui pourront être utiles.

1. Soit un prisme $BAC$ (Fig. 18) dont l'angle $BAC = 2\alpha$, $DF$ un rayon qui tombe sur le côté $AB$, $EFG$ perpendiculaire à $AB$, l'angle $DFE = k$ ; le rayon rompu $FL$, tel que l'angle $GFL = \zeta$ & sin. $\zeta = m$ sin. $k$, enfin le rayon de nouveau rompu $LI$, tel que l'angle $HLI = \omega$, & sin. $\omega = \frac{1}{M}$ sin. $FLK$, $HLK$ étant perpendiculaire au côté $AC$.

2. Il est aisé de voir, en nommant $LR$ parallèle à $GFE$ qu'on aura $FLK = FLR + RLK = LFG + GAF = 2\alpha + \zeta$ ; donc on aura sin. $\omega = \frac{1}{M}$ sin. $(2\alpha + \zeta)$. On suppose ici, pour plus de généralité, que les côtés $AB$, $AC$ du prisme, sont placés dans des milieux

différens $B$, $C$; d'où naît la différence des quantités $m$ & $M$.

3. Maintenant, l'angle $k$ étant le même, si on suppose deux autres quantités $m'$ & $M'$ pour un rayon d'une autre couleur, on aura fin. $\zeta' = m'$ fin. $k$; & fin. $\omega' = \frac{1}{M'}$ fin. $(2\alpha + \zeta')$.

4. Si l'on veut donc que les deux rayons fortent parallèles, comme on fuppofe qu'ils font entrés, on aura $\omega = \omega'$, & fin. $\omega =$ fin. $\omega'$. Donc $\frac{1}{M}$ fin. $(2\alpha + \zeta) = \frac{1}{M'}$ fin. $(2\alpha + \zeta')$. Donc $\frac{1}{M}$ fin. $2\alpha$ cof. $\zeta + \frac{1}{M}$ cof. $2\alpha$ fin. $\zeta = \frac{1}{M'}$ fin. $2\alpha$ cof. $\zeta' + \frac{1}{M'}$ cof. $2\alpha$ fin. $\zeta'$, ou, en mettant pour fin. $\zeta$ & fin. $\zeta'$ leurs valeurs, $m$ fin. $k$, & $m'$ fin. $k$, & réduifant fin. $2\alpha(M'$ cof. $\zeta - M$ cof. $\zeta')$ $=$ cof. $2\alpha(Mm' - mM')$ fin. $k$.

5. Donc cot. $2\alpha(Mm' - mM') = \frac{M' \text{ cof. } \zeta}{\text{fin. } k} - \frac{M \text{ cof. } \zeta'}{\text{fin. } k} =$ (à caufe de fin. $k = \frac{\text{fin. } \zeta}{m} = \frac{\text{fin. } \zeta'}{m'}$) $M'm$ cot. $\zeta - Mm'$ cot. $\zeta'$. De plus, les deux équations $\frac{\text{fin. } \zeta}{m} = \frac{\text{fin. } \zeta'}{m'}$, donnent $\frac{1}{m\sqrt{(1 + \text{cot. } \zeta^2)}} = \frac{1}{m'\sqrt{(1 + \text{cot. } \zeta'^2)}}$. Donc fi on fait cot. $\zeta = x$, cot. $\zeta' = z$, & cot. $2\alpha = a$, on aura les deux équations $(Mm' - mM')a = M'mx - Mm'z$, & $m\sqrt{(1 + xx)} = m'\sqrt{(1 + zz)}$, d'où l'on tire

$$m^2(1+xx)=m'^2\left[1+\left(\frac{M'mx}{Mm'}-a+\frac{M'ma}{Mm'}\right)^2\right];$$

équation du second degré qui donnera deux valeurs de $x$, & par conséquent de $z$.

6. On pourroit tirer de la résolution de cette équation une valeur de $x$, qui étant construite géométriquement à l'ordinaire, donneroit la valeur de l'angle $\zeta$, & par conséquent celle de l'angle $\zeta'$. Mais on peut trouver, comme nous le verrons plus bas, une construction géométrique beaucoup plus simple. Cependant, comme $x$ & $z$ sont ici les cotangentes des angles $\zeta$ & $\zeta'$, & que ces cotangentes peuvent être données par le calcul de l'équation précédente, nous donnerons ici ce calcul, qui fera trouver les angles $\zeta$ & $\zeta'$ au moyen des Tables des sinus, lesquelles renferment aussi les tangentes & les cotangentes.

7. Nous aurons donc, après les réductions, l'équation

$$xx-\frac{2M'x(Mm'a-M'ma)}{(M'^2-M^2)m}=\frac{M^2}{m^2}\left(\frac{m^2-m'^2}{M'^2-M^2}\right)-\frac{(Mm'a-M'ma)^2}{m^2(M'^2-M^2)};$$ d'où $$x=\frac{M'(\text{cot. }2\alpha)(Mm'-M'm)}{m(M'^2-M^2)}\pm\frac{M}{m}\sqrt{\left(\frac{(\text{cot. }2\alpha)^2(Mm'-M'm)^2}{(M'^2-M^2)^2}+\frac{m^2-m'^2}{M'^2-M^2}\right)}.$$

8. Donc si on fait $\frac{\text{cot. }2\alpha(Mm'-M'm)}{M'^2-M^2}=A$ & $\frac{m^2-m'^2}{M'^2-M^2}=\pm B^2$, on aura $x=\frac{M'.A}{m}\pm\frac{M}{m}\sqrt{(A^2\pm B^2)}$, valeur qu'on peut trouver également,

ou par une construction géométrique, ou par le calcul arithmétique.

9. Si on met dans la valeur de $x$, $m'$ pour $m$, $M'$ pour $M$, & réciproquement, on trouvera la valeur de $z = \frac{M.A}{m'} \pm \frac{M'}{m'} \sqrt{(A^2 \pm B^2)}$, & l'on remarquera que si on prend dans la valeur de $x$ le signe $+$ au-devant du signe radical, il faudra faire la même chose dans celle de $z$; dont la raison est que $M'mx - Mm'z$ doit être $= (Mm' - mM') \cot. 2\alpha$, (art. 5), ce qui ne pourroit pas être, si on prenoit les radicaux de signe différent dans les valeurs de $x$ & de $z$.

10. On peut remarquer, en mettant pour $\cot. 2\alpha^2$ sa valeur $\frac{1 - \sin. 2\alpha^2}{\sin. 2\alpha^2}$, que la quantité radicale qui entre dans les valeurs de $x$ & de $z$, se change en $\pm$ $\frac{M}{m(M'^2 - M^2)} \times \frac{\sqrt{[(Mm' - M'm)^2 - \sin. 2\alpha^2 (M'm' - Mm)^2]}}{\sin. 2\alpha}$.

11. Delà on voit que le problême est impossible, si on a $(\sin. 2\alpha)^2 > \frac{(Mm' - M'm)^2}{(M'm' - Mm)^2}$; ce qui sera encore prouvé autrement dans la suite.

12. Si les angles $2\alpha$, $k$, $\beta$, $\beta'$ sont fort petits, on aura, à très-peu-près, (art. 4) $\frac{1}{M}(2\alpha + mk) = \frac{1}{M'}(2\alpha + m'k)$, ou $2M'\alpha + M'mk = 2M\alpha + Mm'k$, équation qui établit la relation entre $\alpha$ & $k$, $M$ & $M'$ étant donnés ainsi que $m$ & $m'$.

13. Si on suppose de plus $M'=M+dM$, & $m'=m+dm$, on aura $2\alpha dM=(Mm'-M'm)k=(Mdm-mdM)k$. D'où l'on tire $k=\frac{2\alpha dM}{Mdm-mdM}$.

14. Si la quantité $\frac{dM}{Mdm-mdM}$, ou $\frac{dM}{dm}-\frac{M}{m}$ est négative, $k$ sera négatif, c'est-à-dire, $DF$ tombera de l'autre côté de $FE$.

15. Et si $\frac{dM}{dm}=\frac{M}{m}$, alors $k$ sera infini, ce qui est impossible, & contraire d'ailleurs à la supposition présente, que $2\alpha$, $k$, $\beta$ & $\beta'$ sont très-petits.

16. Telles sont les conséquences principales qu'on peut tirer de la solution algébrique donnée ci-dessus. Mais on peut trouver de la maniere suivante une solution beaucoup plus simple de ce problême.

17. Puisque $\frac{\text{sin. } \beta'}{\text{sin. } \beta}=\frac{m'}{m}$, & $\frac{\text{sin. } (2\alpha+\beta')}{\text{sin. } (2\alpha+\beta)}=\frac{M'}{M}$, on aura donc, 1°. $\frac{\text{sin. } \beta'+\text{sin. } \beta}{\text{sin. } \beta'-\text{sin. } \beta}=\frac{m'+m}{m'-m}$, ou, ce qui revient au même, comme on le sait par la Trigonométrie, $\frac{\text{tang. } \left(\frac{\beta+\beta'}{2}\right)}{\text{tang. } \left(\frac{\beta'-\beta}{2}\right)}=\frac{m'+m}{m'-m}$. Par la même raison, on aura, 2°. $\frac{\text{sin.}(2\alpha+\beta')+\text{sin.}(2\alpha+\beta)}{\text{sin.}(2\alpha+\beta')-\text{sin.}(2\alpha+\beta)}=\frac{M'+M}{M'-M}$

=

$= \frac{\text{tang.}\left(2a + \frac{\mathfrak{C}' + \mathfrak{C}}{2}\right)}{\text{tang.}\left(\frac{\mathfrak{C}' - \mathfrak{C}}{2}\right)}$; d'où $\frac{\text{tang.}\left(\frac{\mathfrak{C} + \mathfrak{C}'}{2}\right)}{\text{tang.}\left(2a + \frac{\mathfrak{C} + \mathfrak{C}'}{2}\right)} =$ $\frac{(m' + m)(M' - M)}{(m' - m)(M' + M)}$; ainsi nommant $\frac{\mathfrak{C} + \mathfrak{C}'}{2}$, $x$, on aura $\frac{\text{tang.}\, x}{\text{tang.}\,(2a + x)} = \frac{1}{R}$, $2a$ & $R$ étant donnés, & en faisant $\frac{\mathfrak{C}' - \mathfrak{C}}{2} = y$, on aura $\frac{\text{tang.}\, x}{\text{tang.}\, y} = \frac{m' + m}{m' - m}$. On remarquera de plus que $R = \frac{M' + M}{M' - M} \times \frac{m' - m}{m' + m}$.

18. Delà on tire cette construction très-simple. Soit menée $FP$ (Fig. 19) perpendiculaire à $AG$, & ayant pris $FL$ à volonté, soit fait $FL$ à $Fi :: R : 1$. Ensuite du diametre $Li$ soit décrit un demi-cercle qui coupe $FG$ en $K$, & ayant joint $iK$, soit tirée $FS$ parallèle à $IK$, je dis d'abord que l'angle $KFS = x$. Car tirant $LKS$, l'angle $IKL$ sera évidemment droit, ainsi que $FSL$, & on aura $SL : KS :: FL : Fi :: R : 1$; c'est-à-dire, $\frac{\text{tang.}\, KFS}{\text{tang.}\, LFS} = \frac{1}{R}$. Or $LFS = PFG + KFS = 2a + KFS$. Donc (art. 17) $KFS = x$.

19. On a de plus, à cause de $\mathfrak{C}' + \mathfrak{C} = 2x$, & $\mathfrak{C}' - \mathfrak{C} = 2y$, $\mathfrak{C}' = x + y$, $\mathfrak{C} = x - y$, & tang. $y = \frac{\text{tang.}\, x\,(m' - m)}{m' + m}$. Prenant donc sur $KS$ & sur son prolongement les deux lignes égales $SV$, & $Su$, qui

soient $= KS \times \frac{(m'-m)}{m'+m}$, & tirant $FV$ & $Fu$, on aura l'angle $KFV = \zeta$, & $KFu = \zeta'$.

20. On peut simplifier encore cette construction en trouvant immédiatement, & tout de suite, les angles $\zeta$ & $\zeta'$, sans avoir besoin de l'angle $x$. Pour cela, on considérera, 1°. que tang. $x$ : tang. $(2\alpha + x) :: \frac{m'+m}{m'-m} : \frac{M'+M}{M'-M}$ (art. 17); d'où il s'ensuit que $\frac{m'+m}{m'-m} : \frac{M'+M}{M'-M} :: KS : LS : : Fi : FL$. 2°. Que tang. $y =$ (art. 19) tang. $x \times \frac{m'-m}{m'+m}$; d'où il s'ensuit que $m'+m : m'-m ::$ ou $\frac{m'+m}{m'-m} : 1 ::$ tang. $x$ : tang. $y :: KS : SV :: Fi : Fn$, en menant $Vn$ parallèle à $Ki$ & $FS$, c'est-à-dire, perpendiculaire à $LS$. Donc les lignes $FL$, $Fi$, $Fn$ sont entr'elles comme $\frac{M'+M}{M'-M}$, $\frac{m'+m}{m'-m}$, 1.

21. Donc prenant $Fn$ à volonté pour l'unité, $Fi = \frac{m'+m}{m'-m}$, $FL = \frac{M'+M}{M'-M}$, décrivant du diametre $Li$ un cercle qui coupe $FK$ en $K$, & du diametre $Ln$ un second cercle, & joignant ensuite $LK$ qui coupe le second cercle en $V$, la ligne $FV$ donnera l'angle $KFV = \zeta$. On trouvera l'angle $KFu = \zeta'$ par une construction semblable, en prenant sur $LF$ prolongée,

$Fn' = Fn$, & décrivant du diametre $Ln'$ un cercle qui coupe $LK$ en $u$.

22. On voit évidemment que le problême est impossible, si le cercle décrit du diametre $Li$ n'atteint pas la ligne $FK$, ce qui arrivera si en divisant $Li$ en deux également au point $Z$, & menant la perpendiculaire $ZO$ à $FK$, on a $LZ < ZO$, c'est-à-dire, $\frac{LF - Fi}{2} <$ sin. $2\alpha \times FZ$. Donc si on a $\frac{R-1}{2} <$ sin. $2\alpha \times \left(1 + \frac{R-1}{2}\right)$, ou $\frac{R-1}{R+1} <$ sin. $2\alpha$, le problême est impossible.

23. Et comme $R = \frac{M'+M}{M'-M} \times \frac{m'-m}{m'+m}$, on aura $R - 1 = \frac{2Mm' - 2mM'}{(M'-M)(m'+m)}$, & $R + 1 = \frac{2M'm' - 2Mm}{(M'-M)(m'+m)}$, d'où il s'ensuit que le problême sera impossible, si on a sin. $2\alpha > \frac{Mm' - M'm}{M'm' - Mm}$, ce qui s'accorde avec l'article 11 ci-dessus.

24. On voit aussi que si le demi-cercle dont il s'agit, atteint la ligne $FK$, il la coupera en deux points, ou la touchera en un seul, & que dans le premier cas il y aura deux solutions, dans le second, une seule, savoir, lorsque sin. $2\alpha = \frac{R-1}{R+1}$.

25. On se souviendra de plus que $x$ ayant deux valeurs (art. 18), $y$ a deux valeurs aussi, correspondantes

à chaque valeur de $x$, & telles que tang. $y = \frac{(m'-m)\text{ tang. } x}{m'+m}$.

26. Il faut remarquer que les angles $\zeta$ & $\zeta'$ doivent l'un & l'autre être $< 90°$. Autrement il eſt viſible que, ſi le rayon incident $DF$ étoit ſitué comme dans la Fig. 18, c'eſt-à-dire, dans l'angle $EFA$, alors le rayon réfracté $FL$ n'arriveroit plus au côté $AC$, & ſi le rayon incident $DF$ étoit ſitué dans l'angle $EFB$, le rayon réfracté ſortiroit du priſme, ou tout au plus tomberoit ſur $FA$, & ne pourroit de nouveau ſe réfracter.

27. Donc puiſque $\zeta$ & $\zeta'$ ſont néceſſairement l'un & l'autre plus petits que $90°$, on aura $x$, ou $\frac{\zeta+\zeta'}{2} < 90°$.

28. De plus, comme il eſt néceſſaire pour la ſolution que les lignes ou rayons rompus $FL$, $FL'$ parviennent (Fig. 20) au côté $AC$ du priſme, il eſt clair que $90° - \zeta$ & $90° - \zeta'$, doit être $> 2\alpha$. Donc auſſi $180° - \zeta - \zeta'$, ou $180° - 2x > 4\alpha$.

29. Dans la ſolution générale précédente, nous ſuppoſons que les quantités $R$ ou $\frac{(M'+M)(m'-m)}{(m'+m)(M'-M)}$, $\frac{m+m'}{m'-m}$, $\frac{M'+M}{M'-M}$, ſoient toutes poſitives, c'eſt-à-dire, que $M'$ ſoit $> M$ & $m' > m$. Si $\frac{m+m'}{m'-m}$, ou $\frac{M+M'}{M'-M}$ étoit négative, c'eſt-à-dire, ſi $m'$ étoit $< m$, ou $M' < M$, il faudroit prendre (Fig. 19) $Fi$ ou $FL$, ſur $LF$

prolongée vers $F$, la ligne $Fn$ qui repréſente l'unité reſtant toujours invariable.

30. L'angle $FAG$ du priſme étant ſuppoſé aigu, il eſt aiſé de voir que ſi les valeurs de $Fi$ & $FL$ ſont de différens ſignes, alors le point $F$ ſe trouvera néceſſairement entre les points $L$ & $i$, & le cercle décrit du diametre $Li$ coupera néceſſairement $FK$ en quelque point, en ſorte qu'il ſera toujours poſſible de réſoudre le problême, c'eſt-à-dire, de déterminer les angles $\beta'$ & $\beta$, par les conditions qui donnent les valeurs de $x$ & de $y$.

31. Mais outre ces conditions néceſſaires à la ſolution du problême, il en eſt encore d'autres qui doivent encore avoir lieu, & qui réſultent des équations du problême (art. 1, 2 & 3).

32. En effet, puiſque ſin. $k = \frac{\text{ſin. } \beta}{m} = \frac{\text{ſin. } \beta'}{m'}$, il eſt clair que chacune de ces deux dernieres quantités doit être la même, & que de plus elles ne doivent pas être $> 1$, ſin. $k$ ne pouvant être $> 1$.

33. Donc ſin. $\beta$ ne doit pas être $> m$, & ſin. $\beta'$ ne doit pas être $> m'$.

34. Il faut de même que chacune des quantités $\frac{1}{M}$ ſin. $(2\alpha + \beta)$, & $\frac{1}{M'}$ ſin. $(2\alpha + \beta')$, qui repréſentent les ſinus de la ſeconde réfraction au ſortir du priſme, ne ſoient pas plus grandes que le ſinus total.

35. Il faut même que $\frac{1}{M}$ sin. $(2\alpha+\beta)$, & $\frac{1}{M'}$ sin. $(2\alpha+\beta')$, ainsi que $\frac{\text{sin. } \beta}{m}$ & $\frac{\text{sin. } \beta'}{m'}$ soient l'un & l'autre $<1$; par la raison que si ces quantités étoient égales à 1, les rayons émergens ou les incidens raseroient la surface du prisme, ce qu'on ne peut supposer dans l'expérience dont il s'agit.

36. Donc sin. $(2\alpha+\beta')$ doit être $<M'$ & sin. $(2\alpha+\beta)$ $<M$; & de même sin. $\beta$ doit être $<m$, & sin. $\beta'<m'$.

37. Quand donc on aura trouvé une solution qui satisfasse aux deux équations $\frac{\text{sin. } \beta}{m}=\frac{\text{sin. } \beta'}{m'}$, & $\frac{\text{sin. } (2\alpha+\beta)}{M}=\frac{\text{sin. } (2\alpha+\beta')}{M'}$, c'est-à-dire, aux équations $\frac{\text{tang. } x}{\text{tang. } (2\alpha+x)}=\frac{1}{R}$, & tang. $y=\frac{\text{tang. } x\,(m'-m)}{m'+m}$, il faudra encore que cette solution satisfasse aux conditions $\frac{\text{sin. } \beta}{m}<1$, $\frac{\text{sin. } \beta'}{m'}<1$, $\frac{\text{sin. } (2\alpha+\beta)}{M}<1$, $\frac{\text{sin. } (2\alpha+\beta')}{M'}$ $<1$.

38. Or ces conditions pourroient n'être pas remplies, quoique les conditions de $x$ & de $y$ le fussent. Car dans les valeurs de tang. $x$ & de tang. $y$, diminuons $m'$ & $m$ proportionnellement, ainsi que $M'$ & $M$, les valeurs de $x$ & de $y$ resteront évidemment les mêmes, au lieu que celles de $\frac{\text{sin. } \beta}{m}$, $\frac{\text{sin. } \beta'}{m'}$, &c. pourront augmenter jusqu'à être $>1$.

39. Pour rendre ceci encore plus ſenſible, ſuppoſons (Fig. 20) que $DF$ ſoit le rayon incident, & tirons à volonté les lignes $FL$, $FL'$, & enſuite $L'I'$, $LI$ parallèles entr'elles. Il eſt clair que ſi $m$, $m'$, $M$, $M'$ avoient entr'elles la relation qui répond aux angles rompus $GFL$, $GFL'$, $FLI$, $FL'I'$, le problême ſeroit poſſible. Maintenant (les angles $GFL(\beta)$, & $GFL'(\beta')$ demeurant les mêmes) augmentons ou diminuons $m$ & $m'$ proportionnellement, ainſi que $M$ & $M'$, la ſolution pourra ceſſer d'être poſſible, quoiqu'on ait les mêmes valeurs de tang. $x$ & de tang. $y$.

40. Nous ſuppoſons dans cette ſolution générale $\beta' < \beta$, afin que $\frac{\beta' - \beta}{2}$, ou $y$ ſoit poſitive; de plus nous ſuppoſerons toujours que $\beta$ ſoit l'angle qui convient aux rayons violets, & $\beta'$ celui qui convient aux rayons rouges; & comme les rayons violets ſont plus réfrangibles que les rouges, il s'enſuit que pour que $\beta'$ ſoit plus grand que $\beta$, & par conſéquent $m' > m$, il faut que $m'$ & $m$ ſoient l'un & l'autre moindres que l'unité.

41. Donc puiſque les angles d'incidence $2\alpha + \beta'$, $2\alpha + \beta$ ſont & doivent être l'un & l'autre moindres que $90°$, il eſt clair que, $\beta'$ étant (*hyp.*) $> \beta$, ſin. $(2\alpha + \beta')$ eſt $>$ ſin. $(2\alpha + \beta)$, & que par conſéquent $M' > M$, à cauſe de $\frac{\text{ſin.}(2\alpha + \beta')}{M'} = \frac{\text{ſin.}(2\alpha + \beta)}{M}$.

42. Donc $M'$ & $M$ doivent être plus petits que

l'unité, afin que la réfraction des rayons rouges (auxquels appartient l'angle d'incidence $2\alpha+\zeta'$) en sortant du prisme, soit moindre que celle des rayons violets, auxquels appartient l'angle d'incidence $2\alpha+\zeta$.

43. Tout cela est fondé sur ce que dans le cas où la réfraction se fait en s'approchant de la perpendiculaire, c'est-à-dire, où $m$ & $m'$ sont $<1$, le sinus des rayons rouges réfractés doit être plus grand que celui des rayons violets, afin que l'écart soit moindre dans les premiers que dans les seconds. D'où il résulte que $m'$ est $>m$. C'est le contraire quand la réfraction se fait en s'éloignant de la perpendiculaire, c'est-à-dire, où $\frac{1}{M}$ & $\frac{1}{M'}$, sont $>1$, car alors, & par la même raison, le sinus des rayons rouges réfractés doit être moindre que celui des rayons violets; d'où l'on tire $\frac{1}{M'}<\frac{1}{M}$, & $M'>M$.

44. La supposition que nous avons faite de $m$ & $M$ plus petites que l'unité, ainsi que $m'$ & $M'$, est la plus naturelle pour appliquer les calculs précédens aux expériences du prisme placé dans deux milieux $B$, $C$, plus rares que lui, car au passage du milieu $B$ dans le prisme, que nous supposons représenter le milieu $A$ (§. 1, art. 1), $m$ est $<1$, ainsi que $M$, puisque la réfraction du milieu $B$ dans le prisme se fait en s'approchant de la perpendiculaire, & que la réfraction du prisme dans le milieu $C$ se fait en s'en éloignant, ce qui donne $\frac{1}{M}>1$, & $M<1$.

45.

45. Nous supposons encore ici que si $m$ est $<1$, $m'$ sera plus petit que 1, & réciproquement si $m$ est $>1$, $m'$ sera plus grand que 1; & qu'il en sera de même de $M$ par rapport à $M'$. Cette supposition est légitime, car si des rayons d'une couleur se brisent en s'approchant ou en s'éloignant de la perpendiculaire, il en sera de même des rayons d'une autre couleur quelconque.

46. Supposant toujours que $\beta'$ soit l'angle qui convient aux rayons rouges, c'est-à-dire, aux rayons les moins réfrangibles, & $\beta$ celui qui convient aux rayons violets, c'est-à-dire, aux plus réfrangibles; il est clair que si $m'$ & $m$ sont plus grands que l'unité, on aura $m'<m$, & par conséquent $\beta'<\beta$, à cause de $\frac{\text{sin. }\beta'}{m'}=\frac{\text{sin. }\beta}{m}$; & dans ce même cas les rayons rouges qui donnent l'angle $2\alpha+\beta'$ devant être moins réfractés au sortir du prisme, que les rayons violets, on aura (à cause de $\frac{\text{sin. }(2\alpha+\beta')}{M'}=\frac{\text{sin. }(2\alpha+\beta)}{M}$, $M'<M$, & par conséquent $M'$ & $M>1$.

47. Donc si $m'$ est $\gtrless m$, on aura aussi toujours $M'\gtrless M$, & par conséquent $m'-m$, & $M'-M$ seront toujours de même signe; au moins tant que $\beta'$ & $\beta$ seront positifs.

48. Au contraire, si $\beta'$ & $\beta$ sont négatifs, ce qui

rend nécessairement $k$ négatif, c'est-à-dire, fait tomber le rayon incident $DF$ dans l'angle $EFB$, & que $m'$ ainsi que $m$ soient $<1$, ce qui donne $m'>m$, & $\zeta'>\zeta$, alors $\frac{\text{sin.}(2\alpha+\zeta')}{M'}=\frac{\text{sin.}(2\alpha+\zeta)}{M}$, ou plutôt $\frac{\text{sin.}(2\alpha-\zeta')}{M'}=\frac{\text{sin.}(2\alpha-\zeta)}{M}$ donnera $M'<M$. Or les rayons rouges qui donnent l'angle d'incidence $2\alpha+\zeta'$, ou plutôt $2\alpha-\zeta'$, devant être moins réfractés que les rayons violets qui donnent l'angle $2\alpha-\zeta$, il faut nécessairement que $M'$ & $M$ soient tous deux $>1$.

49. Ce sera le contraire si $\zeta'$ est $<\zeta$, ce qui donne $m'<m$, $m'$ & $m>1$, $M'>M$, $M'$ & $M<1$.

50. On voit aussi que les angles $\zeta'$ & $\zeta$ doivent être tous deux de même signe, c'est-à-dire, tous deux positifs ou négatifs, puisque par les loix de la réfraction, l'un ne sauroit être d'un côté de la perpendiculaire $FG$, & l'autre de l'autre côté.

51. Il faut bien remarquer que quand on conclut de $\zeta'\gtrless\zeta$, que $m'$ est $\gtrless m$, on suppose que les angles $\zeta'$ & $\zeta$ aient le signe $+$, soit qu'ils tombent (Fig. 18) dans l'angle $BFG$, ou dans l'angle $AFG$. Car si on supposoit en général $\zeta'>$ ou $<\zeta$, sans avoir égard au signe, il est clair que quand $\zeta'$ seroit négatif, on auroit (en faisant $\zeta'=-z'$, & $\zeta=-z$) $-z'\gtrless-z$,

d'où $z' \lesseqgtr z$, & fin. $z' \lesseqgtr$ fin. $z'$, & (à cause de $\frac{\text{fin. } z'}{m'} = \frac{\text{fin. } z}{m'}$), $m' \lesseqgtr m$.

52. Dans le cas où $m'$ eft $<m$, & $M'<M$, les lignes $Fi$ & $FL$ doivent être l'une & l'autre de figne contraire (Fig. 19) à la ligne $Fn$ que l'on prend pour l'unité, & le rapport de $Fi$ à $FL$ doit être celui de $\frac{(m'+m)(M'-M)}{(m'-m)(M'+M)}$ à l'unité, rapport dont la valeur eft pofitive. Ainfi pour appliquer ici plus aifément la conftruction générale de l'art. 18, il faut prendre l'unité $Fn$ négative & $Fn'$ pofitive.

53. Par ce moyen, l'angle $\zeta'$ ou $KFu$ fera $<$ l'angle $\zeta$ ou $KFV$, comme cela doit être dans le cas de $m'<m$ & de $M'<M$ (art. 49).

54. Lorfque $\zeta'$ & $\zeta$ font pofitifs, c'eft-à-dire, placés dans l'angle $GFB$, $2\alpha$ ne fauroit être ni égal, ni $>90°$, car $90°-\zeta$, & $90°-\zeta'$ ne pourroient être alors $>2\alpha$, comme cela eft néceffaire (art. 28), ce qu'il eft aifé de voir d'ailleurs par la fimple infpection de la figure; puifque fi l'angle $BAC$ du prifme étoit droit ou obtus, le rayon rompu $FL$ ne pourroit arriver au côté $AC$.

55. On remarquera que $x$ étant pofitive, & $<90°$, comme elle le doit toujours être, puifque $\zeta'$ & $\zeta$ font chacun plus petits que $90°$, l'angle $2\alpha+x$ ne fauroit être $>90°$, ni par conféquent tang. $(2\alpha+x)$ négative; car fi $2\alpha+x$ ou $2\alpha+\frac{\zeta'+\zeta}{2}$ étoit $>90°$;

il faudroit qu'au moins un des deux angles $\beta'$, $\beta$, par exemple, $\beta'$ fût tel que $2\alpha+\beta'$ fût $>90^\circ$. Or nous avons vu (art. 28) que cela ne sauroit être.

56. C'est ce qu'on peut encore prouver directement, en considérant que si $\beta'$ & $\beta$ sont positifs, $m'-m$ & $M'-M$ seront de même signe; que par conséquent (art. 52) $Fi$ & $FL$ seront positives l'une & l'autre, & que l'angle $LFS$ formé par $FL$ & par la perpendiculaire $FS$ à $LK$, sera $<90^\circ$. Or cet angle $LFS = 2\alpha+x$; donc, &c.

57. En supposant $\beta'$ & $\beta$ négatifs, c'est-à-dire, placés dans l'angle $AFG$, (& par conséquent le rayon incident $DF$ placé dans l'angle $EFB$) il peut arriver que $\beta'$ & $\beta$ soient $>2\alpha$, auquel cas on aura $\beta'-2\alpha$, & $\beta-2\alpha$, pour les angles d'incidence au-dedans du prisme. Pour lors si $\beta'$ est $>\beta$, on aura $m'>m$, & $m'$, $m$ chacun plus petits que l'unité; on aura de même (à cause de $\frac{\text{sin.}(\beta'-2\alpha)}{M'} = \frac{\text{sin.}(\beta-2\alpha)}{M}$) $M'>M$, & à cause que $M'$ appartient aux rayons rouges, c'est-à-dire, aux moins réfrangibles, & $M$ aux violets, c'est-à-dire, aux plus réfrangibles, on aura $M'$ & $M<1$.

58. Supposons maintenant que $\beta'$ & $\beta$ soient négatifs, & $<2\alpha$, on aura $\frac{\text{sin.}\,\beta'}{m'} = \frac{\text{sin.}\,\beta}{m}$, ou $\frac{\text{tang.}\,x}{\text{tang.}\,y} = \frac{m'+m}{m'-m}$; & $\frac{\text{sin.}(2\alpha-\beta')}{M'} = \frac{\text{sin.}(2\alpha-\beta)}{M}$, ou

$$\frac{\text{tang.}\left(2\alpha-\frac{\beta'-\beta}{2}\right)}{\text{tang.}\left(\frac{\beta-\beta'}{2}\right)}=\left(\frac{\text{tang.}\,x}{\text{tang.}-y}\right)=\frac{M'+M}{M'-M}.$$

59. On fera ſur ce cas des remarques analogues aux précédentes, en ſuppoſant $\beta' >$, ou $< \beta$, & on remarquera qu'ici $Fi$ & $FL$ ſont de différens ſignes; c'eſt ſur quoi nous ne nous arrêterons pas davantage.

60. Nous remarquerons ſeulement que dans le cas où les angles d'incidence $FLK$ (Fig. 21) feroient l'un $2\alpha-\beta$, l'autre $\beta'-2\alpha$, c'eſt-à-dire, où les deux rayons rompus $FL$, $FL'$, tomberoient de différens côtés de la perpendiculaire $FZ$, alors les rayons rompus au ſortir du priſme, ſeroient néceſſairement divergens, quand même on auroit $\frac{\text{ſin.}\,FLK}{m}=\frac{\text{ſin.}\,FL'K'}{m'}$, parce que les rayons rompus ne tomberoient pas du même côté par rapport à la perpendiculaire; ainſi la ſolution ſeroit impoſſible réellement, quoiqu'il pût arriver que non-ſeulement les quantités $\frac{\text{ſin.}\,\beta}{m}$ & $\frac{\text{ſin.}\,\beta'}{m'}$ fuſſent égales, mais encore les quantités $\frac{1}{M}\,\text{ſin.}(2\alpha-\beta)$ & $\frac{1}{M'}\,\text{ſin.}(2\alpha-\beta')$. Il eſt vrai que ces deux dernieres quantités ſe trouveroient alors de différens ſignes, $2\alpha-\beta'$ étant négatif (*hyp.*), ce qui indiqueroit ſuffiſamment l'impoſſibilité du parallèliſme des rayons au ſortir du priſme.

61. Si $2\alpha$ eſt $=$ ou $> 90^\circ$, alors les angles d'incidence au-dedans du priſme, ſeront néceſſairement $2\alpha - \beta'$ & $2\alpha - \beta$; car nous avons vu ci-deſſus (art. 54) que dans ce cas les angles $\beta'$ & $\beta$ ne peuvent être placés dans l'angle *GFB*, mais dans l'angle *AFG*.

62. Dans le cas où les angles d'incidence ſur le côté *AG* du priſme, ſont $2\alpha - \beta'$ & $2\alpha - \beta$, l'angle $2\alpha$ peut être droit ou obtus; mais il faut alors, pour que les rayons arrivent au côté *AG*, & par conſéquent pour que le problême ſoit poſſible, que $90^\circ + \beta$ & $90^\circ + \beta'$ ſoient $> 2\alpha$, comme il eſt aiſé de le voir; donc $2\alpha - \beta$ & $2\alpha - \beta'$ doivent être $< 90^\circ$, ainſi que $2\alpha - x$.

63. Donc ſi l'angle *A* ou $2\alpha$ eſt droit, les rayons parviendront toujours à la ſurface *AG* du priſme, puiſqu'alors $90^\circ + \beta'$ & $90 + \beta$ ſeront évidemment $> 2\alpha = 90^\circ$. Il n'y auroit d'excepté que le cas de $\beta' = 0$, & de $\beta = 0$, qui donneroit $k = 0$, c'eſt-à-dire, le rayon incident *DF* perpendiculaire à *AF*.

64. Enfin, lorſque $\beta'$ & $\beta$ ſont négatifs & $> 2\alpha$, on aura les équations $\frac{\text{tang.}\, x}{\text{tang.}\, y} = \frac{m + m'}{m' - m}$, & $\frac{\text{tang.}\,(x - 2\alpha)}{\text{tang.}\, y} = \frac{M' + M}{M' - M}$; d'où l'on tirera encore une conſtruction analogue à celle des art. 17 & 18.

65. Dans la même hypothèſe de $\beta'$ & $\beta > 2\alpha$, il eſt clair que ſi $\beta'$ eſt $< \beta$, on aura $m' < m$, $M' < M$, & $m'$, $m$, ainſi que $M'$ & $M > 1$.

66. Puifque $\frac{\text{tang.}\,(2\alpha+x)}{\text{tang.}\,x} = R$, & que $2\alpha+x$, ainfi que $x$, eft toujours $<90°$; il eft clair, 1°. que fi $R$ eft pofitif & $>1$, on aura tang. $(2\alpha+x)>$ tang. $x$. 2°. Que fi $R$ eft négatif, on aura tang. $(2\alpha+x)$ pofitive, fi $x$ eft négatif, & par conféquent $2\alpha>\mathfrak{C}$ & $>\mathfrak{C}'$, & que dans ce cas $x$ ne peut être pofitif, puifqu'alors tang. $(2\alpha+x)$ feroit négative, & $(2\alpha+x)$ $>90°$, ce qui eft impoffible. 3°. Enfin, que fi $R$ eft pofitif & plus petit que l'unité, on aura tang. $(2\alpha+x)<$ tang. $x$, ce qui donne $x$ négative, & $>2\alpha$, ou $\mathfrak{C}$ & $\mathfrak{C}'$ négatifs, & $>2\alpha$.

67. Donc fi $R$ eft pofitif & $>1$, & que fin. $2\alpha$ ne foit pas $>\frac{R-1}{R+1}$, on aura la premiere folution, qui donne $x$ pofitif. Si $R$ eft négatif, on aura la feconde folution, qui donne $x$ négatif & $<2\alpha$, & la folution fera toujours poffible. Enfin, fi $R$ eft pofitif & $<1$, on aura $x$ négatif & $>2\alpha$, pourvu que fin. $2\alpha$ ne foit pas $>\frac{1-R}{1+R}$.

68. La condition de $R$ pofitif, donne $M'>M$ & $m'>m$, ou $M'<M$ & $m'<m$, & celle de $R>$ ou $<1$ donne $\frac{M+M'}{M'-M} \gtrless \frac{m'+m}{m'-m}$, ou $\frac{M+M'}{M-M'} \gtrless \frac{m'+m}{m-m'}$; donc dans le premier cas $Mm'+M'm'-Mm-M'm \gtrless M'm'+M'm-Mm'-Mm$, ou

$Mm' \gtrless M'm$, c'eſt-à-dire, $\frac{M}{M'} \gtrless \frac{m}{m'}$, & dans le ſecond cas $-Mm' \gtrless -M'm$, ou $\frac{m}{m'} \gtrless \frac{M}{M'}$.

69. Si $\frac{m}{m'} = \frac{M}{M'}$, il eſt aiſé de voir que $\frac{M+M'}{M'-M} = \frac{m+m'}{m'-m}$, qu'ainſi tang. $x =$ tang. $(2\alpha + x)$, que les points $i$, $L$ ſe confondent, & que le problême (art. 22) eſt impoſſible.

70. En général & dans tous les cas, le point eſſentiel pour la ſolution de ce problême, c'eſt que les rayons $FL$, $FL'$ (Fig. 21) arrivent à la ſurface $AG$ du priſme; car s'ils y arrivent, on peut aiſément imaginer des loix de réfraction (c'eſt-à-dire, des valeurs de $M$ & $M'$) qui rendront parallèles les rayons émergens $LI$, $L'I$.

71. L'équation $\frac{\text{tang.}\,(2\alpha + x)}{\text{tang.}\,x} = \frac{1}{R}$, donne non-ſeulement la valeur de $x$, celle de $2\alpha$ étant donnée, mais encore la valeur de $2\alpha$, $x$ étant ſuppoſée donnée, & cette valeur ſe trouvera par l'équation

$\frac{\text{ſin.}\,2\alpha\,\text{coſ.}\,x + \text{ſin.}\,x\,\text{coſ.}\,2\alpha}{\text{coſ.}\,2\alpha\,\text{coſ.}\,x - \text{ſin.}\,x\,\text{ſin.}\,2\alpha} = \frac{\text{tang.}\,x}{R}$, ou (en diviſant le haut & le bas du premier membre par coſ. $2\alpha$ coſ. $x$) $\frac{\text{tang.}\,2\alpha + \text{tang.}\,x}{1 - \text{tang.}\,x\,\text{tang.}\,2\alpha} = \frac{\text{tang.}\,x}{R}$; d'où l'on tire aiſément la valeur de tang. $2\alpha$.

72. Dans ce cas l'angle $KFS = x$ eſt donné dans la

la Fig. 19, & la position de $FL$ est inconnue; pour la trouver, on prendra sur $SKL$ perpendiculaire à $FS$, la ligne $SL = \frac{SK \times 1}{R}$; & on remarquera de plus que $VS$ doit toujours être à $SK :: m' - m$ est à $m' + m$. D'où l'on connoîtra l'angle $AFP = 2a = KFL$, & la position des deux rayons réfractés $FV$, $Fu$.

73. Les solutions précédentes ne sont que pour deux rayons. S'il y en avoit un plus grand nombre, par exemple, trois, & que le rapport des sinus fût $m$, $m'$, $m''$, & $\frac{1}{M}$, $\frac{1}{M'}$, $\frac{1}{M''}$, il faudroit alors deux solutions pour chacun des rayons pris deux à deux, & il faudroit de plus que les résultats de ces deux solutions s'accordassent, c'est-à-dire, qu'en nommant $x$ la demi-somme des angles $\zeta$ & $\zeta'$, $y$ leur demi-différence, $x'$ la demi-somme des angles $\zeta$ & $\zeta''$, & $y'$ leur demi-différence, les quantités $x - y$ & $x' - y'$ qui expriment l'angle $\zeta$ fussent les mêmes de part & d'autre, ainsi que les quantités $x + y$, & $x' + y'$ qui expriment les angles $\zeta'$ & $\zeta''$.

74. Supposons, pour plus de simplicité, que le rayon incident $DF$ se partage en entrant dans le prisme, en plusieurs rayons de nombre pair, & faisant tous entr'eux des angles égaux, alors il est clair, 1°. que la demi-somme $x$ des deux angles extrêmes $\zeta$, $\zeta'$, sera aussi celle de deux angles également éloignés des deux

extrêmes; que la demi-différence $y$ doit suivre une progression arithmétique, dont le plus grand terme sera celui qui répond aux deux angles extrêmes. Donc les valeurs de $m$, $m'$, $M$, $M'$, doivent être telles pour chaque valeur de $x$ & de $y$; 1°. que la valeur de $x$ demeure la même; 2°. que les valeurs de $y$ soient en progression arithmétique.

75. Supposons $M' - M = dM$, & $m' - m = dm$, on aura $\frac{\text{tang. } x}{\text{tang. } (2\alpha + x)}$ = à très-peu-près $\frac{m\,dM}{M\,dm}$, & tang. $y = \frac{dm \text{ tang. } x}{2m}$. Il faut donc que $\frac{dM}{dm}$ soit la même pour chaque paire d'angles.

76. Il faut de plus remarquer qu'on néglige ici le terme qui donneroit $dm\,dM$; & qu'on suppose tang. $y = y$, à cause que $y$ est fort petit. Ainsi la solution n'est qu'approchée; mais elle suffit pour notre objet, parce qu'il ne s'agit pas ici d'une précision absolument géométrique. Sur quoi voyez le Tome III de nos *Opuscules*, pag. 320 & suiv.

77. Un Mathématicien qui a traité cette même matiere, m'accuse d'avoir dit qu'*il étoit nécessaire* que les quantités $dm$, $dm'$, $dm''$, &c. ainsi que $dM$, $dM'$, $dM''$ &c. *fussent en progression arithmétique*, pour que tous les rayons à-la-fois sortissent parallèles, & pour la parfaite destruction des couleurs, tant dans le prisme que dans les lentilles achromatiques; & il observe avec raison que cette condition *de la progression arithmétique* n'est

pas absolument nécessaire. Il a seulement oublié de citer en entier ma proposition, qui exige que les quantités soient en progression arithmétique, *ou* que *les différences $dm$, $dM$,* &c. *soient en raison constante.* Voyez l'ouvrage & l'endroit cité, Tom. III de mes *Opusc.* art. 781. Je n'ai donc pas dit que la progression arithmétique fût ici absolument nécessaire, comme le critique l'a supposé.

78. M. Lexell, savant Géomètre de Petersbourg, m'a communiqué une autre construction très-élégante du problême de l'art. 17, construction qu'on peut démontrer en cette sorte; puisque $\frac{\text{tang.}(2\alpha+x)}{\text{tang.}\,x} = R$, on aura donc l'équation $\frac{\text{sin.}(2\alpha+x)\,\text{cos.}\,x}{\text{cos.}(2\alpha+x)\,\text{sin.}\,x} = R$, d'où $\frac{R+1}{R-1} = \text{sin.}(2\alpha+x)\,\text{cos.}\,x + \text{sin.}\,x\,\text{cos.}(2\alpha+x)$: $\text{sin.}(2\alpha+x)\,\text{cos.}\,x - \text{sin.}\,x\,\text{cos.}(2\alpha+x) = \frac{\text{sin.}(2\alpha+2x)}{\text{sin.}\,2\alpha}$. Tout se réduit donc, l'angle $FAL = 2\alpha$ (Fig. 22) étant donné, à faire en sorte que $\frac{FL}{AL} = \frac{R-1}{R+1}$; car il est clair qu'alors l'angle $AFL$ sera $= 2\alpha + 2x$; puisque $\frac{\text{sin.}\,AFL}{\text{sin.}\,FAL} = \frac{AL}{FL}$.

79. Pour trouver la position de $FL$, telle que $\frac{FL}{AL} = \frac{R-1}{R+1}$, il n'y a qu'à tracer d'un point $L$ quelconque

de la ligne $AL$ comme centre, un arc de cercle du rayon $\frac{AL \times (R-1)}{R+1}$, lequel coupera la ligne $AFZ$ en quelque point $F$.

80. On voit clairement que si le problême est possible, le cercle décrit du rayon $LF$ coupera la ligne $AF$ en deux points $F, F$, ou du moins la touchera quand ces deux points se réuniront; il est clair aussi que le problême sera impossible, si on a $\frac{(R+1)^2 \text{fin. } 2a^2}{(R-1)^2} > 1$; puisqu'alors sin. $(2a+2x)^2$ seroit $>1$, & que d'ailleurs $LF$ qui est $= \frac{AL(R-1)}{R+1}$ seroit $< LR = AL$ sin. $2a$, d'où il est évident que l'arc décrit du rayon $\frac{AL(R-1)}{R+1}$ ne pourroit couper la ligne $AZ$.

81. Dans le cas où $\frac{(R+1)^2}{(R-1)^2}$ sin. $2a^2 = 1$, alors les points $F, F$ se confondent, & le cercle décrit touche la ligne $AF$.

82. Puisque $R =$ (art. 17) $\frac{(M'+M)(m'-m)}{(M'-M)(m'+m)}$, il est aisé de voir que $R - 1 = 2Mm' - 2M'm$ & $R + 1 = 2M'm' - 2Mm$, d'où la condition de sin. $2a^2 > \frac{(R-1)^2}{(R+1)^2}$ est la même que celle de l'art. 11.

83. Comme tout sinus répond à deux angles complémens l'un de l'autre à 180°, il est clair que pour

chacun des deux points $F$, on aura deux valeurs de $2a + 2x$, complémens l'une de l'autre à 180°, c'est-à-dire, $AFL$ & $QFL$; il semble donc d'abord qu'il y auroit quatre solutions, mais il est aisé de voir que ces quatre solutions se réduisent à deux, puisque l'angle obtus $AFL$ est $=$ à l'angle obtus $QFL$, & l'angle aigu $AFL =$ à l'angle aigu $QFL$.

84. Si on fait $LO = FL$, & qu'on tire $FO$, & de plus $FG$ perpendiculaire à $AF$, il est aisé de voir que l'angle $GFO = x$; car à cause de $LF = LO$, on a $LFO = 90^\circ - \frac{FLO}{2} = 90^\circ - \frac{A}{2} - \frac{AFL}{2}$ $= 90^\circ - \frac{2a}{2} - \frac{2a - 2x}{2}$; donc ajoutant ou ôtant l'angle $GFL = 2a + 2x - 90^\circ$, ou $90^\circ - 2a - 2x$, on aura l'angle $GFO = x$.

85. Pour trouver les angles $\mathfrak{C}$ & $\mathfrak{C}'$, il faut mener à volonté $GK$ perpendiculaire (Fig. 23) à $FO$, (on fera de même pour l'autre ligne $fo$) & prendre $KV =$ $ku$, & telles que $KV = \frac{GK \times (m' - m)}{m' + m}$. Mais notre solution de l'art. 20 paroît un peu plus simple, en ce qu'elle donne tout de suite, & par une seule construction, les angles $\mathfrak{C}'$ & $\mathfrak{C}$, sans avoir besoin de l'angle $x$, & que de plus elle donne aussi ce même angle $x$ très-aisément (art. 18).

86. Puisque sin. $(2a + 2x) = \frac{\text{sin. } 2a (R + 1)}{R - 1} =$

$\frac{M'm'-Mm}{Mm'-M'm} \times$ fin. $2\alpha$; il eft clair que $x$ étant fuppofée pofitive; c'eft-à-dire, $\mathfrak{C}'$ & $\mathfrak{C}$ pofitifs, $M'm'-Mm$ ne fauroit être $= Mm'-M'm$; en effet, il faudroit pour cela que $(M'-M)m'$ fût $= (M-M')m$, ce qui donneroit $M'=M$, fuppofition illufoire. On voit auffi que $R-1=R+1$ (ce qui eft la même chofe que $Mm'-M'm=M'm'-Mm$) donneroit $R=\infty$, & par conféquent $M'-M=0$, ou $M'=M$.

87. Dans le cas de fin. $2\alpha=1$, $x$ étant pofitive, le problême eft impoffible, car foit que $R$ foit $>$ ou $<1$, $\frac{R+1}{R-1}$ eft une quantité pofitive ou négative $>$ que l'unité, ainfi $\frac{\text{fin.}\, 2\alpha \times (R+1)}{R-1}$ eft toujours $>$ l'unité pofitive ou négative; donc la valeur de fin. $(2\alpha+2x)$ eft illufoire. On remarquera que dans le cas de $x$ pofitive, $R$ eft toujours pofitif (art. 67).

88. Si $Mm'-M'm=0$, ce qui donne ou $M=M'$, & $m'=m$, fuppofition illufoire, ou $\frac{M}{M'}=\frac{m}{m'}$, on aura fin. $2\alpha+2x=\infty$, & par conféquent le problême impoffible. Toutes ces conféquences peuvent auffi fe déduire aifément de notre folution.

89. Si l'on veut que le rayon émergent foit parallèle à l'incident, il eft aifé de voir que l'angle de réfraction à la fortie du prifme doit être $=2\alpha+k$, &

qu'ainsi on aura $\frac{\text{sin.}(2\alpha+\beta)}{M} = \text{sin.}(2\alpha+k)$, donc $\frac{(\text{sin.}\,2\alpha+\beta)+\text{sin.}(2\alpha+k)}{\text{sin.}(2\alpha+\beta)-\text{sin.}(2\alpha+k)} = \frac{M+1}{M-1}$; ou $\frac{\text{tang.}\left(2\alpha+\frac{\beta+k}{2}\right)}{\text{tang.}\left(\frac{\beta-k}{2}\right)} = \frac{M+1}{M-1}$. On a aussi sin. $k = \frac{\text{sin.}\,\beta}{m}$; d'où $\frac{\text{sin.}\,\beta+\text{sin.}\,k}{\text{sin.}\,\beta-\text{sin.}\,k} = \frac{m+1}{m-1}$, ou $\frac{\text{tang.}\left(\frac{\beta+k}{2}\right)}{\text{tang.}\left(\frac{\beta-k}{2}\right)} = \frac{m+1}{m-1}$. Donc $\frac{\text{tang.}\left(\frac{\beta+k}{2}\right)}{\text{tang.}\left(2\alpha+\frac{\beta+k}{2}\right)} = \frac{(m+1)(M-1)}{(m-1)(M+1)}$. Soit $\frac{\beta+k}{2} = z$, on aura $\frac{\text{tang.}\,z}{\text{tang.}(2\alpha+z)} = \frac{(m+1)(M-1)}{(m-1)(M+1)}$; & en faisant le second membre $= \frac{1}{R'}$, on aura une construction tout-à-fait semblable à celle de l'article 18, en prenant $Fn = 1$, $Fi = \frac{m+1}{m-1}$, $FL = \frac{M+1}{M-1}$.

90. L'équation $\frac{1}{M}$ sin. $(2\alpha+\beta) = \frac{1}{M'}$ sin. $(2\alpha+\beta')$ pour le parallélisme des rayons émergens, & l'équation $\frac{1}{M}$ sin. $(2\alpha+\beta) =$ sin. $(2\alpha+k)$, pour le parallélisme du rayon émergent à l'incident, donnent deux valeurs de tang. $2\alpha$,

savoir, tang. $2a = \frac{\frac{\text{sin. } \beta'}{M'} - \frac{\text{sin. } \beta}{M}}{\frac{\text{cos. } \beta}{M} - \frac{\text{cos. } \beta'}{M'}}$, & tang. $2a =$ $\frac{\text{sin. } k - \frac{\text{sin. } \beta}{M}}{\frac{\text{cos. } \beta}{M} - \text{cos. } k}$. D'où l'on tire, en réduisant & mettant pour sin. $\beta'$ & sin. $\beta$ leurs valeurs $m'$ sin. $k$ & $m$ sin. $k$, l'équation $\left(\frac{\text{cos. } \beta}{M} - \frac{\text{cos. } \beta'}{M'}\right)\left(1 - \frac{m}{M}\right) = \left(\frac{\text{cos. } \beta}{M} - \text{cos. } k\right)\left(\frac{m'}{M'} - \frac{m}{M}\right)$, ou $\frac{\text{cos. } \beta}{M}\left(1 - \frac{m'}{M'}\right) - \frac{\text{cos. } \beta'}{M'}\left(1 - \frac{m}{M}\right) + \text{cos. } k\left(\frac{m'}{M'} - \frac{m}{M}\right) = 0$.

91. On a de plus sin. $\beta = m$ sin. $k$, & sin. $\beta' = m'$ sin. $k$; donc si on fait sin. $k = x$, sin. $\beta = y$, sin. $\beta' = z$, on aura $\frac{\sqrt{(1 - m^2 x^2)}}{M}\left(1 - \frac{m'}{M'}\right) - \frac{\sqrt{(1 - m'^2 x^2)}}{M'}\left(1 - \frac{m}{M}\right) + \sqrt{(1 - xx)}\left(\frac{m'}{M'} - \frac{m}{M}\right) = 0$.

92. Donc supposant $xx = u$, & faisant disparoître les radicaux, on aura une équation du second degré qui donnera la valeur de $u$, & qui sera l'équation de condition pour le double parallélisme; d'où l'on voit que, la loi de réfraction étant donnée, l'angle $2a$ du prisme doit avoir nécessairement une certaine valeur, pour que les deux parallélismes aient lieu à-la-fois;

fois; encore pourroit-il se faire que cette valeur de $2\alpha$ fût impossible, si sin. $2\alpha$ se trouvoit imaginaire, ou négatif, ou $=0$, ou $>1$; ce qui dépend des valeurs de $m$, $m'$, $M$ & $M'$.

93. On peut mettre l'équation précédente sous cette forme plus commode, $\frac{\sqrt{\left(\frac{1}{M^2}-\frac{m^2x^2}{M^2}\right)}}{1-\frac{m}{M}}-$

$$\frac{\sqrt{\left(\frac{1}{M'^2}-\frac{m'^2x^2}{M'^2}\right)}}{1-\frac{m'}{M'}}+\frac{\sqrt{(1-xx)}\left(\frac{m'}{M'}-\frac{m}{M}\right)}{\left(1-\frac{m}{M}\right)\left(1-\frac{m'}{M'}\right)}=0,$$

ou $\frac{\sqrt{(1-m^2x^2)}}{M-m}-\frac{\sqrt{(1-m'^2x^2)}}{M'-m'}+$

$$\frac{\sqrt{(1-xx)}\left(\frac{m'}{M'}-\frac{m}{M}\right)}{\left(1-\frac{m}{M}\right)\left(1-\frac{m'}{M'}\right)}=0.$$

94. Et si on suppose $m'=m+dm$, $M'=M+dM$, on aura $\frac{\sqrt{(1-xx)}\,d\left(\frac{m}{M}\right)}{\left(1-\frac{m}{M}\right)^2}=d\left(\frac{\sqrt{(1-m^2x^2)}}{M-m}\right)$; ce qui donne en réduisant, $(Mdm-mdM)\sqrt{(1-xx)}=(M-m)\times -mdm.\frac{xx}{\sqrt{(1-m^2x^2)}}+(dm-dM)\sqrt{(1-m^2x^2)}$. En faisant $xx=y$, & faisant évanouir les radicaux, on aura une équation qui sera la même que la résultante de celle que nous avons déja donnée pour ce

même objet dans le Tom. VI de nos *Opusc.* pag. 265, art. 13.

95. On peut simplifier cette équation en faisant $\frac{1}{x^2}=uu$, ce qui donnera $(Mdm-mdM)\sqrt{(uu-1)}$ $=\frac{(M-m)x-mdm}{\sqrt{(u^2-m^2)}}+(dm-dM)\sqrt{(u^2-m^2)}$, ou $(Mdm-mdM)\sqrt{(u^2-1)}.\sqrt{(u^2-m^2)}=-Mmdm+m^2dM+u^2dm-u^2dM$, & en quarrant & réduisant $(u^4-u^2-m^2u^2)(Mdm-mdM)^2=2u^2(dm-dM)\times(-Mmdm+m^2dM)+u^4(dm-dM)^2$; donc $(u^2-1-m^2)(Mdm-mdm)^2=(2dM-2dm)(Mmdm-m^2dM)+u^2(dm-dM)^2$; & $u^2\times[(Mdm-mdM)^2-(dm-dM)^2]=(1+m^2)(Mdm-mdM)^2+(2dM-2dm)(Mmdm-m^2dM)$; supposant donc $m-M=\omega$, & $\frac{m}{M}=\delta$, on aura $u^2(M^4d\delta^2-d\omega^2)=M^4(1+m^2)d\delta^2-2mdωd\delta.M^2$ $=M^4d\delta^2+(M^2md\delta-d\omega)^2-d\omega^2$; ou $(u^2-1)(M^4d\delta^2-d\omega^2)=M^2md\delta-d\omega)^2$; donc à cause de $u^2-1=\frac{1-xx}{xx}=(\text{cot. } k)^2$, on aura cot. $k=\frac{M^2md\delta-d\omega}{\pm\sqrt{(M^4d\delta^2-d\omega^2)}}$, & tang. $k=\frac{\pm\sqrt{(M^4d\delta^2-d\omega^2)}}{M^2md\delta-d\omega}$; quantité dans laquelle on peut mettre encore $M\delta$ au lieu de $m$, & $\frac{\omega}{\delta-1}$ au lieu de $M$; ce qui donne une solution assez simple du problême, lorsque le problême pourra en effet se résoudre, c'est-à-dire, lorsque les

conditions de l'art. 32 & suiv. seront observées. Nous ne croyons pas nécessaire d'entrer là-dessus dans un plus grand détail. Nous observerons seulement que si la valeur de tang. $2\alpha$, déduite de l'art. 90 est ici négative, il est nécessaire aussi que $k$ soit négatif, c'est-à-dire, que le rayon incident $DF$ tombe dans l'angle $EFB$, puisqu'en écrivant $-2\alpha$ au lieu de $2\alpha$, l'angle $FLK$ est alors $=6-2\alpha$, au lieu de $6+2\alpha$.

96. Il est remarquable que si $x$ est très-petite, les termes où est $xx$ s'évanouiront, & le double parallélisme ne pourra avoir lieu sans une équation entre $m$, $dm$, $M$, $dM$, savoir, $Mdm - mdM = dm - dM$, ou $\frac{dM}{M-1} = \frac{dm}{m-1}$, ce qui s'accorde encore avec le Tom. VI de nos *Opusc.* pag. 283.

97. Au lieu de chercher l'angle $2\alpha$ par les valeurs données de $m$, $m'$, $M$, $M'$, il seroit plus simple de chercher quelles doivent être les valeurs de $m$, $m'$, $M$, $M'$, celles de $2\alpha$ & de $k$ étant supposées données, pour satisfaire ou à l'un des deux parallélismes, ou aux deux à-la-fois; on aura pour cela les deux équations $\frac{\text{fin.}(2\alpha+6)}{\text{fin.}(2\alpha+6')} = \frac{M}{M'}$ pour le parallélisme des rayons émergens entr'eux, $\frac{\text{fin.}(2\alpha+6)}{M} = \text{fin.}(2\alpha+k)$ pour celui du rayon émergent au rayon incident.

98. De-là on tire les valeurs de $M$ & de $M'$, les valeurs de $m$ & de $m'$ étant d'ailleurs ce qu'on voudra,

& il eſt clair, 1°. que ſi on veut ſatisfaire au ſeul parallèliſme d'un des rayons émergens avec l'incident, il ſuffira de trouver $M$, par l'équation $\frac{\text{ſin.}(2\alpha+\zeta)}{\text{ſin.}(2\alpha+k)}=M$, $M'$ étant d'ailleurs ce qu'on voudra. 2°. Que ſi on veut ſatisfaire au ſeul parallèliſme des rayons émergens, il ſuffira de ſuppoſer le rapport de $M$ à $M'=\frac{\text{ſin.}(2\alpha+\zeta)}{\text{ſin.}(2\alpha+\zeta')}$, $M$ & $M'$ étant d'ailleurs ce qu'on voudra, pourvu qu'ils ſatisfaſſent à ce rapport.

3°. Enfin que pour ſatisfaire aux deux parallèliſmes à-la-fois, il faut avoir $M=\frac{\text{ſin.}(2\alpha+\zeta)}{\text{ſin.}(2\alpha+k)}$, & $M'=\frac{M\,\text{ſin.}(2\alpha+\zeta')}{\text{ſin.}(2\alpha+\zeta)}=\frac{\text{ſin.}(2\alpha+\zeta')}{\text{ſin.}(2\alpha+k)}$.

99. Mais cette méthode de déterminer $M$, $M'$, $m$ & $m'$ par l'angle $2\alpha$ du priſme, a l'inconvénient que les quantités $M$, $M'$, &c. étant données par l'expérience, ne dépendent point, comme l'angle $2\alpha$, de la volonté de l'obſervateur. Au reſte, il demeure conſtant par toute cette théorie, que la prétendue expérience de Newton, ſur le double parallèliſme des rayons émergens entr'eux & avec l'incident, eſt au moins très-douteuſe, & qu'ainſi M. Klingenſtierna n'ayant appuyé que ſur cette expérience ſuppoſée, la fauſſeté de la loi de réfraction avancée par Newton, la fauſſeté de cette loi reſtoit encore à prouver, comme nous l'avons déja montré dans le §. I de ce Mémoire.

100. Ayant trouvé par les méthodes précédentes

quelle doit être la direction du rayon $DF$, soit dans l'angle $EFA$, soit dans l'angle $EFB$, pour que les rayons émergens soient parallèles entr'eux ; si l'on joint au prisme $FAC$ un autre prisme, dont une des faces soit coincidente avec $AB$, & dans lequel le rayon $DF$ entre perpendiculairement, il est clair que la réfraction se fera dans ce double prisme, comme dans le prisme simple $BAC$.

101. En général, s'il y a deux prismes, & que les rapports de réfraction en sortant du second prisme, soient $\frac{1}{\mu}$, $\frac{1}{\mu'}$, on aura, pour le parallélisme des rayons émergens, les équations fin. $\beta = m$ fin. $k$, fin. $\beta' = m'$ fin. $k$; $\frac{1}{M}$ fin. $(2\alpha + \beta) =$ fin. $k$; $\frac{1}{M'}$ fin. $(2\alpha + \beta') =$ fin. $k'$; $\frac{1}{\mu}$ fin. $(2\alpha' + k) = \frac{1}{\mu'}$ fin. $(2\alpha' + k')$.

102. Donc faisant $\beta' = \frac{x+y}{2}$, $\beta = \frac{x-y}{2}$, $K' = \frac{z+u}{2}$, $K = \frac{z-u}{2}$, on aura

1°. $\frac{\text{tang.}\, x}{\text{tang.}\, y} = \frac{m+m'}{m'-m}$;

2°. fin. $(2\alpha + x)$ cof. $y = \frac{M+M'}{2}$ fin. $z$ cof. $u$ + $\frac{M'-M}{2} \times$ fin. $u$ cof. $z$;

3°. fin. $y$ cof. $(2\alpha + x) = \frac{M+M'}{2}$ fin. $u$ cof. $z$ + $\frac{M'-M}{2} \times$ fin. $z$ cof. $u$;

4°. $\frac{\text{tang.}(2\alpha'+z)}{\text{tang.}\,u} = \frac{\mu'+\mu}{\mu'-\mu}$.

La seconde & la troisiéme équation donnent, en les divisant l'une par l'autre, $\frac{\text{tang.}(2\alpha+x)}{\text{tang.}\,y} = \frac{(M+M')\,\text{tang.}\,z+(M'-M)\,\text{tang.}\,u}{(M+M')\,\text{tang.}\,u+(M'-M)\,\text{tang.}\,z}$.

103. Soit $M' = M + dM$, $m' = m + dm$, $dM$ & $dm$ étant très-petits, on aura $y$ & $u$ très-petits, d'où l'on tire les équations approchées,

1°. $\frac{\text{tang.}(2\alpha+x)}{\text{tang.}\,x} = \frac{dm}{2m} \times \frac{2M\,\text{tang.}\,z}{2M\,\text{tang.}\,u + dM\,\text{tang.}\,x}$;

2°. $\text{sin.}\,(2\alpha+x) = M\,\text{sin.}\,z$.

3°. $\frac{\text{tang.}(2\alpha'+z)}{\text{tang.}\,u} = \frac{\mu'+\mu}{\mu'-\mu} = \frac{2\mu}{d\mu}$;

Or $\text{tang.}(2\alpha'+z) = (\text{sin.}\,2\alpha'\,\text{cos.}\,z + \text{sin.}\,z\,\text{cos.}\,2\alpha') : (\text{cos.}\,2\alpha'\,\text{cos.}\,z - \text{sin.}\,z\,\text{sin.}\,2\alpha') =$ (en divisant le numérateur & le dénominateur par $\text{cos.}\,2\alpha\,\text{cos.}\,z$) $\frac{\text{tang.}\,2\alpha'+\text{tang.}\,z}{1-\text{tang.}\,z\,\text{tang.}\,2\alpha'}$.

104. D'où l'on tire, à cause de $\text{tang.}\,z = \frac{\text{sin.}\,z}{\text{cos.}\,z} = \frac{\text{sin.}\,(2\alpha+x)}{\sqrt{(M^2-\text{sin.}\,(2\alpha+x)^2)}}$, & de $\text{tang.}\,u = \frac{d\mu}{2\mu} \times (\text{sin.}\,2\alpha'\,\text{cos.}\,z + \text{sin.}\,z\,\text{cos.}\,2\alpha') : (\text{cos.}\,2\alpha'\,\text{cos.}\,z - \text{sin.}\,z\,\text{sin.}\,2\alpha') = \frac{d\mu}{2\mu}(\text{tang.}\,2\alpha' + \text{tang.}\,z) : (1 - \text{tang.}\,z\,\text{tang.}\,2\alpha')$, une équation finale en $x$; ce qui n'a pas besoin d'être expliqué davantage.

105. Au lieu de prendre $x$ pour inconnue, on pourroit prendre $z$, & considérer que $\frac{\text{tang.}(2\alpha+x)}{\text{tang.}\,x} = \frac{\text{tang.}(2\alpha+x)}{\text{tang.}(2\alpha+x-2\alpha)} = \frac{\text{sin.}(2\alpha+x)}{\text{cos.}(2\alpha+x)\frac{\text{sin.}(2\alpha+x-2\alpha)}{\text{cos.}\,2\alpha+x-2\alpha}} =$ $[(\text{sin.}\,2\alpha+x)(\text{cos.}(2\alpha+x)\text{cos.}\,2\alpha)+\text{sin.}(2\alpha+x)(\text{sin.}(2\alpha+x)\text{sin.}\,2\alpha)]:[\text{sin.}(2\alpha+x)\,\text{cos.}(2\alpha+x)\,\text{cos.}\,2\alpha-\text{cos.}(2\alpha+x)\,\text{cos.}(2\alpha+x)\,\text{sin.}\,2\alpha]$. On mettra dans cette quantité au lieu de sin. $(2\alpha+x)$ & de cos. $(2\alpha+x)$, leurs valeurs $M$ sin. $z$ & $\sqrt{(1-M^2\,\text{sin.}\,z^2)}$, & au lieu de tang. $z$ dans l'autre membre de l'équation, sa valeur $\frac{\text{sin.}\,z}{\sqrt{(1-\text{sin.}\,z^2)}}$, & on aura une équation en sin. $z$.

106. S'il étoit question de rendre le rayon émergent parallèle à l'incident, on auroit des équations semblables, en mettant $\mu$ au lieu de $\mu'$, & 1 au lieu de $\mu$. Mais en voilà assez sur l'objet de ces recherches, que les Géomètres pourront aisément pousser plus loin, s'ils le jugent à propos.

## §. III.

### *Sur les couleurs qui se forment au foyer des Lentilles, & sur les dimensions de ce foyer.*

1. Soit *CD* une lentille (Fig. 24), *ABR* le rayon qui passe par l'axe, & que je nomme *rayon central*, *R* le foyer des rayons rouges infiniment proches de l'axe, *V* celui des rayons violets, *RL* l'aberration de sphéricité des rayons rouges, *VL'*, celle des rayons violets.

2. Je supposerai pour plus de simplicité $VL' = RL$, ces deux quantités étant en effet très-peu différentes l'une de l'autre; il seroit cependant facile d'avoir égard à leur différence, si on le jugeoit nécessaire.

3. Cela posé, il est clair, 1°. qu'il y aura du rouge dans tous les points de l'espace *RL*, & du violet dans tous les points de l'espace *VL'*. 2°. Que depuis *R* jusqu'en *V*, on aura le foyer de tous les rayons infiniment proches de l'axe, depuis le rouge jusqu'au violet, en procédant par degrés insensibles. 3°. Que le foyer total occupera en longueur sur l'axe, l'espace *RL'*. 4°. Qu'en *R* il n'y aura que du rouge, & en *L'* que du violet. 5°. Que si on prend un point *r* entre *R* & *L*, la couleur en *r* sera formée de la couleur dont le foyer

foyer est en $r$, plus de la couleur rouge qui s'étend jusqu'en $L$, plus de toutes les couleurs entre $R$ & $r$, qui s'étendent jusqu'à la limite $l$, en prenant $rl = RL$.

4. Distinguons maintenant trois cas, celui où le point $L$ tombe en $V$, celui où il tombe au-dessous, & celui où il tombe au-dessus.

5. Dans le premier cas, où les points $V$, $L$ (Fig. 25) se confondent, il y a en $L$ du rouge & du violet, & par conséquent aussi toutes les autres couleurs intermédiaires, & la lumiere en $V$ ou $L$ est blanche, en $r$, entre $R$ & $L$, il y aura une couleur formée de toutes les couleurs dont les foyers sont entre $R$ & $r$; & en $Z$, entre $V$ & $L'$, si on fait $ZZ' = RV = VL'$, il y aura une couleur formée du mêlange de toutes celles qui sont entre $Z'$ & $V$, puisque par l'aberration de sphéricité, ces couleurs se trouvent dans la ligne $Z'Z$.

6. Dans le second cas où $L$ est au-dessous de $V$, 1°. si on prend (Fig. 26) $Rr < RL$, la couleur en $r$ sera formée de toutes les couleurs dont les foyers sont entre $R$ & $r$, & la couleur en $L$, de toutes les couleurs dont les foyers sont entre $R$ & $L$; 2°. si on prend un point $i$ entre $L$ & $V$, la couleur en $i$ (faisant $ir' = RL$) sera formée de toutes les couleurs qui sont depuis $r'$ jusqu'à $i$. 3°. Enfin, si on prend un point $Z$ entre $V$ & $L'$, alors faisant $Zi' = RL = VL'$, la couleur en $Z$ sera formée de toutes les couleurs qui sont entre $i'$ & $V$.

7. Dans le troisiéme cas où *L* est au-dessus de *V*, (Fig. 27) on verra de même, 1°. que la couleur en *r* entre *R* & *V* sera formée de toutes les couleurs dont les foyers sont entre *R* & *r*. 2°. Qu'en *V*, elle sera blanche & formée de toutes les couleurs. 3°. Que depuis *V* jusqu'en *L*, elle sera encore blanche partout, & formée de toutes les couleurs. 4°. Qu'en *Z* entre *L* & *L'*, si on fait $ZZ'=RL=VL'$, la couleur sera formée de toutes les couleurs dont les foyers sont entre *Z'* & *V*.

8. De-là il résulte que dans le premier cas (Fig. 25) il n'y a de blanc qu'au seul point *V* ou *L*; que dans le second (Fig. 26), il n'y a de blanc en aucun endroit de *RL*, & que les couleurs les plus fortes seront dans l'espace *VL*, comme étant formées d'un plus grand nombre de couleurs réunies, & que dans le troisiéme cas il y a (Fig. 27) du blanc dans tout l'espace *VL*.

9. De plus, dans le second cas, si on fait $VO=RL$, & que *O* soit entre *R* & *L* (Fig. 28), il est visible que le point *L* renfermant toutes les couleurs qui sont depuis *R* jusqu'en *L*, & le point *V* toutes celles qui sont depuis *V* jusqu'en *O*, toutes les couleurs qui sont entre *L* & *O*, se trouveront en *L* & en *V*, & par conséquent aussi dans tous les points de *LV*. Si le point *O* tombe en *L*, il n'y aura que la seule couleur *L* qui se trouve dans tous les points de *LV*, & si $RO>RL$, il n'y aura aucune couleur qui

se trouve à-la-fois dans tous les points de *LV*.

10. Il y a un peu plus de difficulté à déterminer le mêlange des couleurs dans l'aberration latitudinale, & la plus petite image qui en résulte. Nous supposerons pour plus de facilité que les rayons tombent tous sur la lentille parallèlement à l'axe, & nous remarquerons d'abord qu'en conséquence des formules données (Tome III de nos *Opuscules*, pag. 79, art. 185) nous aurons $\frac{1}{\delta} = \frac{2(P-1)}{r} + \frac{\epsilon^2}{r^3}\left(\frac{P-1}{P}\right)(2-P+4P^3-4P^2)$;

d'où on a $\delta =$ à très-peu près $\frac{r}{2(P-1)} - \frac{\epsilon^2}{r^3} \times \frac{r^2}{4(P-1)^2} \times \frac{P-1}{P}(2-P+4P^3-4P^2)$. Prenant donc $P$ pour la quantité qui convient aux rayons moyens, en sorte que $P+dP$ soit celle qui convient aux rayons violets, & $P-dP$ celle qui convient aux rayons rouges, l'aberration de réfrangibilité sera pour les rayons violets $-\frac{rdP}{2(P-1)^2}$, & pour les rouges $+\frac{rdP}{2(P-1)^2}$, en sorte que le foyer $V$ des rayons violets sera plus près de la lentille que le foyer $R$ des rayons rouges; de plus, l'aberration de sphéricité pour tous les rayons sera négative, parce que $P$ est $>1$ & $P<2$, ce qui rend $2-P+4P^3-4P^2$ positif, & l'aberration de sphéricité $= \frac{\epsilon^2 r^2}{r^3 . 4(P-1)} \times \frac{P-1}{P} \times (2-P+$

$4P^3 - 4P^2$) négative; donc *L* & *L'* (Fig. 25, 26, 27) seront au-dessus de *R* & de *V*.

11. Soient maintenant *RA*, *RB* (Fig. 29) les caustiques des rayons rouges, *Va*, *Vb* celles des rayons violets que je supposerai les mêmes que celles des rayons rouges, d'autant que la différence en est très-petite. Soient de plus *C*, *D*, *c*, *d*, les points où les caustiques sont touchées par les rayons extrêmes venans de *C'* & de *D'*; il est aisé de voir, 1°. qu'au-dessus de *CD* vers *B* (& on en dira de même de *cd*) tous les rayons rouges réfractés tombent entre les deux extrêmes qui touchent la caustique en *C* & en *D*; d'où il s'ensuit qu'en *CD* & au-dessus, comme en *ir*, l'image *rouge* est *CD* ou *ir*, c'est-à-dire, renfermée entre les rayons rouges extrêmes *cr*, *Di*, qui touchent la caustique en *C* & en *D*. 2°. Qu'au-dessous de *CD*, & jusqu'en *ML*, où les rayons touchans (Fig. 30) *Cr*, *Di* prolongés rencontrent les caustiques, l'image en *HG*, par exemple, sera terminée par les deux caustiques. 3°. Enfin, qu'au-dessous de *ML*, par exemple, en *M'L'*, l'image sera terminée en *M'*, *L'* par les rayons *iDNLL'*, *rCNMM'*.

12. D'où il résulte, ce qui peut d'ailleurs être prouvé de beaucoup d'autres manieres, que la plus petite de toutes les images rouges, & par conséquent le vrai foyer latitudinal des rayons rouges sera *ML*.

13. On trouvera de même l'image *ml* (Fig. 31) formée par les rayons violets, & on voit qu'en général

l'image formée par des rayons rouges quelconques, est déterminée par les deux points où les rayons extrêmes de cette couleur coupent la caustique de l'autre côté de l'axe.

14. Ainsi, on voit en général que pour une couleur quelconque (Fig. 32), l'image, ou plutôt les différentes images *KQ* d'un côté de l'axe (& il en sera de même de l'autre côté) seront renfermées dans la ligne mixte, *rCLQZ*, composée, 1°. de la tangente *rC* au point extrême *C* de la caustique, formée par les rayons de cette couleur; 2°. de la portion *CL* de la même caustique, jusqu'au point *L* où est la plus petite image, formée par le rayon extrême qui venant de l'autre côté de l'axe, coupe la caustique *CL* en *L*; 3°. enfin de la droite *LZ*, qui est le prolongement de ce rayon coupant.

15. Cette ligne mixte sera à très-peu près la même pour tous les rayons, depuis le rouge jusqu'au violet, & elle ne sera seulement que changer de position parallèlement à l'axe *AR*, sa distance à cet axe demeurant d'ailleurs la même.

16. Soient donc *rCLZ*, *r'c'L'Z'* (Fig. 33) les deux limites des images pour les rayons rouges & les violets; il est clair, 1°. que l'image *ON* formée au point d'intersection *N* de ces deux limites ou lignes mixtes, sera celle qui résulte des rayons rouges & violets, puisqu'elle sera la plus petite de toutes les images *KQQ* ou *KQ'Q* que forment ces rayons réunis. 2°. Que comme la li-

mite $rCNLZ$ des rayons rouges est extérieure à toutes les autres, les rayons rouges étant les moins réfrangibles, chaque image $KQ'Q$ terminée à la limite des rayons rouges, renfermera toutes les images des autres rayons; & que de plus $ON$ sera la moindre des images formées par tous les rayons pris ensemble; & que par conséquent $ON$ sera l'image ou le vrai foyer de la lentille.

17. Au reste, cette image $ON$ ne sera pas blanche dans toute son étendue. Pour en déterminer la couleur, soit prise sur la ligne $ON$ (Fig. 34) la partie $OH = ML = M'L'$, c'est-à-dire, $=$ à la plus petite image formée par les rayons d'une seule couleur. Imaginons ensuite la caustique, intermédiaire entre les deux extrêmes, qui passe par $H$, c'est-à-dire, qui donne en $O$ sa plus petite image, égale à $ML$ ou $M'L'$; il est aisé de voir, 1°. que depuis $O$ jusqu'en $H$, il y aura des rayons de toute couleur, & qu'ainsi la partie $OH$ sera blanche. 2°. Que si on appelle $\rho$ la couleur qui forme la caustique passant par $H$, cette couleur $\rho$ ne se trouvera plus dans l'espace $HN$. 3°. Que si on appelle $\rho'$ la couleur qui forme la limite ou ligne mixte passant par un point $h$ de $HN$, cette couleur $\rho'$ ne se trouvera plus dans l'espace $hN$. Or comme il y a deux limites, celle du rouge & du violet, c'est-à-dire, des deux couleurs extrêmes qui passent par $N$, il y aura de même en $h$ deux couleurs $\rho'$, $\rho''$, l'une plus proche du violet, l'autre plus proche du rouge, & il

n'y aura que le point $H$ où il ne passera qu'une seule limite ou ligne mixte. Soit $\rho'$ la couleur la plus proche du violet ou la plus réfrangible, & $\rho''$ la plus proche du rouge ou la moins réfrangible, il n'y aura dans l'espace $hN$, que les couleurs qui vont depuis la couleur $\rho'$ jusqu'au violet, & depuis la couleur $\rho''$ jusqu'au rouge.

18. Soit $R$ la distance focale des rayons rouges infiniment proches de l'axe; $R - \omega dP - \delta\beta^2$, la distance focale d'une autre espece de rayons quelconques, $\beta$ étant supposé très-petit; $Rr$ (Fig. 35.) la caustique des rayons rouges, $r$ le point où cette caustique est touchée par les rayons extrêmes, $rV$, $ru$, deux tangentes infiniment proches en $r$; on aura $Vu = 2\delta\beta d\beta$, $Ki = \frac{Vu \times \beta}{R} = \frac{2\delta\beta^2 d\beta}{R}$, $\frac{Vi}{Vr}$, ou (à cause de l'angle $KVR$ très-petit) $\frac{Vi}{VK} = \frac{d\beta}{R}$; donc $VK = \frac{Vi.R}{d\beta} = 2\delta\beta^2$; on a de plus $VR = \delta\beta^2$, $Kr = VK \times \frac{\beta}{R} = \frac{2\delta\beta^3}{R}$. Soit $KR = a$, & $Kr = \gamma$, on aura $\gamma = \frac{2\delta\beta^3}{R}$, $a = VK + VR = 3\delta\beta^2$, & $\beta = \left(\frac{a}{3\delta}\right)^{\frac{1}{2}}$, donc $\gamma = \frac{2\delta}{R} \times \left(\frac{a}{3\delta}\right)^{\frac{3}{2}}$, ce qui montre (comme on le savoit d'ailleurs) que la caustique $Rr$ est une seconde parabole cubique, dont je mets l'équation sous cette

forme plus ſimple $y = N x^{\frac{3}{2}}$, $N$ étant $= \frac{2}{R\sqrt{(27\delta)}} \alpha^{\frac{3}{2}}$.

19. Pour déterminer, au moyen de cette cauſtique, la plus petite image $ML$ des rayons rouges (par exemple), on nommera $RO$, $z$ (Fig. 36), & on aura $MO = N z^{\frac{3}{2}} = \frac{VO \times Kr}{KV}$. Or $Kr = N \alpha^{\frac{3}{2}}$, $VK = \frac{2}{3}\alpha$, $RV = \frac{\alpha}{3}$, $VO = RV - z$; donc $N z^{\frac{3}{2}} = \frac{N\alpha^{\frac{3}{2}} . 3}{2\alpha} \times \left(\frac{\alpha}{3} - z\right)$, & $z^{\frac{3}{2}} = \frac{3\sqrt{\alpha}}{2}\left(\frac{\alpha}{3} - z\right)$; donc $z^3 = \frac{\alpha}{4}(\alpha - 3z)^2$, équation à laquelle on ſatisfait aiſément en prenant $z = \frac{\alpha}{4}$, ce qu'on ſavoit encore d'ailleurs. Donc $ML$ ou $2OL = 2Nz^{\frac{3}{2}} = 2N \times \frac{\sqrt{\alpha}}{2} \times \frac{\alpha}{4} = \frac{N\alpha^{\frac{3}{2}}}{4}$, & $OL = \frac{N\alpha^{\frac{3}{2}}}{8}$.

20. On trouvera les mêmes valeurs relativement à la cauſtique $V'u'$ (Fig. 35) des rayons violets, ſenſiblement égale & ſemblable à celle des rayons rouges, ainſi que les cauſtiques de tous les autres rayons colorés.

21. Maintenant on remarquera, 1°. que $RV' = \omega dP$ (Fig. 35); 2°. que $M'R = RV' + V'M' - KR = \omega dP + \frac{\alpha}{4} - \alpha = \omega dP - \frac{3\alpha}{4}$; & que $N'M' = \frac{\alpha}{3} - \frac{\alpha}{4} = \frac{\alpha}{12}$; $N'V = \frac{\alpha}{12} + M'K + KV = \frac{\alpha}{12} + \omega dP$ —

$-\frac{3\alpha}{4}+\frac{2\alpha}{3}=\omega dP$; ce qu'on peut voir encore plus ſimplement, en conſidérant que $N'V'=RV$. 3°. Que ſi on cherche les points où les rayons $N'L'Y$, $VrY$ concourent, on aura par conſéquent $VT=\frac{\omega dP}{2}$, $RT=\frac{\omega dP}{2}+\frac{\alpha}{3}$. Donc $T$ ſera au-deſſus ou au-deſſous de $K$, c'eſt-à-dire, $RT>$ ou $<RK$, ſelon que $\frac{\omega dP}{2}+\frac{\alpha}{3}$ ſera $>$ ou $<\alpha$, c'eſt-à-dire, ſelon que $\omega dP$ ſera $>$ ou $<\frac{4\alpha}{3}$.

22. Si $T$ eſt au-deſſus de $K$, ou ſe confond avec $K$, la plus petite image ſera $TY=\frac{\omega dP}{2}\times\frac{\epsilon}{R}$.

23. Si $T$ eſt au-deſſous de $K$, la plus petite image $ON$ (Fig. 37) ſe trouvera en conſidérant, 1°. que $RN'=\omega dP+\frac{\alpha}{3}$; 2°. que $RK=\alpha$, & ſi l'on fait $RO=u$, on aura $ON=N.u^{\frac{3}{2}}=\frac{\epsilon}{R}\times N'O=\frac{\epsilon}{R}\left(\omega dP+\frac{\alpha}{3}-u\right)$, équation d'où l'on tirera $u$.

24. Pour trouver la cauſtique qui paſſe par l'extrêmité $H$ de l'image blanche, c'eſt-à-dire, la couleur qui forme cette cauſtique, on remarquera (Fig. 38) que $OH=ML=N\left(\frac{\alpha}{4}\right)^{\frac{3}{2}}=\frac{N\alpha^{\frac{3}{2}}}{8}$; & que par con-

séquent dans la caustique $\rho H$, on a $\rho O = \frac{a}{4}$; donc puisqu'on a la valeur de $RO = u$ (art. 23), on aura $R\rho = u - \frac{a}{4}$; de plus, $R\rho = \omega d\omega$, $d\omega$ étant la quantité qui convient aux rayons de la couleur cherchée, quantité qui est $= 0$ pour les rayons rouges, & la plus grande pour les rayons violets. Donc $d\omega = \frac{4u - a}{4\omega}$.

25. On trouvera de même les deux couleurs qui se réunissent en $T$ (Fig. 39); en remarquant, 1°. que $PQ = \frac{Na^{\frac{3}{2}}}{8}$. 2°. Que $PO = \rho\sigma'$, & que par conséquent $HT = \frac{PO \times \beta}{R} = \rho\sigma' \times \frac{\beta}{R}$. Donc $OT = \frac{Na^{\frac{1}{2}}}{8} + \frac{\rho\sigma' \times \beta}{R} = N . O\sigma^{\frac{3}{2}}$; d'où l'on connoîtra $O\sigma$, le point $\sigma'$ étant supposé donné.

26. Il faut de plus remarquer que si le point $T$ ne se trouvoit point sur la caustique $\sigma T$, mais qu'il fût sur la tangente à l'extrêmité de cette caustique, comme dans la Fig. 35, où $Y$ est au-delà de $r$; alors le problême pour déterminer le point $T$ ou $\sigma$, feroit encore plus facile, & il faudroit employer une méthode analogue à celle dont on s'est servi pour déterminer le point $Y$, par l'intersection des deux tangentes extrêmes $N'Y$, $VrR$.

27. Nous avons supposé, pour plus de facilité, toutes

les cauſtiques égales & ſemblables dans les recherches précédentes. Mais il eſt clair que, quand on voudroit avoir égard à la petite différence qui eſt entr'elles, & à la divergence très-petite des rayons rouges & violets qui partent de l'extrêmité de la lentille, le problême ſe réſoudroit abſolument par les mêmes conſtructions & les mêmes méthodes, & que les calculs analytiques ſeroient ſeulement un peu plus compliqués.

28. Nous n'avons conſidéré juſqu'ici que les rayons parallèles entr'eux & à l'axe. Suppoſons préſentement que les rayons ſoient toujours parallèles entr'eux, mais inclinés à l'axe, & pour plus de facilité ſuppoſons que l'angle $ABC$ (Fig. 39, n°. 2) de ces rayons avec l'axe $CB$ ſoit très-petit, par exemple, de $16'$ pour le Soleil. On ſait, par la Dioptrique, que ſi on prolonge $AB$ en $R'$, de maniere que $RR'$ ſoit perpendiculaire à $BR$, & que $R$ ſoit le foyer des rayons rouges parallèles à l'axe, & infiniment proches de cet axe, $R'$ ſera à très-peu près le foyer des rayons rouges qui font avec l'axe un angle $=ABC$. Faiſant donc ſur cet axe $AR'$ les mêmes opérations que ſur l'axe $AR$ dans les Figures précédentes, on trouvera de même la plus petite image pour cet axe $AR$, & les couleurs de cette image; de plus, il eſt clair que cette image ſera placée à très-peu près dans le plan & dans la direction de l'image $ON$ (Fig. 33). Connoiſſant donc la partie blanche de chacune des deux images, la partie colorée de chacune, & la poſition des axes $AR'$, $CR$ (Fig. 39,

n°. 2) qui diviſent ces deux images par leur centre, on connoîtra aiſément la largeur de l'image totale, & les couleurs de ſes différentes parties; ce qui eſt trop facile pour que nous nous y arrêtions.

29. Au lieu de ſuppoſer les rayons parallèles, ſi on ſuppoſe qu'ils partent d'un point quelconque pris dans l'axe ou hors de l'axe, on connoîtra par une méthode abſolument ſemblable, les images formées dans cette hypothèſe; c'eſt un détail que nous abandonnons à nos Lecteurs.

30. Suppoſons qu'il n'y ait qu'une ſeule eſpece de rayons colorés, & que $AB$ ſoit l'aberration de ſphéricité de ces rayons, en ſorte que $A$ (Fig. 40) ſoit le foyer des rayons infiniment proches de l'axe, & $B$ le foyer des rayons qui paſſent par l'extrêmité de la lentille, à la diſtance $\beta$ de l'axe, on aura d'abord $AB = \delta\beta^2$, $\delta$ étant connu par ce qui précede. Soit enſuite $C$ le point qui ſe peint exactement au fond de l'œil, & $AC = mAB = m\delta\beta\beta$; ſoit enſuite $AD = \delta xx$, ce qui donne $CD = m\delta\beta^2 - \delta x^2$, l'aberration du point $D$ au fond de l'œil ſera proportionnelle (Voyez Tome III de nos *Opuſc.* XVIIIe Mém.) à $CD$ multiplié par l'angle que fait au point $D$ le rayon qui paſſe par ce point, angle qui eſt évidemment proportionnel à $x$, & qu'on peut ſuppoſer $= x$, en faiſant $R = 1$; donc l'aberration du point $D$ ſera $(m\delta\beta\beta - \delta x^2)x = m\delta\beta^2 x - \delta x^3$, qui ſera un *maximum* quand $x^2$ ſera $= \frac{m\beta\beta}{3}$, & la valeur de ce

*maximum* fera $\frac{2m\delta\zeta\zeta}{3}\sqrt{\left(\frac{m\zeta\zeta}{3}\right)} = \frac{2m}{3}\sqrt{\frac{m}{3}} \times \delta\zeta^3$. Enfin l'aberration au point $B$ fera $= \zeta \times BC = (1 - m)\delta\zeta^3$. Or comme l'aberration au point $B$ diminue à mefure que le point $C$ monte vers $B$, & qu'au contraire l'aberration $CD$ augmente, il eft clair que l'aberration fera la moindre quand ces deux quantités d'aberration font égales, ce qui donne $1 - m = \frac{2m}{3}\sqrt{\frac{m}{3}}$, d'où $m = \frac{3}{4}$. Ce qui s'accorde avec la théorie précédente, puifqu'on a vu que $AB = \frac{1}{3}AO$, ($r$ étant le point où la cauftique eft touchée par les rayons extrêmes) & que le point $C$ où eft la plus petite image donne $AC = \frac{1}{4}AO$. D'où $AC = \frac{3}{4}AB$.

31. Soit $AK$ la demi-ouverture, $N$ (Fig. 41) le foyer des rayons rouges infiniment proches de l'axe, $L$ celui des rayons rouges qui viennent de $K$, en forte que $LN$ foit l'aberration de fphéricité des rayons rouges; alors prenant $LO =$ à l'aberration de réfrangibilité, il eft clair que $O$ fera le point par où pafferont les rayons violets venans de $K$, & que $NO = NL + LO$ fera l'aberration longitudinale totale.

32. Tous les points entre $O$ & $L$ recevront donc des rayons venans de $K$; mais les points entre $L$ & $N$ n'en recevront que des points placés entre $A$ & $K$. Soit $u$ un point de $LN$; le point le plus éloigné de $A$ & le plus proche de $K$ qui enverra des rayons en $u$ fera $k$, $ku$ étant le rayon qui touche la cauftique $NmM$

en $m$; & $uN$ sera l'aberration de sphéricité pour le rayon qui passe par $k$. Tous les autres rayons passant par $u$, donneront une ouverture $Ak$ plus petite.

33. Donc, 1°. si on suppose entre $O$ & $L$ un point $i$ qui se peigne exactement au fond de l'œil, comme le rayon qui passe par $i$ vient de $k$, l'aberration de l'image du point $O$ au fond de l'œil (que j'appellerai l'*aberration oculaire*), sera proportionnelle à $Oi \times Ak$. 2°. Si on prend un point $u$ entre $L$ & $N$, l'aberration oculaire en $u$ sera proportionnelle à $iu \times Ak$. Soit $Li = \zeta'$, $uL = u$, (d'où $ui = \zeta' + u$), $LN = \delta\zeta\zeta$ ($AK$ étant $= \zeta$), enfin $Ak = x$, on aura $uN = \delta xx = \delta\zeta\zeta - u$; donc $x^2 = \zeta\zeta - \frac{u}{\delta}$, & l'aberration oculaire en $u$, $ui \times x = (\zeta' + u)\sqrt{\left(\zeta\zeta - \frac{u}{\delta}\right)}$. Supposons $u = 0$, ce qui fait tomber le point $u$ en $L$, l'aberration oculaire en $L$ sera $= \zeta\zeta'$, & supposons $u$ infiniment petite, l'aberration sera $(\zeta' + u)\left(\zeta - \frac{u}{2\delta\zeta}\right)$ $= \zeta\zeta' + u\zeta - \frac{u\zeta'}{2\delta\zeta}$, qui sera évidemment $= \zeta\zeta'$ si $2\zeta\zeta\delta = \zeta'$, $> \zeta\zeta'$ si $2\zeta\zeta\delta > \zeta'$, & $< \zeta\zeta'$ si $2\zeta\zeta\delta < \zeta'$.

34. Or si on suppose que le point de la plus grande aberration oculaire soit en $u$, au-delà de $L$, entre $L$ & $N$, il est nécessaire que l'aberration en $L$ soit $<$ que l'aberration en $u$.

35. Donc il est nécessaire que $2\zeta\zeta\delta$ soit $> Li$ pour

que la plus grande aberration oculaire, d'un côté du point $i$, tombe entre $L$ & $N$. (Nous verrons plus bas ce qui arrivera si $2\zeta\zeta\delta < Li$.)

36. Or $2\zeta\zeta\delta = 2LN$; donc si $2LN = Li$, l'aberration oculaire en $L$ sera un *maximum*, $i$ étant supposé le point qui se peint exactement au fond de l'œil; si $2LN > Li$, l'aberration oculaire ne sera pas un *maximum* au point $L$, & le sera pour quelque point $u$ placé entre $L$ & $N$.

37. De plus, tandis que l'aberration oculaire va en croissant de $i$ en $u$, & qu'elle est un *maximum* en $u$, il est clair qu'elle va aussi en croissant de $i$ en $o$, & qu'elle est un *maximum* en $O$; & que pour que cette aberration *maxime* soit la plus petite au fond de l'œil qu'il est possible, il faut que les deux aberrations soient égales; comme dans le cas ci-dessus (art. 31), où l'on a considéré les rayons d'une seule couleur.

38. Soit donc maintenant $OL = \delta'$, on aura $Oi = \delta' - \zeta'$, & l'aberration oculaire en $O$ sera $= Oi \times AK = (\delta' - \zeta')\zeta$, laquelle doit être $=$ à l'aberration $(\zeta' + u) \sqrt{\left(\zeta\zeta - \frac{u}{\delta}\right)}$, cette derniere aberration elle-même étant un *maximum*.

39. Cherchant donc la valeur de $u$ qui donne $(\zeta' + u) \sqrt{\left(\zeta\zeta - \frac{u}{\delta}\right)} =$ à un *maximum*, on aura $\frac{2}{\zeta' + u} = \frac{1}{\delta\left(\zeta\zeta - \frac{u}{\delta}\right)}$, ou $2\delta\zeta\zeta - 2u = \zeta' + u$, & $u =$

$\frac{2\delta\beta\beta - \beta'}{3}$. Mettant cette valeur de $u$ dans l'abèrration $(\beta' + u) \times \sqrt{\left(\beta\beta - \frac{u}{\delta}\right)}$, & égalant ensuite cette quantité à $(\delta' - \beta')\beta$, on aura la valeur de $\delta$; ce qui donnera l'équation $\left(\frac{2\delta\beta\beta + 2\beta')}{3}\right) \times \sqrt{\left(\frac{\delta\beta\beta + \beta'}{3\delta}\right)} =$ $\delta'\beta - \beta\beta'$; d'où l'on tirera $\beta'$.

40. De plus, il est nécessaire, pour pouvoir résoudre cette équation, & trouver une valeur possible de $u$, que $Li$ soit $<$, ou du moins égal à la moitié de $LO$; car si $Li$ étoit $> \frac{LO}{2}$, alors les images en $O$ & en $L$ étant entr'elles comme $Oi$ à $iL$, l'aberration $O$ seroit moindre que l'aberration en $L$, & comme l'aberration en $L$ (*hyp.*) est $<$ que l'aberration en $u$, il est clair que l'aberration en $O$ ne pourroit alors être égale à l'aberration en $u$.

41. C'est d'ailleurs ce qu'on voit aisément par la valeur de $u = \frac{2\delta\beta\beta - \beta'}{3}$, qui donne $2\delta\beta\beta = \beta'$ lorsque $u = 0$; & $\beta\beta' = \delta'\beta - \beta'\beta$, ou $\delta' = 2\beta'$, c'est-à-dire, $OL = 2Li = 4\delta\beta\beta = 4LN$. Donc si $2LN$ est $= \frac{LO}{2}$, alors $2LN$ sera $= Li$; le point $u$ sera placé en $L$, $u$ étant $= 0$; & l'aberration oculaire sera $A\beta\beta'$, $A$ étant un coefficient qui dépend de la conformation & de la réfraction des humeurs de l'œil; & si $2LN$ (Fig. 41, n°. 2) est $> \frac{LO}{2}$, ou $Li'$ (en supposant $Li' =$

$Li' = \frac{LO}{2}$), alors on aura à plus forte raiſon $2LN >$ $Li$; donc prenant un point $i$ très-près de $i'$ & au-deſſous, l'aberration oculaire en $i'$ ſera $>$ qu'en $i$ (art. 33), & par conſéquent la plus grande aberration oculaire ſera (art. 36) en quelque point $u$ entre $L$ & $N$.

42. Mais ſi $2LN$ eſt $< \frac{LO}{2}$; alors prenant $Li$ tant ſoit peu plus petite que $\frac{LO}{2}$, il eſt clair qu'on pourra avoir encore $2LN < Li$, & par conſéquent ſi on ſuppoſe que l'aberration oculaire en $i$ ſoit $= 0$, l'aberration oculaire en $L$ ſera $>$ (art. 33) que dans les points très-proches de $L$ & au-deſſous; il ne faudra donc plus chercher le *maximum* d'aberration oculaire dans la ligne $LN$; & il eſt évident pour lors en plaçant le point $i$ au milieu de la ligne $LO$, que ce point $i$ ſera celui qui étant peint au fond de l'œil, donnera les deux aberrations égales pour le point $O$ & pour le point $L$. On pourroit objecter cependant que dans le cas où $2LN$ eſt $< \frac{LO}{2}$, ſi on prend $Li < \frac{LO}{2}$, & tel que $2LN$ ſoit $> Li$, alors il ſeroit poſſible de trouver au-deſſous de $L$ un point $u$ tel que les aberrations oculaires en $O$ & en $L$ fuſſent égales; l'image diſtincte étant ſuppoſée en $i$. Mais en ce cas, ces deux aberrations ſeroient plus grandes que l'aberration oculaire en $O$, l'image diſtincte étant ſuppoſée au point milieu $i$ de $LO$; & l'image

diſtincte *réelle*, doit en ce cas être au point $i$ qui donne l'aberration oculaire plus petite.

43. On peut remarquer qu'en général, ſi le point $i$ (Fig. 42) eſt celui qui ſe peint exactement au fond de l'œil en $a$, & que les points $o$, $u$, ſe peignent, le premier en-deçà de la retine en $d$, le ſecond au-delà en $e$, $MN$ étant la prunelle (ou partie de la prunelle, car il n'eſt pas néceſſaire que $KN$ & $KM$ ſoient égales) & $ac$ étant l'image ou l'aberration oculaire formée des deux aberrations égales (*hyp.*) aux points $o$ & $u$; on aura $oi:iu::ae:ad$, $ac = \frac{KN \times ad}{aK}$, & auſſi $= \frac{KM \times ae}{aK}$; donc $KN:KM::ae:ad::iu:oi$, d'où il eſt aiſé de conclure que les points $M$, $u$, $Z$ feront ſenſiblement en ligne droite, $iZ$ étant perpendiculaire à $Ou$, & qu'ainſi le point $Z$ ſe peindra au fond de l'œil en $C$, comme le point $i$ en $a$; donc l'image $iZ$ ſe peindra au fond de l'œil comme ſe peindroit à l'œil nu un objet placé en $iZ$.

44. On peut remarquer encore en paſſant que dans l'art. 464 du troiſiéme volume de nos *Opuſcules* (dont je ſuppoſe qu'on ait ici la figure ſous les yeux), ſi au lieu de $\lambda'$, qu'on peut ne pas ſuppoſer $=$ à toute la largeur de la prunelle, on met ſa valeur $\frac{AO \times Ba}{Aa}$, on aura l'aberration au fond de l'œil, proportionnelle à $\frac{AO}{BA}$, ce qui ſimplifiera beaucoup les calculs.

45. Tous les réſultats de cette recherche ſur l'aberration oculaire de l'image, & ſur la véritable image

du fond de l'œil, s'accordent parfaitement, comme il est aisé de voir, avec celle que nous avons donnée ci-dessus du même problême, par l'intersection des caustiques, ou des limites mixtilignes des images des rayons rouges & des violets.

46. En effet, nous avons vu, 1°. que $r$ étant le point où la caustique (Fig. 35) est touchée par les rayons rouges extrêmes, on a $KV = 2RV$; 2°. que $RV = \delta\beta\beta$; d'où $KV = 2\delta\beta\beta$; 3°. il est clair que $RV'$ est égale à l'aberration de réfrangibilité, & que $RV$ est $=$ à $V'N'$, puisque $N'$ est le point par où passent les rayons violets extrêmes. Donc $VN'$ est $=$ à l'aberration de réfrangibilité; c'est-à-dire, à $\delta'$. Donc puisque $TV = \frac{1}{2} VN' = \frac{1}{2}\delta'$, il est clair, 1°. que si l'intersection $Y$ est au-delà de $r$, on aura $TV$ ou $\frac{1}{2}\delta' > KV > 2\delta\beta\beta$, c'est-à-dire, $4\delta\beta\beta < \delta'$, & le point $T$ qui donne la vraie image sera donné par l'intersection des tangentes extrêmes $N'Y$, $VrY$, comme on l'a vu ci-dessus. 2°. Si $4\delta\beta\beta = \delta'$, les points $Y$ & $r$ se confondront, & le point de l'image sera en $K$. 3°. Enfin, si $4\delta\beta\beta > \delta'$, le point de la véritable image sera donné par l'intersection de la caustique $Rr$ avec le rayon violet extrême $N'Y$, qui pour lors coupera cette caustique entre $R$ & $r$ (Fig. 37), par exemple, en $N$, & il n'est pas difficile de voir que l'équation qui résultera de cette intersection, sera précisément la même que l'équation $(\delta' - \beta')\beta = (\beta' + u) \times \sqrt{\left(\beta\beta - \frac{u}{\delta}\right)}$

trouvée ci-dessus. En effet, on aura, en faisant $Vu = u$, (Fig. 37) & $OV = \varepsilon'$, $\frac{(\delta' - \varepsilon')\varepsilon}{R} = ON = \frac{Ou}{R}$ multiplié par l'ouverture $x$ ou $\sqrt{\left(\varepsilon\varepsilon - \frac{u}{\delta}\right)}$, qui répond au rayon tangent $N$. Or $Ou = OV + Vu = \varepsilon' + u$. Donc on aura l'équation $(\varepsilon' + u)\sqrt{\left(\varepsilon\varepsilon - \frac{u}{\delta}\right)} = (\delta - \varepsilon')\varepsilon$, précisément la même que celle de l'article 39.

47. La maniere dont nous avons trouvé par les méthodes précédentes l'aberration causée par une seule lentille objective, peut évidemment s'appliquer à l'aberration causée par un objectif & un oculaire. Car dans l'une & l'autre des deux méthodes, il n'y a qu'à distinguer pour l'oculaire, comme on a fait pour l'objectif, les deux aberrations $NL$ & $LO$ (Fig. 41, n°. 2) de sphéricité & de réfrangibilité, & suivre d'ailleurs exactement les mêmes procédés.

48. Si on nomme $\rho$ la distance du foyer de l'oculaire à ce même oculaire, & $x$ les différentes ouvertures de la lunette, il n'est pas difficile de voir que le foyer d'un rayon quelconque sera donné par la valeur $\rho + \eta dP + \mu xx$, les quantités $\eta$ & $\mu$, faisant ici la même fonction que $\omega$ & $\delta$ dans l'objectif. Les distances de l'oculaire & de l'objectif étant donc supposées données, ainsi que la distance de l'œil à l'oculaire, quand on aura trouvé par les méthodes précédentes, le point de la véritable

image, & l'aberration de cette image au fond de l'œil, alors il faudra chercher quelle doit être la distance de l'oculaire à l'objectif, & celle de l'œil à l'oculaire, pour que cette aberration au fond de l'œil soit la moindre qu'il est possible ; & pour que, par conséquent, l'image soit la plus distincte. Pour cela, on résoudra d'abord le problême en regardant comme constante une de ces deux distances, que j'appelle $D$ & $D'$ ; par exemple, on supposera $D'$ constant, & on aura une équation en $D$, d'où l'on tirera la valeur de $D$ & celle de l'aberration oculaire *minime*, exprimées en $D'$, ensuite on fera cette derniere expression un *minimum*, & on aura une équation en $D'$ ; d'où l'on tirera aisément $D'$ & ensuite $D$. Cette recherche, que d'autres Géométres pourront aisément pousser plus loin, peut être fort utile pour perfectionner la théorie des oculaires.

49. La méthode que nous avons donnée dans les recherches précédentes pour trouver la largeur du foyer d'une lentille, peut s'appliquer à d'autres cas avec beaucoup de facilité. Soit, par exemple, $DAB$ (Fig. 43), un miroir ardent, sur lequel les rayons tombent parallélement à $AC$, & dans lequel $AB$ soit plus petit que $AD$. Ayant fait $CG = \frac{AC}{2}$ ($C$ étant le centre du miroir), & ayant décrit les caustiques $GH$ & $GK$, & mené les rayons réfléchis $EF$, $Li$, qui viennent des extrêmités $B$, $D$ du miroir, il est clair, par la théorie précédente, que tous les rayons réfléchis feront

compris dans l'eſpace renfermé par les lignes mixtes *LiaH*, *EgK*, & on voit par la ſeule inſpection de la figure que *ga* eſt la moindre ligne perpendiculaire à *CA*, qu'on puiſſe tirer entre ces deux eſpaces. Donc cette ligne *ga* eſt le lieu du foyer.

50. Imaginons préſentement que le miroir *MB*, (Fig. 44) dans lequel $MB = MD$, ſoit expoſé directement au Soleil, & ayant fait les angles *MCA*, *MCA'*, chacun de 16', parce que le diametre du Soleil eſt de 32, il eſt clair que tous les rayons qui viennent des bords du Soleil, ſeront parallèles, ou cenſés parallèles à *CA*, *CA'*, & que tous ceux qui viennent du centre ſeront parallèles ou cenſés parallèles à *CM*. Faiſant donc *Cb* & *Cg* égales à la moitié du rayon, & décrivant les cauſtiques *bO*, *gL*, on trouvera aiſément que ſi *a* eſt la largeur du foyer pour les ſeuls rayons qui viennent du centre, la largeur du foyer total ſera à très-peu-près $a +$ la petite ligne *gab*, laquelle eſt égale à 32' multipliée par la moitié du rayon. Le calcul rigoureux ſeroit plus compliqué, mais facile à faire. On voit ſeulement que la conſidération du diametre du Soleil agrandit beaucoup le foyer. Pour s'en convaincre, il ſuffit de ſe rappeller que ſi *r* eſt le rayon d'un miroir, $\beta$ la moitié de ſa largeur, l'aberration longitudinale ſera (Tom. III, *Opuſc.* pag. 76) $\frac{\beta^2}{4r}$, & la largeur du foyer $= \frac{2 \times \beta^2}{4.4r} \times \frac{\beta.2}{r} = \frac{\beta^3}{4rr}$, pour

les rayons qui partent du centre du Soleil. Or le diametre du Soleil ajoute à cette largeur de chaque côté une quantité à peu-près égale à $\frac{r}{2} \times \frac{32'}{\text{fin. tot.}}$ = à très-peu-près $\frac{r}{2} \times \frac{32'}{57.60} = \frac{r}{2} \times \frac{1}{120} \times \left(1 + \frac{1}{15} + \frac{1}{20}\right)$.

51. Il est aisé de voir par la théorie précédente, que dans toute ligne perpendiculaire à l'axe, qui joint les deux caustiques, & qui représente le foyer, les rayons sont plus serrés à l'extrêmité de cette ligne, dans l'endroit où elle rencontre la caustique, parce que dans tout autre point de cette ligne, il ne passe que deux rayons venans l'un d'un côté de l'axe, l'autre de l'autre côté, au lieu que dans chaque point de la caustique il passe au moins très-sensiblement tous les rayons qui viennent du petit arc du verre ou du miroir répondant à ce point de la caustique. D'où il s'ensuit que si on expose un corps perpendiculairement à l'axe d'un verre ou d'un miroir, un peu au-dessus ou au-dessous du point où se réunissent les rayons proches de l'axe, l'inflammation doit se faire d'abord à la circonférence, & ne commencera par le centre que dans le cas où le corps sera placé au foyer même des rayons proches de l'axe, ce qui est conforme à l'expérience. C'est l'explication que j'ai donnée de cette expérience au mois de Mai 1778, dans une Assemblée de l'Académie, où on propose d'en donner la raison.

52. Nous ajouterons ici quelques remarques sur les

couleurs produites par la réfraction, même dans un verre plan, & sur le spectre solaire formé par la réfraction dans une chambre obscure. Si un rayon blanc *FD*, que je suppose d'une épaisseur infiniment petite tombe sur un verre plan, il se dilatera par la premiere réfraction dans l'espace *MN* (Fig. 45), le rouge étant vers *M*, & le violet vers *N*, & cet espace sera d'autant plus grand que le verre sera plus épais. C'est ce que j'ai déja remarqué Tom. III de mes *Opusc.* pag. 394.

53. Les rayons *DM*, *DN* sortiront de ce verre plan suivant des lignes *MQ*, *NO* (Fig. 46), parallèles l'une à l'autre, & à la premiere position du rayon incident. Si on les reçoit de-là sur un second verre de la même épaisseur, il est aisé de voir que le rayon se dilatera du double par la seconde réfraction, & ainsi de suite; en sorte que le rouge sera toujours vers le côté *MQ*, le violet vers le côté *NO*, & que les différentes couleurs dont le rayon est composé à l'infini, seront par conséquent du double plus sensibles.

54. D'où il est clair qu'en multipliant les verres plans parallèles, ou en supposant un seul verre plan d'une épaisseur égale à la somme des épaisseurs de tous ces verres, la dilatation sera la même.

55. La ligne *MN* est aisée à calculer suivant la valeur de l'angle d'incidence, celle du rapport des sinus, & l'épaisseur du verre.

56. Par exemple, si on mène la perpendiculaire *DR* (Fig. 45) aux deux faces du verre, & qu'on suppose

$\frac{50}{77}$ pour la réfrangibilité des rayons rouges, & $\frac{50}{78}$ pour celle des rayons violets, on aura $RM$ à $RN$ à très-peu-près, comme 78 à 77. Soit $DR = 1$ pouce, & $RM = 2$ pouces, par exemple, ou 24 lignes, on aura $MN =$ environ $\frac{1}{3}$ de ligne, ce qui eſt peu de choſe; mais trois verres plans donneroient une ligne de largeur, & on pourroit appercevoir ſenſiblement le rouge à droite, & le violet à gauche.

57. Depuis que j'ai imprimé cette remarque ſur l'eſpece de dilatation que ſouffre un rayon ſimple réfracté par un verre plan, & ſur les couleurs qui doivent en réſulter, j'ai vu, ce que j'ignorois alors, que M. Newton avoit déja fait la même obſervation dans ſes *Lectiones Opticæ*; il ajoute même avec raiſon, que comme le Soleil n'eſt pas un point mathématique, non plus que le trou par lequel on fait paſſer les rayons, & chaque point du Soleil devant ainſi produire pour chaque point du trou, une eſpece d'image rectiligne oblongue & colorée vers ſes bords, d'un côté en rouge, de l'autre en violet, avec les couleurs intermédiaires placées entre ces deux bords, le mêlange & le rapprochement de toutes ces images, formeront une image blanche dans ſon milieu, & colorée vers ſes bords, ayant d'abord le rouge ſimple, puis le rouge avec l'orangé, puis le rouge avec l'orangé & le jaune, & ainſi de ſuite juſqu'au blanc, qui vers l'autre extrêmité ſe colorera de même par degrés en perdant d'abord le rouge, puis le rouge & l'orangé, puis le rouge,

l'orangé & le jaune, &c., & ainſi juſqu'au ſimple violet. C'eſt-là ce que l'expérience doit donner.

58. Venons maintenant à la figure du ſpectre ſolaire, formé par la réfraction.

59. Je ſuppoſe que les rayons du Soleil (dont $MN$ ſoit le diametre) tombent par un point $D$ (Fig. 47) ſur un verre plan, & ayant ſes faces parallèles $AD$, $BC$; il eſt clair que s'il n'y avoit point de réfraction, l'image du Soleil ſe projetteroit ſur la face $BC$ en forme d'ellipſe ou de cercle, ſavoir, d'ellipſe ſi le rayon $SD$ eſt oblique au verre, & de cercle s'il y eſt perpendiculaire.

60. En vertu de la double réfraction à l'entrée & à la ſortie du verre, les rayons ſortent du verre parallélement à leur premiere poſition; on ſeroit peut-être tenté d'en conclure que l'image du Soleil, reçue ſur un plan $FKH$ ſera elliptique, comme elle l'eut été s'il n'y avoit aucune réfraction. Mais on ſe tromperoit; il eſt aiſé de le prouver.

61. En effet, ſoit $LRQ$ (Fig. 48) l'image elliptique qui ſeroit formée ſans réfraction ſur la face inférieure du verre; ſoit la diſtance des deux faces $DO = \alpha$, & nommant $OL$, $r$, & $z$ l'angle $ROL$ entre l'axe de l'ellipſe & le rayon $r$, l'équation de l'ellipſe ſera en général, comme l'on ſait, $rr \cos. z^2 + Arr \sin. z^2 + Br \cos. z + C = 0$. Soit enſuite $DP$ le rayon réfracté du rayon $DL$, $OP = \rho$, & $1 : m$ le rapport du ſinus d'incidence à celui de réfraction, en paſſant de l'air dans le verre, on aura

$1:m^2::\frac{r^2}{a^2+r^2}:\frac{\rho^2}{a^2+\rho^2}$, ou $\frac{a^2+\rho^2}{\rho^2}=\frac{a^2+r^2}{m^2r^2}$; c'est-à-dire, $1+\frac{a^2}{\rho^2}=\frac{1}{m^2}+\frac{a^2}{m^2r^2}$.

62. Présentement si on mène *Pd* parallèle à *LD*, *Pd* représentera le rayon rompu au sortir du verre, & on aura, en nommant *Od*, $\zeta$, l'équation $\frac{r}{\rho}=\frac{\alpha}{\zeta}$.

63. D'où l'on voit que comme $r$ n'est pas à $\rho$ en rapport constant, & que $\alpha$ est constant, $\zeta$ est par conséquent variable; qu'ainsi tous les rayons émergens, quoique parallèles aux incidens, n'aboutissent pas en un seul point $d$, comme les rayons incidens en un seul point $D$; c'est pour cela que l'image, au sortir du verre, n'est pas elliptique, comme elle le seroit s'il n'y avoit point de réfraction.

64. Pour trouver l'équation de cette image, soit $OK=k$, & l'on verra aisément, qu'en prenant dans cette nouvelle image le point $K$ pour le sommet des angles $z$ (égaux & correspondans aux angles $z$) & pour le sommet des $\rho'$, on aura $\rho':\rho::\zeta+k:\zeta$; d'où $\rho=\frac{\rho'\zeta}{\zeta+k}$; & comme on a déja $\zeta=\frac{\alpha\rho}{r}$, on aura l'équation $1=\frac{\alpha\rho'}{\alpha\rho+kr}$, & $\rho=\rho'-\frac{kr}{\alpha}$. Donc $\rho'=\frac{kr}{a}+\rho$; la premiere partie $\frac{kr}{\alpha}$, donne une ellipse, dont les rayons sont à ceux de l'ellipse désignée ci-dessus (art. 61), comme $k$ est $\alpha$. Mais le rayon $\rho$ n'étant

pas celui d'une ellipse, comme il est aisé de le voir en comparant l'équation $1 + \frac{\alpha^2}{\rho^2} = \frac{1}{m^2} + \frac{\alpha^2}{m^2 r^2}$, avec l'équation $rr$ cos. $z^2 + Arr$ sin. $z^2 + Br$ cos. $z + C = 0$, il est évident que la courbe cherchée n'est pas elliptique.

65. Au reste, on voit aisément par l'équation $\rho' - \frac{kz}{\alpha} = \rho$, ou $\rho' = \frac{kz}{\alpha} + \rho$, que la courbe dont le rayon est $\rho$, & qui est formée par la premiere réfraction, étant donnée, on aura très-aisément la courbe dont le rayon est $\rho'$, en ajoutant aux rayons $\frac{kz}{a}$ (qui appartiennent à une ellipse), les rayons $\rho$ correspondans au même angle $z$.

66. Si on met dans l'équation $1 + \frac{\alpha^2}{\rho^2} = \frac{1}{m^2} + \frac{\alpha^2}{m^2 r^2}$, au lieu de $\rho$ sa valeur $\rho' - \frac{kr}{\alpha}$, au lieu de $r^2$ sa valeur $\frac{-C - Br \text{ cos. } z}{\text{sin. } z^2 + A \text{ cos. } z^2}$, on aura une équation où $r$ ne se trouvera plus qu'au premier degré, & d'où l'on tirera la valeur de $r$, qui étant substituée dans l'équation en $r$ & en $z$, donnera l'équation en $\rho'$ & en $z$ de la projection ou image du spectre.

67. Si la projection elliptique formée sur la surface $BC$ (Fig. 47), sans réfraction, avoit son centre en $O$, c'est-à-dire, si le rayon $SD$ étoit perpendiculaire au verre, alors cette projection seroit un cercle qui au-

roit $O$ pour centre, on auroit $A=1$, $B=0$, $r=$ à une constante, & $\rho$ aussi égale à une constante, ainsi que $r$, & l'image seroit circulaire au sortir du verre, ce qui se voit d'ailleurs aisément.

68. Comme l'image formée en $FK$, n'est pas elliptique, elle peut très-bien n'avoir pas, ainsi que l'ellipse, deux parties égales & semblables au-dessus & au-dessous de la ligne qui passe par son centre perpendiculairement à son axe. Ainsi, en ne supposant même qu'une seule espece de rayons & de réfrangibilité, les différentes images formées par la chûte des rayons solaires sur les différens points du trou, ne seroient pas exactement terminées par des droites parallèles.

69. Et si de plus on a égard à la variabilité de $m$ pour les rayons de différentes couleurs, on voit que les images formées par ces rayons, même pour un seul trou infiniment petit $D$, ne seront pas les mêmes, & qu'ainsi les limites du spectre ne seront pas, au moins exactement, une ligne droite.

70. Il en sera de même, à plus forte raison, pour le prisme, le calcul en est seulement un peu plus compliqué, mais d'ailleurs facile à faire; on déterminera aisément la figure de chaque image du Soleil formée par des rayons de réfrangibilité donnée, & passant par un point du trou; & on déterminera ensuite, par les méthodes connues, la courbe qui touche toutes ces images, & qui donnera le contour du spectre.

71. Dans le Tom. III de nos *Opusc.* pag. 393, nous

avons remarqué que si la lumiere n'étoit pas composée de rayons différemment réfrangibles à l'infini, il y auroit dans le spectre formé par le prisme des intervalles non lumineux. Il faut cependant remarquer, que si ces intervalles, pris par rapport à un simple & unique rayon, étoient peu considérables, c'est-à-dire, si le papier sur lequel on reçoit l'image du spectre étoit assez près du trou, alors, comme le Soleil n'est pas un simple point, non plus que le trou, les images formées par chaque point du Soleil & chaque point du trou, se couvrant en partie les unes les autres, les espaces non éclairés pourroient disparoître.

72. Quoique la plûpart des Physiciens semblent persuadés que M. Newton n'a admis que sept couleurs différentes, chacune homogène & pure, & ne souffrant par les réfractions réitérées aucune altération ; ce grand homme néanmoins, paroît avoir reconnu, en plusieurs endroits de son *Optique* & de ses *Leçons Optiques*, que le spectre n'est pas formé seulement des sept couleurs désignées dans tous les Livres de Physique, mais qu'il est formé par des rayons rompus suivant tous les rapports possibles, depuis le rouge le plus vif jusqu'au violet le plus foncé. Il observe même que si la lumiere n'étoit pas composée de couleurs ou de rayons différemment réfrangibles à l'infini, en ce cas le spectre ne feroit pas terminé par deux droites parallèles. Cette remarque, quoique très-juste en elle-même, ne paroît pas rigoureuse-

ment démonſtrative; 1°. parce que le ſpectre, comme nous l'avons obſervé & prouvé ci-deſſus, n'eſt pas & ne ſauroit être terminé rigoureuſement par des lignes droites parallèles : 2°. parce que la largeur du trou donnant différentes images (indépendamment même de la diverſe réfrangibilité des rayons) il en réſulteroit déjà un ſpectre allongé & terminé en partie par des droites parallèles, ce qui pourroit rendre moins ſenſible le non parallélisme des lignes terminantes dans les parties du ſpectre qui proviendroient des différentes couleurs. 3°. Enfin, parce que la terminaiſon du ſpectre à droite & à gauche n'eſt pas aſſez nette, aſſez tranchante, & la réfrangibilité de deux couleurs voiſines aſſez différente, pour que la non-rectitude des lignes terminantes pût être bien ſenſible. Il me ſemble qu'on peut trouver une preuve plus ſatisfaiſante de la réfrangibilité indéfinie & non diſcontinue des rayons de lumiere, par les ombres qui ſépareroient, comme nous l'avons remarqué, les parties du ſpectre, s'il n'y avoit qu'un nombre déterminé de couleurs primitives.

73. Quoi qu'il en ſoit, on peut être étonné, ce me ſemble, que M. Newton ayant reconnu que la lumiere étoit compoſée d'une infinité de rayons tous diverſement réfrangibles par degrés contigus & inſenſibles, ait diſtingué ſept couleurs, plutôt que d'avoir dit ſimplement qu'il y en a un nombre indéfini, qu'il ait diviſé le ſpectre en même raiſon que le monocorde, puiſque cette diviſion eſt purement précaire & arbitraire,

s'il y a des couleurs à l'infini; enfin qu'il ait semblé admettre une lumiere homogène & non altérable par la réfraction, puisqu'il n'y a point de rayon qui ne puisse, par la réfraction, se disperser en une infinité d'autres, & que la lumiere est susceptible de degrés de réfraction à l'infini, renfermés, il est vrai, entre les limites de la réfraction du rouge le plus vif, & du violet le plus foncé. Il semble que si M. Newton s'étoit exprimé de la sorte, les Physiciens n'auroient point été induits en erreur (au moins pour la plûpart) sur le nombre des couleurs primitives, & en auroient reconnu une infinité.

74. En finissant ces recherches, nous invitons les Physiciens à vérifier par des expériences, les différens objets dont nous avons parlé dans les Mémoires de l'Académie de 1767, pag. 95, §. VII, entr'autres, sur l'exactitude du rapport des sinus, & sur celles de quelques autres loix de la réfraction. Nous les invitons même à s'assurer exactement si un rayon qui a traversé un verre plan, sort exactement parallèle à sa premiere position; car enfin, ce parallélisme n'est pas démontré rigoureusement par la théorie, comme nous l'avons observé dans le Tome V de nos *Opuscules*, XLIII^e^ Mém. §. VI, art. 27, pag. 466. Ce même Mémoire, & le XX^e^ Mémoire imprimé dans nos *Opuscules*, Tom. III, contiennent plusieurs autres remarques sur la théorie & les phénomènes de la réfraction, qui nous paroissent mériter quelqu'attention de la part des Physiciens

ficiens Géomètres; nous les invitons d'autant plus volontiers à les examiner, que ces remarques ne contiennent guère que de ſimples queſtions propoſées en forme de doutes, dont l'éclairciſſement ne pourra que contribuer au progrès de l'Optique.

# LV. MÉMOIRE.

## *Recherches ſur différens Sujets.*

### §. I.

*Sur le mouvement des corps peſans, en ayant égard à la rotation de la Terre autour de ſon axe.*

L'Extrait de ce Mémoire a été lu à l'Académie le 6 Septembre 1771, & inſéré dans l'Hiſtoire de cette même année, pag. 10. Mais comme les différentes propoſitions énoncées dans cet extrait, n'y ſont point accompagnées de leurs démonſtrations, j'ai cru, quoique ces démonſtrations ne ſoient pas fort difficiles, qu'on me permettroit de les joindre ici, pour épargner aux Géomètres la peine de les chercher. Les calculs qu'on va lire avoient été remis au Secrétaire de l'Académie dès le 22 Décembre 1770.

1. Soit $AaE$ (Fig. 49) l'équateur, $C$ le centre de la terre, $G$ la viteſſe de rotation de la terre, & par conſéquent du point $A$ autour du centre $C$, $CA=a$; ſoit auſſi un corps grave lancé perpendiculairement de $A$

vers $F$, avec la viteſſe $\gamma$ dans le plan de l'équateur $AaE$. Il eſt clair, 1°. que ce corps recevra en même-temps horiſontalement une viteſſe $=G$ par la main ou l'inſtrument qui le lance; 2°. qu'en vertu de ces deux viteſſes, il aura une viteſſe de projection abſolue $g$, & qu'il décrira en conſéquence la portion d'ellipſe $ABa$, dont le foyer ſera en $C$; 3°. que le temps employé par le corps $A$ à décrire l'arc elliptique $ABa$, ſera au temps employé par le point $A$ de la terre à décrire l'arc circulaire $Aa$, comme le ſecteur elliptique $ABaC$ eſt au ſecteur circulaire $ACa$; or il eſt viſible que $ABaC > ACa$, d'où il s'enſuit que quand le corps grave ſera en $a$, le point $A$ de la terre ſera un peu plus loin que $a$, c'eſt-à-dire, en $\alpha$, de maniere que $AC\alpha = ABaC$; & qu'ainſi, comme la terre tourne d'occident en orient, le corps grave $A$ retombera en un point $a$, plus occidental que le point $A$, qui eſt arrivé en $\alpha$.

2. Nous verrons bientôt quelle doit être la différence des arcs $Aa$, $A\alpha$, mais avant que de l'aſſigner, ſuppoſons qu'en général le corps $A$ ſoit lancé obliquement ſuivant $AH$ avec une viteſſe $g$, réſultante à-la-fois de la viteſſe qu'il reçoit de la rotation de la terre, & de celle que lui imprime la force qui le lance; ſoit le ſinus de l'angle $CAh = h$, $M$ la maſſe de la terre, a, le demi-grand axe de l'ellipſe ou de la ſection conique décrite par le corps. On ſait, 1°. que $gg = \frac{2M}{a} - \frac{M}{a}$; 2°. que le

demi-parametre $p$ du grand axe $= \frac{aagghh}{M}$ ; 3°. que si la section conique est une ellipse, a sera positif comme nous l'avons supposé; que si a est infini, la section sera une parabole; qu'enfin si a est négatif, la section sera une hyperbole. Soit donc la vitesse absolue de projection $g$, telle que $gg = 2p'k'$, $p'$ étant la pesanteur, ou $\frac{M}{aa}$ (car pour plus de simplicité & de facilité, nous supposons ici la terre sphérique), on aura $\frac{2k'}{aa} = \frac{2}{a} - \frac{1}{a}$; d'où il s'ensuit que la section sera une ellipse, si $k' < a$, une parabole si $k' = a$, une hyperbole, si $k' > a$.

3. De plus, l'angle de projection $HAC$ étant obtus, & $C$ le foyer de la trajectoire, il est aisé de voir, par les sections coniques, que le sommet $B$ de la section doit tomber au-dessous de $A$ du côté $h$, opposé à $H$, si la section est parabolique ou hyperbolique; d'où il s'ensuit que si $k' =$ ou $> a$, le corps grave $A$ ne doit jamais retomber sur la surface de la terre.

4. Soit $\gamma$ la vitesse de projection verticale, & telle que $\gamma = 2p'\lambda = \frac{2M\lambda}{aa}$, $G'$ la vitesse absolue horisontale, en sorte que $G' - G$ soit la vitesse imprimée par la puissance qui a lancé le corps; il est aisé de voir que $G' = gh$; & (en supposant $G'G' = 2p'\mu = \frac{2M\mu}{aa}$), on aura $gg = G'G' + \gamma\gamma = M\left(\frac{2\mu}{aa} + \frac{2\lambda}{aa}\right)$

$= \frac{2M}{a} - \frac{2}{a}$. Donc la section sera parabolique ou hyperbolique si $\mu + \lambda$ est $=$ ou $> a$.

5. Soit maintenant $BO = 2a$ (Fig. 50), le grand axe de l'ellipse $BA$, décrite par le corps grave, dans le cas où la section doit être elliptique; soit $C$ le foyer inférieur de cette ellipse, c'est-à-dire, le plus éloigné du sommet $B$, (je prends le foyer inférieur, parce que l'angle de projection $CAB$ est obtus); soit encore $G$ le centre de l'ellipse, $BMO$ le demi-cercle circonscrit, l'excentricité $GC = ma$, en sorte que le demi-parametre $p = a(1 - mm)$. Ayant décrit l'arc $AD$ du rayon $CA = a$, soit menée la perpendiculaire $NAM$ à l'axe, & soient nommés les angles $ACD$, $s$, & $BGM$, $u$, on aura évidemment $NM = a$ sin. $u$, $GN = a$ cos. $u$; $AN$ que j'appelle $t = a$ sin. $u . \sqrt{(1 - mm)}$, & sin. $s = \frac{a \text{ sin. } u . \sqrt{(1 - mm)}}{a}$. On aura de plus le secteur elliptique $BAC = BMC . \sqrt{(1 - mm)} = \frac{aa\sqrt{(1 - mm)}}{2} (u + m \text{ sin. } u)$, & le secteur circulaire $DAC = \frac{aas}{2}$, ou $\frac{aa}{2} \times$ l'angle dont le sinus est $\frac{a \text{ sin. } u \sqrt{(1 - mm)}}{a}$.

6. Maintenant, pour que le corps retombe au même point d'où il a été lancé, il faut évidemment que le temps employé par ce corps à parcourir l'arc elliptique $AB$, & le temps employé par le point $A$ de la terre à par-

courir l'arc circulaire $AD$ ſoient égaux entr'eux. Or ces temps ſont entr'eux comme $\frac{\text{ſect. } ACB_{1}}{G'} : \frac{\text{ſect. } ACD}{G}$; donc, à caûſe de $G' = gh$, & de $p$ ou $\mathrm{a}(1 - mm) = \frac{aagghh}{M}$, il eſt clair que ſi on ſuppoſe $GG = \frac{M}{a\lambda}$, on aura la proportion ſuivante : $\mathrm{a}^2 \sqrt{(1 - mm)}\,(u + m \text{ ſin. } u) : a^2 \times \text{angl. dont le ſin.} = \frac{\mathrm{a} \text{ ſin. } u \sqrt{(1 - mm)}}{a} :: \frac{\sqrt{\mathrm{a}} . \sqrt{(1 - mm)}}{a} : \sqrt{\frac{1}{\lambda}}$, ou $u + m \text{ ſin. } u : \frac{a^{\frac{3}{2}}}{\mathrm{a}^{\frac{1}{2}}} \times$ angl. ſin. $\left(\frac{\mathrm{a} \text{ ſin. } u \sqrt{(1 - mm)}}{a}\right) :: \sqrt{\lambda} : \sqrt{a}$.

7. Cela poſé, la force centrifuge à l'équateur étant $\frac{M}{289aa}$ ($a^1$); on trouvera aiſément que $GG = \frac{M}{289a}$; & qu'ainſi $\sqrt{\lambda} : \sqrt{a} :: 17 : 1$. Voyons donc quelle doit être la viceſſe de projection pour que les deux premiers termes de la proportion précédente ſoient entr'eux comme 17 à 1.

8. Pour cela, on conſidérera d'abord que par la propriété de l'ellipſe on a en général tout rayon $CA = \mathrm{a}(1 + m \text{ coſ. } u)$ ($a^2$), d'où il s'enſuit que $CA$ étant $= a$, on a $\frac{a}{\mathrm{a}} = 1 + m \text{ coſ. } u$; ſuppoſons donc $u$ un angle quelconque, & la proportion générale de l'article 6, deviendra $u + m \text{ ſin. } u : (1 + m \text{ coſ. } u)^{\frac{3}{2}} \times$ angl.

($a^1$ & $a^2$) Voyez les notes à la fin de ce Mémoire.

$\sin.\left(\frac{1}{1+m\cos.u}\times\sqrt{(1-mm)}\times\sin.u\right)::17:1.$

9. Regardons maintenant $u$ comme une constante prise à volonté, égale, plus grande ou plus petite que $90^\circ$, mais jamais $>180^\circ$, comme le problême l'exige ; & dans cette supposition, traitons $m$ comme inconnue ; prenons $u+m\sin.u$ d'une part, & de l'autre $(1+m\cos.u)^{\frac{3}{2}}\times$ l'angle dont le sinus est $\left(\frac{1}{1+m\cos.u}\times\sin.u\times\sqrt{(1-mm)}\right)$ pour les *abscisse* & *ordonnée* d'une courbe qui ait l'équation précédente ; il s'agit, $u$ étant supposée donnée, de déterminer $m$ par la condition que l'*abscisse* soit à l'ordonnée comme 17 à 1.

10. Or il est visible, 1°. que $m$ étant $=0$ (ce qui est la plus petite valeur que $m$ puisse avoir, puisqu'il ne sauroit être négatif), la premiere abscisse sera $=u$, & que l'ordonnée correspondante sera l'angle dont le sinus est $\sin.u$; c'est-à-dire, $u$. 2°. Que dans le cas de $m=1$ (ce qui est la plus grande valeur que $m$ puisse avoir dans l'hypothèse présente, où l'on suppose que la trajectoire est elliptique), la derniere abscisse qui répond à cette valeur de $m=1$, sera $u+\sin.u$, & l'ordonnée correspondante sera $=0$. De plus, il est clair que l'abscisse $u+m\sin.u$ va toujours en croissant, à mesure que $m$ croît, sa différence $du[1+m\cos.u]$ étant toujours positive; d'où il s'ensuit que la solution sera toujours possible, puisque la premiere abscisse $u$ est égale à l'ordonnée correspondante, c'est-à-dire, à

l'angle dont le sinus est $u$, & qu'il y aura par conséquent entre $m = 0$ (qui donne le rapport de l'abscisse à l'ordonnée $= 1$, & par conséquent $< 17$), & $m = 1$, (qui donne le rapport de l'abscisse à l'ordonnée $= \frac{1}{0}$, ou $\infty$) une valeur de $m$ qui résoudra le problême (a3).

11. Nous avons supposé ci-dessus (art. 9, n°. 2) que dans le cas de $m = 1$, l'ordonnée répondante à l'abscisse $u + \text{sin.} u$, & qui est égale à $(1 + m \text{ cos.} u)^{\frac{1}{2}} \times$ l'angle dont le sinus est $\left(\frac{1}{1 + m \text{ cos.} u} \times \sqrt{(1 - mm)} \times \text{sin. } u\right)$, est $= 0$, par la raison que ce dernier sinus est alors $= 0$. Mais comme $u$ peut être supposé égal ou presqu'égal à $180°$, & que par conséquent $\text{sin.} u = \text{sin. } 180° = 0$, on pourroit douter si l'angle qui répond à l'autre sinus, n'est pas aussi $= 180°$, au lieu d'être zero, ce qui laisse quelqu'incertitude dans la solution précédente.

12. Pour s'en éclaircir, il faut considérer que par les recherches & les constructions précédentes, l'angle dont le sinus est $\frac{1}{1 + m \text{cos.} u} \times \text{sin.} u \times \sqrt{(1 - mm)}$, n'est autre chose que l'angle $DCA$, qui a pour cosinus $\frac{NC}{CA} = \frac{a}{a} \times (m + \text{cos.} u) = \frac{m + \text{cos.} u}{1 + m \text{ cos.} u}$; d'où il est clair qu'en prenant $u$ tant soit peu plus petit que $180°$, & $m = 1$, ce qui donne cos. $u$ négatif, & $< 1$, la quantité $\frac{m + \text{cos.} u}{1 + m \text{ cos.} u}$, sera toujours positive, & que par

(a3) Voyez les notes à la fin de ce Mémoire.

conséquent

conséquent l'angle qui a ce cosinus, & dont le sinus est $\frac{1}{1+m \text{ cos. } u} \times \text{sin. } u \times \sqrt{(1-mm)}$, ne sera jamais $> 90°$, tant que $u$ ne sera pas $= 180°$; d'où il s'ensuit qu'en prenant même $u = 180°$, l'angle dont il s'agit ne sera point égal à 180°, puisqu'il y auroit alors *un saut* dans la valeur de cet angle. Donc cet angle est $= 0$, lorsque son sinus $= 0$. Donc la supposition que nous avons faite est légitime. Donc il y a nécessairement une valeur de $m$ entre 0 & 1, qui résout le problême.

13. Si l'angle $u$, qu'on suppose donné, & d'où l'on tire la valeur de $m$ par la solution de l'article 10 ci-dessus, est tel que cos. $u$ soit négatif, c'est-à-dire, si cet angle est $> 90°$, alors l'angle $DCA$ qui a pour cosinus $\frac{m + \text{cos. } u}{1 + m \text{ cos. } u}$, devient aussi $> 90°$, tant que $m$ est $<$ que cos. $u$ pris positivement. C'est pourquoi si on veut exprimer l'angle $DCA$ par son sinus $\frac{1}{1+m \text{ cos. } u} \times \sqrt{(1-mm)} \times \text{sin. } u$ suivant les méthodes connues, il faut prendre garde si, dans le cas où cos. $u$ est négatif, $m$ est $>$ ou $<$ cos. $u$; dans le premier cas, nommant $\omega$ le sinus de $DCA$, c'est-à-dire, $\frac{1}{1+m \text{ cos. } u} \times \text{sin. } u \times \sqrt{(1-mm)}$, cet angle sera $= \omega + \frac{\omega^3}{2.3}$, &c. dans le second, cet angle sera égal à $180° - \omega - \frac{\omega^3}{2.3}$, &c.

14. Si donc on veut réduire en calcul la proportion de l'art. 8 qui donne la valeur de $m$, celle de $u$ étant supposée donnée, il faudra écrire $\frac{u + m \text{ fin. } u}{17 (1 + m \text{ cos. } u)^{\frac{3}{2}}} = \omega + \frac{\omega^3}{2.3}$, &c. si cos. $u$ est positif, ou si cos. $u$ étant négatif, $m$ est $>$ que cos. $u$ pris positivement; & il faudra écrire $\frac{u + m \text{ fin. } u}{17 (1 + m \text{ cos. } u)^{\frac{3}{2}}} = 180^\circ - \omega - \frac{\omega^3}{2.3}$, &c. si cos. $u$ étant négatif, $m$ est $<$ cos. $u$. Delà on tirera la valeur arithmétique de $m$ par approximation ($a^4$).

15. Si on veut résoudre par un simple tâtonnement arithmétique, le problême de l'art. 10, $u$ étant donné à volonté, on prendra successivement pour $m$ toutes les valeurs possibles depuis o jusqu'à 1, ou plutôt un certain nombre de ces valeurs, l'angle $DCA$, que je nomme $\Omega$, aura pour cosinus $\frac{m + \text{cos. } u}{1 + m \text{ cos. } u}$, & on aura les angles $\Omega$ correspondans, lesquels seront $<$ ou $> 90^\circ$, selon que leur cosinus sera positif ou négatif; on fera ensuite une table qui contiendra les différentes valeurs de $\frac{u + m \text{ fin. } u}{\Omega (1 + m \text{ cos. } u)^{\frac{3}{2}}}$; on cherchera dans cette table les deux valeurs les plus proches de 17, l'une en-dessus, l'autre en-dessous, & la valeur cherchée de $m$ sera entre les

($a^4$) Voyez les notes à la fin de ce Mémoire.

deux valeurs de $m$ correſpondantes. On la trouvera par les méthodes ordinaires d'approximation & d'interpolation.

16. Pour réſoudre encore plus exactement & plus facilement ce problême, on peut prendre une dixaine de valeurs de $u$, depuis 10 degrés juſqu'à 170, & une dixaine de valeurs de $m$ depuis 0 juſqu'à 1, correſpondantes à chacune des valeurs de $u$, ce qui donnera 100 valeurs différentes de $\frac{u+m \text{ fin. } u}{a(1+m \text{ coſ. } u)^{\frac{3}{2}}}$, par le moyen deſquelles on trouvera facilement celles qui donnent $\frac{u+m \text{ fin. } u}{a(1+m \text{ coſ. } u)^{\frac{3}{2}}} = 17$, & qui ſont différentes ſelon la valeur qu'on ſuppoſe à $u$ ($a^5$).

17. Quand on aura connu $m$, en ſuppoſant $u$ donné à volonté, on aura facilement l'angle $BCA$ (Fig. 49), l'angle de projection $HAC$, ſon ſinus $h$, & la viteſſe de projection horiſontale abſolue $G'$; d'où l'on déduira la viteſſe abſolue de projection $g = \frac{G'}{h}$; & par conſéquent le corps devra être lancé par la main ou par l'inſtrument avec une viteſſe horiſontale $= G' - G$, & avec une viteſſe verticale $= \sqrt{(g^2 - G'^2)} = \frac{G'\sqrt{(1-hh)}}{h}$.

18. Il eſt aiſé de voir par ce qui précede, que l'expreſſion de la viteſſe $G'$ eſt $\frac{\sqrt{M}.\sqrt{(1-m^2)}}{\sqrt{a}.\sqrt{(1+m \text{ coſ. } u)}}$, puiſ-

($a^5$) Voyez les notes à la fin de ce Mémoire.

que (art. 6) $a(1-mm)=\frac{aagghh}{M}=\frac{aaG'^2}{M}$, & que $a=\frac{a}{1+m\,\text{cos}.\,u}$. A l'égard du finus $h$ de l'angle $HAC$, on remarquera, pour le trouver plus aifément, que la cotangente de l'angle $CAh$ eft $=\frac{-d(CA)}{CA.d\Omega}$ $=-d\left(\frac{1-mm}{1-m\,\text{cof}.\,\Omega}\right)\times\frac{1+m\,\text{cof}.\,\Omega}{1-mm}\times\frac{1}{d\Omega}$, en prenant $m$ conftant & $\Omega$ variable; donc cette cotangente eft $=\frac{m\,\text{fin}.\,\Omega}{1-m\,\text{cof}.\,\Omega}$. Or fin. $\Omega$ (art. 12) $=\frac{\text{fin}.\,u\,\sqrt{(1-mm)}}{1+m\,\text{cof}.\,u}$; & cof. $\Omega$ (*ibid.*) $=\frac{m+\text{cof}.\,u}{1+m\,\text{cof}.\,u}$; donc fubftituant, on trouve que la cotangente dont il s'agit eft $\frac{m\,\text{fin}.\,u}{\sqrt{(1-mm)}}$, expreffion très-fimple; d'où il s'enfuit que la tangente du complément, c'eft-à-dire, la tangente de l'angle $CAh$ que la ligne de projection forme avec la verticale, eft $\frac{\sqrt{(1-mm)}}{m\,\text{fin}.\,u}$ ($a^6$).

19. Lorfque le corps $A$ eft lancé fimplement de bas en haut, fuivant $AF$, nous avons vu ci-deffus qu'il ne devoit pas retomber exactement & rigoureufement au même point, mais que le point $A$ eft en $\alpha$, lorfque le corps retombe en $a$. Pour trouver $a\alpha$, on confidérera que le fecteur $AC\alpha$ eft exactement $=ABaC$, & qu'ainfi $c\alpha=\frac{2ABaA}{CA}$. Or quand la viteffe de

($a^6$) Voyez les notes à la fin de ce Mémoire.

projection verticale suivant $AF$, est très-petite par rapport à la vitesse de rotation de la terre, l'arc $Aa$ est peu considérable, & peut être censé une ligne droite, & la courbe $aBA$ peut aussi être censée une parabole décrite avec la vitesse horisontale initiale $G = \frac{\sqrt{M}}{17\sqrt{a}}$, & la vitesse de projection verticale due à la hauteur $k$, c'est-à-dire, $\sqrt{\left(\frac{2Mk}{aa}\right)}$. On sait de plus par la théorie des projectiles, que dans ce cas la hauteur $BD$ de la parabole seroit $= k$, & la portée $Aa =$ à deux fois l'espace que le corps parcourroit uniformément avec la vitesse $G$ pendant le temps qu'il employeroit à remonter à la hauteur $k$, c'est-à-dire, égale deux fois à $\frac{G \times 2k}{\sqrt{\left(\frac{2Mk}{aa}\right)}}$. Donc en substituant pour $G$ sa valeur $\frac{\sqrt{M}}{17\sqrt{A}}$, on aura $Aa = \frac{2\sqrt{2}.\sqrt{(ak)}}{17}$; donc l'espace sensiblement parabolique $ABaA = \frac{4k\sqrt{2}.\sqrt{(ak)}}{3.17}$; donc $aa = \frac{8k\sqrt{2}.\sqrt{(ak)}}{3.17a} = \frac{8k^{\frac{3}{2}}\sqrt{2}}{3.17\sqrt{a}}$, & l'angle $\alpha ca = \frac{8k^{\frac{3}{2}}\sqrt{2}}{3.17a^{\frac{3}{2}}}$ ($a^7$).

20. Comme les corps pesans parcourent 15 pieds par seconde, le corps tombant de la hauteur $k$, ou pouvant s'élever à la hauteur $k$, parcourroit unifor-

($a^7$) Voyez les notes à la fin de ce Mémoire.

mément l'espace $2k$ pendant le temps qu'il mettroit à tomber de cette hauteur $k$, c'est-à-dire, pendant un temps $=$ à $\frac{\sqrt{k} \times 1^{\text{sec.}}}{\sqrt{(15^{\text{pieds}})}}$; donc sa vitesse sera $= \frac{2k\sqrt{(15^{\text{pieds}})}}{1^{\text{sec.}}\sqrt{k}}$; donc si on suppose cette vitesse telle qu'il parcourre uniformément l'espace $r$ pendant une seconde, on aura $r = 2\sqrt{k}.\sqrt{(15^{\text{pieds}})}$, & $k = \frac{r^2}{4.15^{\text{pieds}}}$.

21. Donc le rayon de la terre $a$ étant $= 1500$ lieues, ou environ $1500 \times 2500 \times 6$ pieds, on aura, en faisant $r = \mu$ pieds, $a\alpha = \frac{\mu^3 \times 8\sqrt{2} \text{ pieds}}{3.17.4.15.2\sqrt{(15)}.\sqrt{(1500)} \times 50\sqrt{6}} = \frac{\mu^3 \text{ pieds}}{3.17.(15)^2.10.50\sqrt{3}}$.

22. Soit $\mu = 900$, c'est-à-dire, supposons que la vitesse verticale avec laquelle le corps est lancé soit telle qu'elle lui fît parcourir uniformément 900 pieds par seconde, on aura $a\alpha = \frac{(900)^3 \text{ pieds}}{3.17.(15)^2.10.50\sqrt{3}}$; donc (à cause de $3.17 = 51 = 50(1 + \frac{1}{50})$, & de $\sqrt{3} =$ à peu près $2(1 - \frac{1}{8})$), la valeur de $\alpha a$ sera à peu près $= \frac{81000000}{2 \times 50.5.50.50} \times (+\frac{1}{8} - \frac{1}{50}) =$ environ 71 pieds.

23. Si $\mu$ étoit double de 900 pieds, c'est-à-dire, de 1800 pieds, la valeur de $a\alpha$ augmenteroit en raison de $2^3$ à 1; c'est-à-dire, seroit de 568 pieds ou environ, & ainsi du reste.

24. M. Varignon dit dans la Préface de ses *Conjectures sur la cause de la pesanteur*, que le P. Mersenne &

M. Petit, Intendant des Fortifications, ayant placé un canon bien perpendiculairement, & ayant tiré le boulet en l'air, n'avoient pu ensuite le retrouver, ce qui leur avoit fait croire que le boulet n'étoit pas retombé. Il est cependant évident par ce qu'on vient de dire, qu'en supposant même la vitesse du boulet de 1800 pieds par seconde, & faisant abstraction de la résistance de l'air, il n'auroit dû retomber qu'à 568 pieds environ de l'endroit d'où il avoit été lancé; d'où il s'ensuit que le P. Mersenne & M. Petit n'ont pas bien cherché le boulet, ou l'ont peut-être cherché trop près d'eux, dans la fausse persuasion qu'il auroit dû retomber à peu près au même lieu d'où il étoit parti.

25. On peut résoudre très-simplement, par une méthode analogue à la précédente, le problême de l'article 6, lorsque $Aa$ est d'une petite étendue, & que $BD$, $k$, est peu considérable par rapport au rayon de la terre. Pour cela on considérera qu'afin que le corps retombe au même endroit d'où il est lancé, la vitesse absolue de projection horisontale doit être $\frac{\sqrt{M}}{17\sqrt{a}} + \gamma'$, $\gamma'$ étant une quantité fort petite, & que, $ABa$ étant à peu-près une parabole, on aura $ABaCA : ACa$ à très-peu près comme $\frac{2}{3} BD + \frac{AC}{2} : \frac{AC}{2}$, & comme $\frac{\sqrt{M}}{17\sqrt{a}} + \gamma'$ à $\frac{\sqrt{M}}{17\sqrt{A}}$; d'où il s'ensuit que $\frac{4k}{3} : a :: \gamma' : \frac{\sqrt{M}}{17\sqrt{a}}$; delà on tirera $\gamma' = \frac{\sqrt{M}}{17\sqrt{a}} \times \frac{4k}{3a}$; donc prenant $k$ à vo-

lonté, pourvu qu'il soit très-petit par rapport à $a$, le rapport de la vitesse verticale à la vitesse de projection $\gamma'$ sera celui de $\frac{\sqrt{(2k)}}{a}$ à $\frac{4k}{3.17a\sqrt{a}}$, ou de $\sqrt{a}$ à $\frac{2\sqrt{2}.\sqrt{k}}{3.17}$, ce qui donnera l'angle de projection & la vitesse de projection que la puissance doit imprimer au corps.

26. Puisque le rapport de la vitesse de projection $\gamma$, à la vitesse verticale, est $\frac{2\sqrt{2}}{3.17} \times \sqrt{\left(\frac{k}{a}\right)}$, il s'ensuit que cette quantité est la tangente de l'angle que la ligne de projection fait avec la verticale, $k$ étant toujours supposé très-petit par rapport à $a$. Donc à cause de $k = \frac{r^2}{4.15 \text{ pieds}}$, de $r = \mu$ pieds, & de $a = 1500 \times 2500 \times 6$ pieds, on aura la tangente dont il s'agit, égale à $\frac{\mu}{3\sqrt{3.500.15.17}}$ ($a^8$).

27. Puisque (art. 19) la quantité $\alpha a$ qui exprime la distance du point de projection au lieu plus occidental où le corps retombe, est $\frac{2.ABaA}{CA}$, on aura rigoureusement & généralement, en employant les noms & les calculs de l'art. 5, $a\alpha = \frac{2a(u + m \sin. u)\sqrt{(1 - mm)}}{(1 + m \cos. u)^2} - 2a\Omega$. C'est la formule générale nécessaire pour trouver dans tous les cas le lieu où doit retomber un corps

($a^8$) Voyez les notes à la fin de ce Mémoire.

lancé

lancé perpendiculairement sous l'équateur avec une vitesse $= \frac{\sqrt{(2Mk)}}{a}$. Cette supposition donnera d'abord la tangente de l'angle $CAO = \frac{\sqrt{M}}{17\sqrt{a}} \times \frac{a}{\sqrt{(2Mk)}} = \frac{\sqrt{a}}{17\sqrt{(2k)}}$; on a de plus (art. 6) $\alpha(2 - mm) = \frac{aagghh}{M}$, c'est-à-dire, dans le cas présent $\alpha(1 - mm) = \frac{a}{289}$, puisque $gghh = \frac{M}{289a}$. On a encore $\frac{\alpha(1-mm)}{1-\text{cos}.\,\Omega} = a$, ou $a = \frac{a}{289(1-m\,\text{cos}.\,\Omega)}$; & (art. 18) la tangente de l'angle $CAO$ ou $\frac{\sqrt{a}}{17\sqrt{2k}} = \frac{1-m\,\text{cos}.\,\Omega}{m\,\text{sin}.\,\Omega}$; donc $\frac{\sqrt{a}}{17\sqrt{(2k)}} = \frac{1}{(17)^2\,m\,\text{sin}.\,\Omega}$, & $1 - m\,\text{cos}.\,\Omega = \frac{1}{(17)^2}$; donc $m = \frac{\sqrt{(2k)}}{17\,\text{sin}.\,\Omega\sqrt{a}}$; & $1 - \frac{\sqrt{(2k)}}{17\sqrt{a}\,\text{tang}.\,\Omega} = \frac{1}{(17)^2}$; d'où l'on tirera la valeur de tang. $\Omega$. Par ces équations on connoîtra $m$ & $\Omega$, & par conséquent $u$. Donc on aura $\alpha a$.

28. Si le corps est lancé dans le plan de l'équateur avec une vitesse perpendiculaire $=$ à $\frac{\sqrt{(2Mk)}}{a}$, & une vitesse horisontale $=$ à $\frac{\sqrt{(2M\nu)}}{a}$, sa vitesse horisontale absolue sera $\frac{\sqrt{M}}{17\sqrt{a}} + \frac{\sqrt{(2M\nu)}}{a}$, & on aura pour lors

les valeurs de $m$ & de $\Omega$, en mettant dans les calculs précédens, au lieu de $\frac{\sqrt{a}}{17\sqrt{(2k)}}$, $\frac{\sqrt{a}}{17\sqrt{2k}}+\frac{\sqrt{(2\nu)}}{\sqrt{2k}}$; & au lieu de $\frac{M}{(17)^2 a}$, $\left(\frac{\sqrt{M}}{17\sqrt{a}}+\frac{\sqrt{(2M\nu)}}{a}\right)^2$; ce qui donnera $a(1-mm)=\frac{aa}{M}\times\left(\frac{\sqrt{M}}{17\sqrt{a}}+\frac{\sqrt{(2M\nu)}}{a}\right)^2$; $\frac{a(1-mm)}{1-m\,\text{cof.}\,\Omega}=a$, & $\frac{\sqrt{a}}{17\sqrt{2k}}+\frac{\sqrt{(2\nu)}}{\sqrt{2k}}=\frac{1-m\,\text{cof.}\,\Omega}{m\,\text{fin.}\,\Omega}$; d'où l'on tirera, pour le cas dont il s'agit, les valeurs de $m$, $\Omega$ & $u$, on aura donc $a(1-mm)=\left(\frac{\sqrt{a}}{17}+\sqrt{2\nu}\right)^2$; $1-m\,\text{cof.}\,\Omega=\frac{\left(\frac{\sqrt{a}}{17}+\sqrt{2\nu}\right)^2}{a}$; $m=\frac{\sqrt{(2k)}}{a\,\text{fin.}\,\Omega}\times\left(\frac{\sqrt{a}}{17}+\sqrt{2\nu}\right)$; & $a-\frac{\sqrt{(2k)}\times\left(\frac{\sqrt{a}}{17}+\sqrt{2\nu}\right)}{\text{tang.}\,\Omega}=\left(\frac{\sqrt{a}}{17}+\sqrt{2\nu}\right)^2$. Maintenant, dans le temps que le corps parcourt le secteur elliptique $ABaC$, ou $\frac{2.aa}{2}(u+m\,\text{cof.}\,u)\times\sqrt{(1-mm)}=\frac{aa(u+m\,\text{cof.}\,u)\sqrt{(1-mm)}}{(1+m\,\text{cof.}\,u)^2}$, en vertu de la vitesse horisontale $\frac{\sqrt{M}}{17\sqrt{a}}+\frac{\sqrt{(2M\nu)}}{a}$, le point $A$ de la terre parcourra en vertu de la vitesse $\frac{\sqrt{M}}{17\sqrt{a}}$ un arc que j'appelle $2\Omega'=\frac{2\sqrt{M}}{17\sqrt{a}}\times\frac{u+m\,\text{cof.}\,u}{(1+m\,\text{cof.}\,u)^2}\times\sqrt{(1-mm)}$

divisé par $\frac{\sqrt{M}}{17\sqrt{a}} + \frac{\sqrt{(2M\nu)}}{a}$. Donc $\alpha\alpha$ sera la différence de cet arc & de l'arc $2\Omega$.

29. Si les quantités $k$ & $\nu$ sont assez petites par rapport au rayon de la terre, le double de l'espace que le corps parcourroit horisontalement avec la vitesse $\frac{\sqrt{(Ma)}}{17a} + \frac{\sqrt{(2M\nu)}}{a}$, pendant le temps qu'il employeroit à remonter à la hauteur $k$, sera égal (art. 19) à $\frac{2ka}{\sqrt{(2Mk)}} \times \left(\frac{2\sqrt{M}}{17\sqrt{a}} + \frac{2\sqrt{(2M\nu)}}{a}\right) = 2\sqrt{(2ak)}\left(\frac{1}{17} + \frac{\sqrt{2\nu}}{\sqrt{a}}\right)$, cette quantité que j'appelle $\lambda$, étant multipliée (art. 25) par $\frac{a}{2} + \frac{2}{3}k$, & divisée par $\frac{\sqrt{M}}{17\sqrt{a}} + \frac{\sqrt{(2M\nu)}}{a}$ doit être $= \frac{(\lambda+\alpha\alpha)}{\frac{\sqrt{M}}{17\sqrt{a}}} \times \frac{a}{2}$; d'où l'on tire

$$2\left(\frac{a}{2}+\frac{2}{3}k\right)\frac{\sqrt{(2k)}\times a}{\sqrt{M}} = \frac{(\lambda+\alpha\alpha)\frac{a}{2}}{\frac{\sqrt{M}}{17\sqrt{a}}}\text{; \& } \alpha\alpha =$$

$$\frac{2a\left(\frac{a}{2}+\frac{2}{3}k\right)\sqrt{(2k)}}{\frac{17a^{\frac{3}{2}}}{2}} - \lambda = \frac{4\left(\frac{a}{2}+\frac{2}{3}k\right)\sqrt{2k}}{17\sqrt{a}} - \frac{2\sqrt{(2ak)}}{17} - 4\sqrt{(k\nu)} = \frac{8k\sqrt{2k}}{3.17\sqrt{a}} - 4\sqrt{k\nu}.$$

Donc si $\alpha\alpha$ est supposé $=0$, il faut que $\frac{2k\sqrt{(2k)}}{3.17\sqrt{a}} = \sqrt{(k\nu)}$, d'où l'on tire $v = \frac{8k^2}{3^2 . 17^2 . a}$, & $\sqrt{(2Mv)} = \sqrt{M} \times \frac{4k}{3.17\sqrt{a}}$ = à la valeur de $\gamma'$ trouvée ci-dessus, art. 25, pour le cas où le corps doit retomber au même point d'où il est parti ($a^9$).

30. On voit aisément par tout ce qui précede, que pour qu'un corps lancé dans le plan de l'équateur retombe au même point d'où il est parti, il faut nécessairement qu'il ait reçu une impulsion horisontale; cependant il y auroit un cas où le corps pourroit retomber à la même place, sans aucune impression horisontale; ce seroit celui où le secteur elliptique $2BAC$ seroit $= (360° + Aa) \times \frac{aa}{2}$, ce qui donneroit

$$\frac{u + m \text{ fin. } u}{(1 + m \text{ cof. } u)^2} \times \sqrt{(1 - mm)} = \frac{(360° + 2\Omega)}{2} = 180° + \Omega.$$

Or dans ce cas $gh$ étant $= \frac{\sqrt{M}}{17\sqrt{a}}$, on a $a(1 - mm) = \frac{a}{(17)^2}$, ou $\frac{1 - mm}{1 + m \text{ cof. } u} = \frac{1}{(17)^2}$; ou, ce qui est encore plus simple, $1 - m \text{ cof. } \Omega = \frac{1}{(17)^2}$, & $\text{cof. } \Omega = \frac{1}{m} - \frac{1}{17^2 m}$; donc $1 + m \text{ cof. } u = (17)^2 (1 - mm)$; & $\text{fin. } u = \frac{\text{fin. } \Omega}{\sqrt{(1 - mm)}} \times (17)^2 (1 - mm) = (17)^2 \text{ fin. } \Omega . \sqrt{(1 - mm)}$, d'où il est clair qu'on aura

$$\frac{u + m . (17)^2 \text{ fin. } \Omega \sqrt{(1 - mm)}}{(17)^4 (1 - mm)^2} \times \sqrt{(1 - mm)} = 180° + \Omega.$$

($a^9$) Voyez les notes à la fin de ce Mémoire.

Or puisque cos. $\Omega = \frac{1}{m} - \frac{1}{17^2 m}$, & que $m = \frac{1 - \frac{1}{17^2}}{\text{cos.}\,\Omega}$, il est visible que $m$ ne pouvant être $> 1$, cos. $\Omega$ ne sauroit être $< 1 - \frac{1}{17^2}$; donc sin. $\Omega$ ne peut guère être plus grand que $\frac{\sqrt{2}}{17}$, ou $\sqrt{\left(\frac{2}{289}\right)} = \frac{1}{12 + \frac{1}{42}}$; & les deux valeurs extrêmes de $m$ sont $1 - \frac{1}{17^2}$ qui donne sin. $\Omega = 0$, & 1, qui donne sin. $\Omega =$ environ $\frac{\sqrt{2}}{17}$; d'où l'on voit que sin. $\Omega$, & par conséquent $\Omega$ est toujours une assez petite quantité.

31. Soit sin. $\Omega = \alpha$, ce qui donne aussi à peu-près $\Omega = \alpha$, on aura $m = \frac{1 - \frac{1}{17^2}}{\sqrt{(1 - \alpha^2)}} =$ à très-peu-près $1 - \frac{1}{17^2} + \frac{\alpha^2}{2}$; $\sqrt{(1 - mm)} = \sqrt{\left(\frac{2}{(17)^2} - \alpha^2\right)}$; & l'équation pour trouver $\alpha$ sera à très-peu près, $\frac{2\alpha}{(17)^2 \left(\frac{2}{(17)^2} - \alpha^2\right)} = 180^\circ + \alpha$, ou à cause que $\alpha$ est assez petit, on peut supprimer $\alpha$ du second membre. Or si $\alpha = 0$, le premier membre est $= 0$, & si $\alpha = \frac{\sqrt{2}}{17}$ ce premier membre est infini; donc la solution

eſt toujours poſſible, en prenant une valeur de $\alpha$ moyenne entre ces deux valeurs extrêmes.

32. On voit de plus qu'au lieu de 180° ou de $\pi$, ($\pi$ exprimant le rapport de la demi-circonférence au rayon) on pourroit écrire $\nu\pi$, $\nu$ étant un nombre entier poſitif, & que la ſolution ſeroit encore toujours poſſible; en ce cas on auroit $\nu$ 360° au lieu de 360°; donc le problême aura une infinité de ſolutions poſſibles, en faiſant ſucceſſivement $\nu =$ à tous les nombres entiers depuis 1 juſqu'à l'infini, & $\nu$ ſera le nombre des révolutions que doit faire la terre avant que le corps retombe à la même place, étant lancé perpendiculairement & ſans aucune impulſion horiſontale. Ayant la valeur à peu-près exacte de $\alpha$ ou de $\Omega$ par l'équation précédente, il ſera aiſé d'en trouver ſi l'on veut une plus rigoureuſe par le moyen de l'équation

$$\frac{u + m.(17)^2 \text{ ſin. } \Omega \sqrt{(1 - mm)}}{(17)^4 (1 - mm)^{\frac{3}{2}}} = 180^\circ + \Omega \ (a^{10}).$$

33. Nous avons vu ci-deſſus (art. 3), que ſi $k'$ étoit $=$ ou $> a$, la projection étant oblique, le corps ne retomberoit jamais ſur la ſurface de la terre. Or de-là il réſulte un paradoxe ſingulier, c'eſt que le corps $A$ peut être lancé ſeulement dans la direction verticale $AF$ avec une viteſſe telle qu'il ne retombe jamais ſur la ſurface de la terre. Car ſoit $\frac{2Mk}{aa}$ le quarré de cette viteſſe verticale; comme le quarré de la viteſſe hori-

($a^{10}$) Voyez les notes à la fin de ce Mémoire.

ſontale, que le corps reçoit de la rotation de la terre, eſt $\frac{M}{(17)^2 a}$, il eſt clair que le quarré de la viteſſe abſolue $gg$ ſera $= M\left(\frac{1}{(17)^2 a} + \frac{2k}{aa}\right)$; donc ſi cette quantité eſt $>$ ou $= \frac{2M}{a}$, le corps ne retombera jamais, ce qui donne $k >$ ou $= a - \frac{a}{2.(17)^2}$. En général, il eſt aiſé de voir que, ſi le quarré de la viteſſe verticale eſt $=$ ou $> \frac{2M}{a}$, c'eſt-à-dire, ſi $k =$ ou $> a$, quelque lente que ſoit d'ailleurs ſuppoſée la rotation de la terre, le quarré de $gg$ ſera plus grand que $\frac{2M}{a}$; & par conſéquent le corps ne retombera jamais.

34. Il paroît d'abord réſulter delà une abſurdité, c'eſt que ſi la terre étoit en repos, & que $k$ fût $=$ ou $> a$, le corps ne devroit jamais retomber; quoique le contraire ſoit évident. Mais il faut remarquer que la propoſition avancée, art. 3, que le corps ne doit jamais retomber, ſi $k' =$ ou $> a$, ſuppoſe que la viteſſe abſolue de projection ait quelqu'obliquité, ſi petite qu'on voudra. En effet, ſi la viteſſe de projection, par exemple, étoit nulle, en ſorte que le corps tendît directement au centre des forces, on trouveroit par la formule $gg = \frac{2M}{a} - \frac{M}{\alpha}$, que $\alpha$ ſeroit $= 2a$, c'eſt-à-

dire, que le corps devroit décrire une ellipſe infiniment allongée dont le point de tendance ſeroit le foyer, ou, ce qui revient au même, que le corps, après être arrivé en ligne droite au point de tendance, reviendroit enſuite ſur ſes pas ; ce qui eſt abſurde ; puiſqu'il eſt évident qu'il doit alors continuer ſon chemin au-delà de ce même point, en s'en éloignant juſqu'à une diſtance égale à celle d'où il eſt parti, & qu'il reviendra enſuite ſur ſes pas, en faiſant les mêmes vibrations ; d'où il eſt clair que la formule $gg = \frac{2M}{a} - \frac{M}{a}$ ne donne le vrai chemin du corps, que dans le cas où la direction de viteſſe a quelqu'obliquité, ſi petite qu'on voudra. Il eſt vrai que M. Euler, dans ſa Méchanique (art. 655), croit qu'un corps qu'on laiſſeroit tomber directement au point $C$, lorſque la force centrale eſt en raiſon inverſe du quarré de la diſtance, doit revenir ſur ſes pas quand il eſt arrivé en $C$. Mais il eſt viſible que ce grand Géometre s'eſt trompé ſur ce point ($a^{11}$).

35. Si le corps, au lieu d'être lancé dans le plan de l'équateur, étoit lancé dans le plan d'un autre grand cercle, mais toujours en un point de l'équateur, il eſt viſible qu'à cauſe de l'impulſion horiſontale qu'il auroit néceſſairement alors, & qui ſe combineroit avec le mouvement de la terre, il ſe mouvroit dans le plan d'un troiſiéme grand cercle, qui couperoit l'équateur à 180° du point de départ ; d'où il s'enſuit que le corps ne

($a^{11}$) Voyez les notes à la fin de ce Mémoire.

ne retombera au point d'où il eſt parti, que dans le cas où il arriveroit à ce point de ſection après une demi-révolution de la terre. Dans ce cas, il eſt aiſé de voir, par ce qui précéde, qu'on auroit $\Omega = 90^\circ$, ou $2\Omega = 180^\circ$, & l'art. 2 de la note ($a^6$) ſur l'art. 18, fait voir que la ſolution eſt alors poſſible.

36. On a dans ce cas $gghh$, où $G'G'$, quarré de la viteſſe horiſontale abſolue $= \frac{Ma(1-mm)}{aa} = \frac{M(1-mm)}{a(1+m\,\text{coſ.}\,u)} = \frac{M(1-mm)(1-m\,\text{coſ.}\,\Omega)}{a} = \frac{M(1-mm)}{a}$, puiſque coſ. $\Omega =$ coſ. $90^\circ = 0$; & la tangente de l'angle $CAO$ ſera (note citée, art. 1) $\frac{1}{m}$; d'où connoiſſant la viteſſe horiſontale abſolue, on aura la viteſſe de projection verticale $= \frac{M}{a}(1-mm) \times m^2$. Connoiſſant la viteſſe du point $A$ de l'équateur ſuivant $AB$ (Fig. 51), égale à $\frac{\sqrt{M}}{17\sqrt{a}}$, & la viteſſe horiſontale abſolue ſuivant $AC = \frac{\sqrt{M}.\sqrt{(1-mm)}}{\sqrt{a}}$, il ſera facile, en ſuppoſant l'angle $BAC$ donné, & prenant $\frac{AC}{AB} = 17\sqrt{(1-mm)}$, de trouver la ligne $AD$ parallèle à $CB$, ſuivant laquelle le corps doit être lancé horiſontalement, & la viteſſe de projection horiſontale ſuivant $AD$; & il eſt aiſé de voir que ſi $AD$,

étoit un méridien, l'angle *DAB* étant alors un angle droit, on auroit la vitesse suivant $AD =$

$$\frac{\sqrt{\left[M\left(1 - mm - \frac{1}{17^3}\right)\right.}}{\sqrt{a}} \; (a^{12}).$$

37. Nous avons supposé jusqu'à présent que le corps étoit lancé dans l'équateur. Supposons présentement qu'il soit lancé suivant la tangente d'un parallèle, il est évident qu'il tendra à se mouvoir dans le plan du grand cercle qui touche le parallèle au point de projection ou de départ; & que l'ellipse qu'il décrira sera dans le plan de ce grand cercle. Donc le point où il retombera sera dans le plan de ce grand cercle, & par conséquent ne sera ni à la même longitude, ni à la même latitude que le point d'où il est parti, à moins que la vitesse de projection ne soit telle que le corps fasse sa révolution dans son ellipse précisément dans un jour, auquel cas il est nécessaire que la projection verticale soit nulle, & que le corps ne soit lancé qu'horisontalement.

38. Si le corps se meut dans une direction oblique au parallèle, & dans le plan d'un grand cercle qui fasse avec le plan du parallèle un angle $= p$, soit *BAG* (Fig. 52) cet angle, le point *D* étant supposé à l'équateur, & *BF* le rayon du parallèle; & soient $2\Omega$, $2\omega$, les angles ou le nombre de degrés correspondans aux arcs du grand cercle & du parallèle qui ont la même corde

($a^{12}$) Voyez les notes à la fin de ce Mémoire.

commune, paſſant par $A$, & perpendiculaire au plan du méridien $DBE$; on aura évidemment $\frac{AF}{CF} = \frac{\text{coſ.}\,\rho}{\text{ſin.}\,\rho}$; ſin. $\omega = \frac{\text{ſin.}\,\Omega}{BF}$; $BF$ étant le coſinus de la latitude.

39. Maintenant, le temps employé par un point de la terre à parcourir l'arc $2\omega$ du parallèle, eſt évidemment $\frac{2\omega \times BF}{G \times BF} = \frac{2\omega}{G} = \frac{2\omega . 17\sqrt{a}}{\sqrt{M}}$, & le temps employé par le corps grave à décrire l'arc elliptique qui répond à l'angle $2\Omega$ du grand cercle, eſt (art. 5), $\frac{2a^2\sqrt{(1-mm)}}{aaG'}(u + m\,\text{ſin.}\,u) = 2\sqrt{(1-mm)} \times \frac{1}{(1+m\,\text{coſ.}\,u)^2} \times (u + m\,\text{ſin.}\,u) \times \frac{\sqrt{(1+m\,\text{coſ.}\,u)}.\sqrt{a}}{\sqrt{(1-mm)}.\sqrt{M}}$, en mettant pour $G'$ ſa valeur $\frac{\sqrt{M}.\sqrt{(1-mm)}}{\sqrt{a}.\sqrt{(1+m\,\text{coſ.}\,u)}}$. Donc pour que les deux temps ſoient égaux, c'eſt-à-dire, pour que le corps retombe au même point du parallèle d'où il eſt parti, il faut que $u + m\,\text{ſin.}\,u = 17\omega(1+m\,\text{coſ.}\,u)^{\frac{3}{2}}$, ou $u+m\,\text{ſin.}\,u = 17 \times (1+m\,\text{coſ.}\,u)^{\frac{3}{2}}$ $\times$ l'angle dont le ſinus eſt $\frac{\text{ſin.}\,\Omega}{BF}$, c'eſt-à-dire, dont le ſinus eſt $\frac{\text{ſin.}\,u\sqrt{(1-mm)}}{(1+m\,\text{coſ.}\,u)n}$, en nommant $n$ la donnée $BF$.

40. On ſe ſervira donc de la même conſtruction que dans les art. 9 & 10 ci-deſſus, à l'exception qu'on pren-

dra dans cette conſtruction $\frac{\text{ſin. } u}{n}$ au lieu de ſin. $u$; les conſéquences ſeront d'ailleurs les mêmes, & le problême ſera toujours poſſible; donc, 1°. connoiſſant par ce moyen l'angle $u$, & par conſéquent l'angle $\Omega$, on aura l'angle $\rho$ par l'équation ſin. $\Omega =$
$\sqrt{\left(n^2 - \frac{\text{coſ. } \rho^2 (1-n^2)}{\text{ſin. } \rho^2}\right)}$. 2°. Connoiſſant l'angle $\rho$ du plan du grand cercle avec celui du parallèle, & la viteſſe horiſontale abſolue initiale $G'$, qu'on vient d'aſſigner en $a$, $u$ & $m$, on aura facilement l'angle de projection, & par conſéquent, comme dans l'art. 17 ci-deſſus, on en déduira la viteſſe de projection qui doit être imprimée au corps, & la direction que doit avoir cette projection, pour que le corps lancé retombe au même point du parallèle d'où il eſt parti.

41. Ayant ainſi trouvé les deux arcs de cercle $2\Omega$ & $2\omega$, il ne ſera pas difficile de voir que l'angle formé par ces deux arcs, a pour coſinus $\frac{\text{tang. } \Omega}{BF \text{ tang. } \omega}$ ($a^{13}$); d'où l'on déduira aiſément, par une méthode analogue à celle des art. 35 & 36, la viteſſe de projection, la valeur de cette viteſſe, & le plan ſuivant lequel elle doit être dirigée.

42. Lorſque le corps eſt lancé perpendiculairement en un point quelconque de la terre, autre qu'un point de l'équateur, avec une viteſſe telle que $k$ ſoit beaucoup plus petit que $a$; ſi on nomme $\rho'$ le rayon du

($a^{13}$) Voyez les notes à la fin de ce Mémoire.

parallèle, ou plutôt le cosinus de la latitude, la vitesse horisontale du corps sera pour lors $\frac{\rho' \sqrt{M}}{17\sqrt{a}}$, & la différence $a\alpha$ trouvée art. 19, sera $\frac{8\rho' . k^{\frac{3}{2}} \sqrt{2}}{3 . 17\sqrt{a}}$, c'est-à-dire, encore plus petite que dans l'équateur, & plus petite en raison du cosinus de la latitude.

43. Si l'on veut que le corps retombe (au moins à très-peu-près) au même point du parallèle d'où il est parti, $k$ étant toujours beaucoup plus petit que $a$, il faut d'abord (art. précéd. & art. 25) que sa vitesse de projection horisontale (estimée dans le sens du parallèle) $\gamma$ soit à la vitesse verticale en raison de $\frac{2\sqrt{2}}{3 . 17} \times \rho' \times \sqrt{\frac{k}{a}}$ à l'unité. Il faut de plus que le plan de projection (qui est toujours vertical) soit tellement placé que la direction horisontale absolue du corps fasse un petit angle avec la tangente du parallèle.

44. Pour trouver cet angle, on considérera qu'on connoît à peu-près, par ce qui précéde, l'étendue $2\Omega$ de l'arc de grand cercle que le corps doit décrire horisontalement pour retomber sensiblement au même point. Or cet arc très-petit $2\Omega$ devant avoir la même corde que l'arc de parallèle correspondant, & lui étant sensiblement égal, il est aisé de trouver l'angle qu'il fait avec la tangente du parallèle. Cet angle (Fig. 52) en supposant $BA$ très-petit, sera évidemment égal à

très-peu-près à $BG$ divisé par $\Omega$. Or $BG =$ à très-peu-près $\frac{BA \times CF}{CG} = BA \times \sqrt{\left(1 - \frac{\rho'^2}{a^2}\right)}$; & $BA =$ à très-peu-près $\frac{\Omega^2}{2BF} = \frac{\Omega^2}{2\rho'}$. Donc l'angle dont il s'agit est à très-peu-près égal à $\frac{\Omega \times \sqrt{(a^2 - \rho'^2)}}{2\rho' a} = \frac{\Omega}{2a} \times$ cotangente de la latitude.

45. Maintenant soit $\omega'$ ce petit angle; la vitesse du point $A$ dans la direction du parallèle (vitesse à laquelle le corps participe sans impulsion primitive) étant $\frac{\rho' \sqrt{M}}{17\sqrt{a}}$, & la vitesse horisontale absolue du corps, dans la direction du grand cercle, devant être à très-peu-près $\frac{\rho' \sqrt{M}}{17\sqrt{a}} + \gamma$, & $\gamma$ pouvant être trouvée aisément par les méthodes ci-dessus, il est visible que le corps (pour avoir sa direction primitive absolue dans le plan de ce grand cercle) devra recevoir de la main ou de l'instrument qui le lance; 1°. une vitesse horisontale dans le sens du méridien, ou à très-peu-près, laquelle sera $= \frac{\omega' . \rho' \sqrt{M}}{17\sqrt{a}}$; 2°. une vitesse horisontale $\gamma$ dans le sens du grand cercle, c'est-à-dire, dans une direction qui fasse un angle $= \omega'$ avec la tangente du parallèle; 3°. enfin, une vitesse verticale $= \frac{\sqrt{(2Mk)}}{a}$, laquelle vitesse verticale est supposée donnée & à volonté, & sert à déterminer la vitesse $\gamma$.

Toutes ces déterminations ne sont pas rigoureusement exactes, mais elles suffisent pour une solution très approchée. La solution rigoureuse se trouvera par l'art. 41 précédent.

46. Il ne nous reste plus qu'à examiner en peu de mots, ce qui doit arriver à un corps lancé sous le pole, s'il est lancé dans la direction du rayon ou axe de la terre, il retombera toujours, quelle que soit la vitesse, mais il ne retombera jamais, s'il est lancé tant soit peu obliquement avec une vitesse $g$, telle que $g^2$ soit $> \frac{2M}{a}$. C'est une suite des art. 32, 33 & 34. Enfin, si $g^2$ est $< \frac{2M}{a}$ & la direction oblique, le corps retombera, mais non pas au pole, il retombera à quelqu'endroit du méridien dans le plan duquel il aura été lancé, & il sera aisé par les recherches précédentes, de trouver ce point, c'est-à-dire, l'angle $\Omega$, puisque $g$, $h$, & $a$ sont donnés; c'est-à-dire, la distance initiale au foyer, la vitesse initiale & sa direction. On aura en effet $\text{a}(1-mm) = \frac{aagghh}{M}$, $a = \frac{\text{a}(1-mm)}{1+m\,\text{cos}.\,\Omega}$, & $\frac{h}{\sqrt{(1-hh)}} = \frac{1-m\,\text{cos}.\,\Omega}{m\,\text{sin}.\,\Omega}$, d'où l'on tirera a, $m$ & $\Omega$.

# NOTES

## *SUR LES*

## *DÉMONSTRATIONS PRÉCÉDENTES.*

*Note* ($a^1$), *article 7.*

LE rapport de la force centrifuge à l'attraction ſous l'équateur, n'eſt pas rigoureuſement $\frac{1}{289}$ ; mais cette fraction étant un nombre quarré, on s'y eſt arrêté pour la commodité du calcul. On pourra mettre dans les calculs ſuivans, $\rho$ à la place de 289, & $\sqrt{\rho}$ à la place de 17.

*Note* ($a^2$), *article 8.*

On peut remarquer en paſſant que ſi on mène $CP$ perpendiculaire à $MG$ prolongée, on aura auſſi $MP =$ a ($1 + m$ coſ. $u$), d'où il s'enſuit cette propriété de l'ellipſe, que $MP$ eſt toujours $= CA$; ce qui donne un moyen très-facile de conſtruire l'ellipſe par pluſieurs points, en décrivant du foyer $C$ comme centre, & du rayon $MP$ l'arc $DA$, qui coupe l'ordonnée $MN$ en $A$.

*Note* ($a^3$), *article 10.*

1. Pour rendre cette ſolution générale encore plus nette

nette & plus facile, nous en donnerons un exemple dans un cas très-simple.

Soit $u=90^\circ$, on aura a $=a$, & il faudra qu'on ait cette proportion, $90^\circ+m$ : angl. sin. $\sqrt{(1-mm)}$ :: 17.1. Pour satisfaire à cette proportion, & trouver la valeur de $m$ qui en résulte, on décrira d'un rayon quelconque $QK$ (Fig. 53) le quart-de-cercle $KPS$, & la trochoïde $KNR$ dont les ordonnées $VN$ soient égales aux arcs $KP$; supposant ensuite $QF=QR$, & le cosinus $QV$ de l'arc $KP=m$, (le rayon $QK$ étant $=1$), on aura $FV=90^\circ+m$, $VN=$ angl. sin. $\sqrt{(1-mm)}$. Donc si on prend $QZ=\frac{FQ}{17}=\frac{90^\circ}{17}$, & qu'on tire $FZ$, cette ligne $FZ$ ira couper la trochoïde en un point $N$, qui donnera la valeur de $QV=m$. La valeur de $m$ étant connue, on aura celle de $G'$, ou $gh=\frac{\sqrt{M}.\sqrt{a}.\sqrt{(1-mm)}}{a}=\frac{\sqrt{M}.\sqrt{(1-mm)}}{\sqrt{a}}$, dans le cas présent; donc pour que le corps retombe au même point d'où il est parti, la vitesse horisontale de projection imprimée par la main ou par l'instrument, c'est-à-dire, $G'-G$, doit être $=\frac{\sqrt{M}.\sqrt{(1-mm)}}{\sqrt{a}}-\frac{\sqrt{M}}{17\sqrt{a}}$ dans le cas présent.

2. Il est de plus évident, que dans ce même cas, ou $CA=$ a $=a$, la tangente en $A$ sera parallèle à $GB$, puisque le point $A$ est alors le point du milieu

de l'ellipse $BAO$; d'où il s'ensuit que $h = \sqrt{(1-mm)}$, & que la vitesse absolue de projection $g$ ou $\frac{G'}{h}$ (art. 8) $= \frac{G'}{\sqrt{(1-mm)}}$; donc la vitesse $\gamma$ de projection verticale sera telle que $\gamma\gamma = \frac{G'^2}{1-mm} - G'^2 = \frac{G'^2 m^2}{1-m^2} = \frac{Mm^2}{a}$, c'est-à-dire, que la vitesse $\gamma$ doit être dûe à la hauteur $\frac{am^2}{2}$.

3. Donc en supposant $u = 90^\circ$, il faut pour que le corps retombe au même point d'où il est parti, qu'il soit lancé obliquement, de maniere que l'angle de la ligne de projection avec la verticale, ait pour sinus $\sqrt{(1-mm)}$, & que la vitesse verticale soit dûe à la hauteur $\frac{am^2}{2}$, $m$ étant donné par la construction exposée ci-dessus.

4. On peut aisément avoir $m$ ou $\sqrt{(1-mm)}$ par approximation, en considérant que puisque $KP = \frac{90^\circ}{17} + \frac{QV}{17}$, on aura d'abord à très-peu-près $KP = \frac{90^\circ + QK}{17}$; puis nommant $\alpha$ cette premiere valeur de $KP$, on aura plus exactement $KP = \alpha - \frac{KV}{17} = \alpha - \frac{\alpha^3}{2.17}$, & ainsi de suite, selon les méthodes con-

nues ; en général $VQ$ étant $= 1 - \frac{KP^2}{2} + \frac{KP^4}{2.3.4} - \frac{KP^6}{2.3.4.5.6}$, &c. on aura, en nommant $KP$, $z$, & faisant le sinus total égal à l'unité, & $2\pi =$ au rapport de la circonférence au rayon, l'équation $17z = \frac{\pi}{2} + 1 - \frac{z^2}{2} + \frac{z^4}{2.3.4} - \frac{z^6}{2.3.4.5}$, &c. par le moyen de laquelle on peut trouver l'arc $z$ aussi exactement qu'on voudra.

5. Quant à l'arc $AD$, décrit par le point $A$ (Fig. 49 & 50) de la terre, pendant la moitié de la chûte, il aura pour sinus $\sqrt{(1 - mm)}$, ou le demi-petit axe $AN$.

### *Note* ($a^4$), *article 14.*

1. Il ne s'agit plus que de savoir laquelle des deux équations de l'article 14 il faut prendre, lorsque $u$ est donné ; car quoique $u$ soit donné, on ne connoît pas encore $m$, ni par conséquent si $m +$ cos. $u$ est positif ou négatif. Or d'abord il est évident, comme nous venons de le dire, que si $u$ n'est pas plus grand que 90°, il faut prendre la premiere équation, puisque le cosinus $\frac{m + \text{cos. } u}{1 + m \text{ cos. } u}$, répondant au sinus $\omega$ sera pour lors toujours positif. En second lieu quand l'angle $DCA$, ou l'angle dont le sinus est $\omega$ sera $= 90°$, on

aura cof. $u = -m$, & $\frac{u + m \text{ fin. } u}{(1 - mm)^{\frac{1}{2}} \times 90^\circ} = 17$. En troisiéme lieu, puifque $m +$ cof. $u$ eft pofitif tant que cof. $u$, quoique négatif, n'eft pas affez grand pour furpaffer $m$, il eft clair que quand $m +$ cof. $u$ devient $= 0$, c'eft-à-dire, quand l'angle $DCA = 90^\circ$, cette quantité $m +$ cof. $u$ a toujours été pofitive auparavant, & par conféquent auffi le cofinus $\frac{m + \text{cof. } u}{1 + m \text{ cof. } u}$ de l'angle $DCA$. Or ce cofinus, après avoir été pofitif, & avoir paffé par zero, doit enfuite devenir négatif; d'où l'on peut conclure qu'on doit employer la premiere équation, tant que la valeur fuppofée de $u$ ne fera pas plus grande que celle qui fatisfait à l'équation $\frac{u + m \text{ fin. } u}{(1 - mm)^{\frac{1}{2}} \times 90^\circ} = 17$; & qu'enfuite il faudra prendre la feconde équation.

*Note* ($a^5$), *article 16.*

On doit remarquer que dans la trajectoire elliptique l'angle $CAH$ (Fig. 49) eft obtus, ou du moins ne peut être plus petit qu'un angle droit, & qu'il n'eft même égal à un angle droit, qu'aux points $B$ & $O$ (Fig. 50), ce qui fe prouve par la valeur $a(1 + m \text{ cof. } u)$ du rayon vecteur, dont la différence n'eft $= 0$, que quand fin. $u = 0$. Or il eft toujours néceffaire que l'angle $CAH$ foit obtus, ou du moins ne foit pas $< 90^\circ$, afin que le projectile puiffe fe mouvoir, ou en s'élevant au-dessus de la surface de la terre, ou tout au moins en rasant cette surface.

Si la vitesse de projection horisontale est en sens contraire de la vitesse de la terre, & qu'elle lui soit égale, alors $G'-G=0$, & le corps décrit une ligne droite. Si $G'-G$ est négatif, alors le point $a$ (Fig. 49) tombera de l'autre côté de $A$; ce qu'il est inutile d'expliquer plus au long.

*Note* ($a^6$), *article 18.*

1. Puisque $\frac{\text{sin.}\, u\sqrt{(1-mm)}}{1+m\,\text{cos.}\, u} = \text{sin.}\, \Omega$, & que $\frac{m+\text{cos.}\, u}{1+m\,\text{cos.}\, u} = \text{cos.}\, \Omega$; il s'ensuit que $\text{cos.}\, u = \frac{m-\text{cos.}\, \Omega}{m\,\text{cos.}\, \Omega - 1}$ ou $\frac{\text{cos.}\, \Omega - m}{1-m\,\text{cos.}\, \Omega}$; d'où $1+m\,\text{cos.}\, u = \frac{1-mm}{1-m\,\text{cos.}\, \Omega}$, & $\text{sin.}\, u = \frac{\text{sin.}\, \Omega}{\sqrt{(1-mm)}} \times (1+m\,\text{cos.}\, u) = \frac{\text{sin.}\, \Omega\sqrt{(1-mm)}}{1-m\,\text{cos.}\, \Omega}$. C'est pourquoi, au lieu de l'équation $\frac{u+m\,\text{sin.}\, u}{\Omega(1+m\,\text{cos.}\, u)^{\frac{1}{2}}} = 17$, de l'article 16, on peut écrire $\frac{u\times(1-m\,\text{cos.}\, \Omega)^{\frac{1}{2}}}{\Omega(1-mm)^{\frac{1}{2}}} + \frac{m\,\text{sin.}\, \Omega(1-m\,\text{cos.}\, \Omega)^{\frac{1}{2}}}{\Omega(1-mm)} = 17$, en prenant $\Omega$ pour l'inconnue, & $u$ pour l'angle dont le sinus est $\frac{\text{sin.}\, \Omega\sqrt{(1-mm)}}{1-m\,\text{cos.}\, \Omega}$. On auroit aussi dans cette hypo-

thèse $G' = \frac{\sqrt{M}}{\sqrt{a}} \times \sqrt{(1 - m \text{ cos. } \Omega)}$, & la tangente de l'angle $CAh = \frac{1 - m \text{ cos. } \Omega}{m \text{ sin. } \Omega}$.

2. Si on suppose $\Omega = 90°$, on aura sin. $u = \sqrt{(1 - mm)}$ & $\frac{u}{90° (1 - mm)^{\frac{1}{2}}} + \frac{m}{90° (1 - mm)} = 17$. Il y a donc, lorsque $\Omega = 90°$, une valeur de $m$ qui peut résoudre le problême, puisqu'en faisant $m = 0$, le premier membre est $< 17$, & qu'il est infiniment grand si $m = 1$. Cette remarque nous sera utile dans la suite de ces recherches. Voyez art. 34.

3. Il peut y avoir de l'avantage à prendre l'angle $\Omega$ pour donné au lieu de l'angle $u$, parce que cet angle $\Omega$, ou plutôt son double $2\Omega$, exprime le temps que le corps lancé met à retomber sur la terre au même point où il est parti. Dans ce cas, $m$ sera toujours l'inconnue qu'il faudra déterminer par quelqu'une des méthodes indiquées ci-dessus.

4. On peut remarquer en passant que l'expression $\frac{\text{sin. } \Omega \sqrt{(1 - mm)}}{1 - m \text{ cos. } \Omega}$ du sinus de l'angle $u$ n'est jamais $> 1$, (pris positivement ou négativement) comme en effet elle ne doit jamais l'être; car si elle l'étoit, on auroit $(\text{sin. } \Omega)^2 (1 - mm) > 1 - 2m \text{ cos. } \Omega + m^2 \text{ cos. } \Omega^2$, ou $0 > m + 2 - 2m \text{ cos. } \Omega + \text{cos. } \Omega^2$, c'est-à-dire, $0 > (m - \text{cos. } \Omega)^2$, ce qui ne se peut, $(m - \text{cos. } \Omega)^2$ étant un quarré, & par conséquent toujours positif. On verra

de même que l'expreſſion $\frac{\text{ſin.}\, u\sqrt{(1-mm)}}{1+m\,\text{coſ.}\, u}$ du ſinus de l'angle $\Omega$ n'eſt jamais plus grande que 1, pris poſitivement ou négativement.

*Note (a7), article 19.*

1. On peut remarquer que $AD$ ou $\frac{Aa}{2}$ étant $=\frac{\sqrt{(2ak)}}{17}$, on aura $\frac{AD^2}{2a}$, ou la fleche de l'arc $AD=\frac{k}{17}$. Ainſi cette fleche eſt aſſez petite par rapport à $BD$ ou $k$; cependant, quand on voudroit regarder $BD$ ou $k$ comme comparable à cette fleche, & $ADa$ comme un petit arc de cercle, l'eſpace $ABDa$ formé par la parabole $ABa$, & l'arc $ADa$ n'en ſeroit pas moins cenſé égal à $ADa\times\frac{2BD}{3}$, attendu que le ſegment circulaire $ADa$ eſt lui-même ſenſiblement égal à $ADa\times\frac{2}{3}$ de la fleche $Dd$. Il faut obſerver encore que la hauteur $BD$ à laquelle le corps s'éleve en vertu de la viteſſe de projection verticale eſt un peu plus grande que ſi la rotation de la terre étoit nulle; en ſorte que la viteſſe de projection verticale dûe à la hauteur $k$, n'eſt pas exactement $\sqrt{\left(\frac{2Mk}{aa}\right)}$, mais $\sqrt{(2k)}\times\sqrt{\left(\frac{M}{aa}-\frac{M}{289\,aa}\right)}$, l'effet de la peſanteur $\frac{M}{aa}$ étant

diminué par la force centrifuge $\frac{M}{289aa}$; ce qui donnera une valeur de $aa$ un peu différente de celle que nous avons trouvée; mais la différence sera très-petite & comme insensible. En général, pour avoir la valeur de $aa$ avec toute l'exactitude qu'on peut desirer, on substituera pour $G$, la quantité $\frac{\sqrt{M}}{a\sqrt{\rho}}$, $\rho$ étant le rapport de la force centrifuge sous l'équateur à la pesanteur ou attraction primitive $\frac{M}{aa}$; & au lieu de $\sqrt{\left(\frac{2Mk}{aa}\right)}$, on écrira $\frac{2\sqrt{(Mk)}}{a} \times \sqrt{\left(1 - \frac{1}{\rho}\right)}$; $\rho$ étant à très-peu-près égal à 288 $\frac{1}{2}$; après quoi on achevera facilement le reste du calcul.

2. J'ajouterai encore que comme la terre n'est pas exactement sphérique, la quantité $\frac{M}{aa}$ n'exprime pas exactement la pesanteur primitive sous l'équateur, & qu'ainsi au lieu de $\frac{M}{aa}$ & de $\frac{\sqrt{M}}{a}$, il faudroit mettre $\frac{M\lambda}{aa}$, & $\frac{\sqrt{(M\lambda)}}{a}$, $\lambda$ étant une quantité très-peu différente de l'unité. Cette quantité $\lambda$ disparoîtra dans la valeur de $aa$, mais il faudra avoir soin, si on veut avoir une solution rigoureusement exacte à cet égard, de prendre pour $k$ la valeur qui convient à la vitesse de projection, eu égard à la pesanteur sous l'équateur, & au lieu de 15 pieds par seconde, qu'on suppose parcourus

courus par les corps pesans, il faut prendre l'espace réel & exact que les corps pesans parcourent sous l'équateur durant l'espace d'une seconde. Au reste, toutes ces considérations apporteront peu de changement à la valeur de $a\alpha$ que nous avons donnée.

3. Si on avoit quelque scrupule sur la supposition que nous avons faite de $BD =$ à très-peu-près à $k$, on pourra le lever aisément par la considération suivante. Soit $a = 1$, $CB = x$, & au point $B$ sommet de l'ellipse, on aura par la théorie connue des trajectoires $\frac{1}{h^2} - \frac{1}{x^2} + \frac{2M}{xgghh} - \frac{2M}{gghh} = 0$. (Voyez nos *Recherches sur le Système du Monde*, pag. 16, art. 8.) Maintenant soit $x = 1 + t$, $h^2 = 1 - \alpha$, $t$ étant une quantité fort petite, ainsi que $\alpha$, cette équation se changera à très-peu-près en $\alpha + 2t - \frac{2Mt}{gg} = 0$; or il est aisé de voir que $\alpha =$ à très-peu-près $\frac{2pk}{gg} =$ à très-peu-près $\frac{2pk.289}{pa}$, & que $M = paa = p$, à cause de $a = 1$; d'où l'on voit que $2k.289 + 2t - \frac{2pt.289}{p} = 0$. Donc $t =$ à très-peu-près $k$.

Si on vouloit trouver la valeur de $t$ plus rigoureusement, il est clair qu'on le pourroit facilement au moyen de l'équation rigoureuse $\frac{1}{h^2} - \frac{1}{x^2} + \frac{2M}{xgghh}$

$-\frac{2M}{gghh}=0$. Mais le calcul précédent suffit pour nous donner la valeur approchée de $t$ qui nous est nécessaire, & pour prouver que cette valeur est sensiblement égale à $k$. Ceux qui voudront résoudre plus exactement le problême dont il s'agit ici, par les valeurs rigoureuses de $BD$ & de $\alpha a$, le pourront aisément au moyen de toutes les remarques précédentes.

*Note* ($a^8$), *article* 22.

1. Si dans la proportion de l'art. 6, l'angle $u$ est supposé fort petit, on aura à très-peu-près $\frac{u+mu}{(1+m)^{\frac{3}{2}}}$ : $\frac{u\sqrt{(1-mm)}}{1+m}$ :: 17 . 1, ou à très-peu-près $17\sqrt{(1-mm)}$ $=(1+m)^{\frac{1}{2}}$, ou $17\sqrt{(1-m)}=1$; d'où l'on voit que $m=1-\frac{1}{289}$, & que $1-mm$ est à peu près $=\frac{2}{289}$; & le demi-petit axe $a\sqrt{(1-mm)}=$ à très-peu-près $\frac{a}{12}$, ou plus exactement $\frac{a}{\sqrt{(144\frac{1}{2})}}$ : $\frac{a}{12+\frac{1}{48}}$.

2. On peut aisément trouver la valeur de $m$ par une approximation plus exacte, en mettant au lieu de sin. $u$ & angl. sin. $\left(\frac{u\sqrt{(1-mm)}}{1+m\ \text{cos}.\ u}\right)$ leurs valeurs en $u$ dans la proportion $u+m$ sin. $u:(1+m\,\text{cos}.\ u)^{\frac{3}{2}}$. angl. sin. $\left(\frac{u\sqrt{(1-mm)}}{1+m\ \text{cos}.u}\right)$ :: 17 . 1, ce qui est toujours

facile quand $u$ eſt ſuppoſé peu conſidérable, puiſque ſin. $u$ eſt alors $= u - \frac{u^3}{2.3} + \frac{u^5}{2.3.4.5}$, &c. & angl. $\left(\frac{\text{ſin. } u \sqrt{(1 - mm)}}{1 + m \text{ coſ. } u}\right) = \frac{\text{ſin. } u \sqrt{(1 - mm)}}{1 + m \text{ coſ. } u} + \frac{\text{ſin. } u^3 (1 - mm)^{\frac{3}{2}}}{2.3 (1 + m \text{coſ. } u)^3}$, &c. le calcul en eſt plus long que difficile. Mais on voit aiſément par ce même calcul que $u$ étant fort petit, & par conſéquent $\Omega$ fort petit, $m$ ne ſauroit avoir qu'une valeur à peu près égale à l'unité; & comme le demi-grand axe a reſte arbitraire, on voit que le problême a une infinité de ſolutions; en ſorte qu'on peut tracer une infinité d'ellipſes dans leſquelles $1 - mm = \frac{1}{289}$, & qui, en faiſant le rayon $r = a =$ au rayon de la terre, donneront l'angle $\Omega$, & par conſéquent l'angle $u$. Cependant il faut remarquer que cette ſolution ſuppoſe que non-ſeulement l'angle $\Omega$ ſoit très-petit, mais auſſi l'angle $u$. Or l'angle $\Omega$ pourroit être fort petit ſans que l'angle $u$ le fût; ca. on a (note $a^6$) ſin. $u =$ ſin. $\Omega \times \frac{\sqrt{(1 - mm)}}{1 - m \text{ coſ. } \Omega}$; ſoit $m = 1 - \alpha$, & coſ. $\Omega = 1 - \frac{\Omega^2}{2}$ à très-peu-près, en ſuppoſant $\Omega$ très-petit, on aura ſin. $u =$ (à très-peu-près) $\frac{\text{ſin. } \Omega \sqrt{(2\alpha - \alpha^2)}}{\frac{\Omega^2}{2} + \alpha}$, quantité qui n'eſt très-petite ($\Omega$ étant déja très-petit) que dans le cas où $\alpha$ eſt beaucoup plus grand que $\frac{\Omega^2}{2}$. Nous reviendrons dans un moment ſur ce ſujet; mais nous obſerverons ici que dans le cas où $u$ ſera très-petit, deux valeurs de $u$, toutes deux très-petites, mais très-différentes, donnent deux valeurs très-différentes de $\Omega$, puiſque ces valeurs ſont à très-peu-près proportionnelles aux valeurs de $u$, ſin. $\Omega$ étant $= \frac{\text{ſin.}\, u \sqrt{(1 - mm)}}{1 + m \,\text{coſ.}\, u} =$ à très-peu-près $\frac{\text{ſin.}\, u \sqrt{(1 - m^2)}}{1 + m}$, lorſque $u$ eſt fort petit.

3. Donc réciproquement une même valeur de $\Omega$ ſuppoſée très-petite, ne ſauroit donner deux valeurs de $u$ très-petites & très-différentes.

4. Donc lorſque le corps eſt lancé avec une viteſſe de projection très-petite par rapport à la viteſſe de rotation de la terre, il n'y a qu'une ſeule projection & direction à lui donner, pour qu'il retombe dans un temps donné au même point d'où il eſt parti. Mais ſi le temps n'eſt pas donné, il eſt clair qu'on peut imprimer au corps une infinité de viteſſes & de directions différentes pour le faire tomber au même point, dans le cas même où $\Omega$ & $u$ ſeront fort petits l'un & l'autre ; & dans le cas où $\Omega$ & $u$ ne ſeroient pas très-petits, ou dans lequel $\Omega$ ſeulement ſeroit très-petit, on aura encore une infinité de ſolutions, puiſque $u$ étant pris à volonté, on aura toujours une valeur correſpondante de $m$.

5. On a trouvé ci-dessus (art. 19 & suiv.) $Aa = \frac{2\sqrt{2}.\sqrt{(ak)}}{17}$, $k = \frac{\mu^2 \text{ pieds}}{4 \times 15}$; $a = 1500 \times 2500 \times 6$ pieds; d'où il s'ensuit que $Aa = \frac{2\sqrt{2}.\mu.10.50.\sqrt{6}}{2.17} = \frac{2\mu.500.\sqrt{3} \text{ pieds}}{17}$. Or la circonférence de la terre est d'environ 9000 lieues $= 9000 \times 2500 \times 6$ pieds. Donc le rapport de $Aa$ à 360° sera celui de $\frac{2\mu.500.\sqrt{3}}{17}$ à $9000.2500.6$, ou de $\frac{\mu}{5.9000.17\sqrt{3}}$ à 1. Donc si $\mu = 1800$ (ce qui est à peu-près la plus grande valeur possible de $\mu$) ce rapport sera celui de $\frac{1}{25.17\sqrt{3}}$ à 1. Ainsi lorsque le corps sera lancé perpendiculairement sous l'équateur, la plus grande valeur de $Aa$ sera de $\frac{360^\circ}{25.17\sqrt{3}}$, c'est-à-dire, ne sera pas d'un demi-degré.

6. Le rayon $r$ de l'ellipse décrite par le corps grave étant $\frac{a(1-mm)}{1-m \operatorname{cos}. \Omega}$; il est clair que si l'angle $\Omega$ est supposé peu considérable, on aura $\operatorname{cos}. \Omega = 1 - \frac{\Omega^2}{2}$ à très-peu-près; de plus, soit $m = 1 - \alpha$, $\alpha$ étant fort petit, on aura $r = \frac{a(2\alpha - \alpha\alpha)}{\alpha + \frac{(1-\alpha)\Omega^2}{2}}$, & si $\Omega^2$ est beaucoup plus petit que $\alpha$, on aura l'aire du secteur ellip-

tique $\int \frac{rr\,d\Omega}{2}$ = à très-peu-près à l'intégrale de $\left[\frac{a^2 d\Omega}{2} \times (2\alpha - \alpha\alpha)^2 \times \frac{1}{\alpha^2} \times \left(1 - \frac{\Omega^2}{\alpha}\right)\right]$; intégrale facile à trouver, & par le moyen de laquelle on déterminera avec toute la précision qu'on peut desirer, la valeur de l'espace $ABaDA$.

7. Il est visible que $\Omega$ étant supposé fort petit, ainsi que $\alpha$, $\Omega^2$ sera considérablement $< \alpha$, si $\Omega$ est de l'ordre de $\alpha$ ou au-dessus.

8. Lorsque $\Omega = 0$, on a $r = a(1 + m) = a(2 - \alpha)$; & tant que $\Omega^2$ est beaucoup $< \alpha$, on a $r$ = à très-peu-près $\frac{a(2\alpha - \alpha\alpha)}{\alpha\left(1 + \frac{\Omega^2}{2\alpha}\right)} = a(2 - \alpha) \times \left(1 - \frac{\Omega^2}{2\alpha}\right)$; c'est pourquoi la différence des rayons qui répondent à l'angle $\Omega = 0$, & à l'angle $\Omega$ supposé très-petit, sera à très-peu-près $\frac{a\Omega^2}{\alpha}$, & comme l'ordonnée correspondante est $a\Omega$ à très-peu-près, ou $2a\Omega$ à très-peu-près, on voit que le rapport de l'abscisse (prise depuis le sommet de l'ellipse) à l'ordonnée correspondante, est à peu-près celui de $\Omega$ à $2\alpha$.

9. De-là il résulte que si l'abscisse prise depuis le sommet, est beaucoup plus petite que l'ordonnée correspondante, ou n'est pas beaucoup plus grande, on pourra supposer $\Omega^2$ très-petit par rapport à $\alpha$, & par conséquent employer la méthode qu'on vient d'indiquer pour

trouver l'espace $ABaDA$ avec toute la précision dont on peut avoir besoin.

10. On peut encore, si l'on veut, s'y prendre autrement pour trouver l'espace $ABaDA$; en considérant, que si $\mathfrak{c}$ est le demi-petit axe, $y$, l'ordonnée, & $x$ l'abscisse prise depuis le sommet, on aura $y = \frac{\mathfrak{c}}{a}\sqrt{(2ax - xx)} = \frac{\mathfrak{c}}{a} \times \left(\sqrt{2ax} - \frac{x^{\frac{3}{2}}}{2\sqrt{(2a)}}\right)$; d'où l'on trouvera facilement l'intégrale $\int y\,dx = \frac{\mathfrak{c}}{a} \times \left(\frac{2}{3}.Bd.AD - \frac{1}{5} \times \frac{AD^5}{8a^3}\right)$; or l'espace $ADd =$ à très-peu-près $\frac{2}{3}Dd \times AD - \frac{1}{5} \times \frac{AD^5}{8a^3}$; donc, &c.

11. Si dans l'art. 1 de la note ($a^6$) on suppose $\Omega$ si petit, que cos. $\Omega$ puisse être supposé $= 1$, on aura en mettant pour $u$ sa valeur approchée $\frac{\Omega\sqrt{(1-mm)}}{1-m}$, l'équation $\frac{(1+m)^{\frac{3}{2}}}{1-mm} + \frac{m(1-m)^{\frac{3}{2}}}{1-mm} = 17$; d'où l'on tire, comme dans l'article 1 de la présente note, $17\sqrt{(1-m)} = 1$.

12. Et si on suppose $\Omega$ très-petit, mais de maniere que cos. $\Omega$ ne puisse pas être supposé $= 1$ dans la quantité $1 - m$ cos. $\Omega$, alors faisant $1 - m = \alpha$, comme ci-dessus, on aura $1 - m$ cos. $\Omega =$ à très-peu-près $1 - (1-\alpha)\left(1 - \frac{\Omega^2}{2}\right)$

$= \alpha + \frac{\Omega^2}{2}$, $u =$ à l'angle dont le finus eft $\frac{\text{fin.}\,\Omega . 2\alpha}{\alpha + \frac{\Omega^2}{2}} =$

$\frac{2\,\text{fin.}\,\Omega}{1 + \frac{\Omega^2}{2\alpha}}$, & l'équation fera à très-peu-près

$$\frac{u(\alpha + \Omega^2)^{\frac{1}{2}}}{\Omega.(2\alpha)^{\frac{1}{2}}} + \frac{\text{fin.}\,\Omega\left(\alpha + \frac{\Omega^2}{2}\right)^{\frac{3}{2}}}{\Omega(2\alpha)} = 17.$$

*Note* ($a^9$), *article* 22.

1. Il réfulte des calculs de l'art. 28, que fi $v = 0$, on aura, en regardant $\Omega$ comme fort petit, $\Omega =$ à très-peu-près $\frac{\sqrt{(2k)}}{17\sqrt{a}}$, divifé par $\left(1 - \frac{1}{289}\right)$; d'où $\Omega^2 = \frac{2k}{289.a}$ à très-peu-près; les mêmes formules de l'art. 28, donnent $m = 1 - \frac{1}{289}$; & par conféquent $\alpha = \frac{1}{289}$; & le demi-petit axe $a\sqrt{(1 - mm)} = \frac{a}{12 + \frac{1}{48}}$; d'où il eft clair que $k$ étant toujours beaucoup plus petit que $a$, la valeur de $\Omega^2$ eft confidérablement plus petite que celle de $\alpha$; en effet, la plus grande valeur de $k$, fuivant l'expérience, (note ($a^8$) art. 5) eft environ $= \frac{(1800)^2 \text{ pieds}}{4.15} = 54000$ pieds; & celle de $a$ eft de $1500 \times 2500 \times 6$ pieds; or ces deux valeurs font entr'elles comme $9$ à $150 \times 25$, ou comme $3$ à $1250$. Ainfi on pourra

pourra faire usage des calculs indiqués dans la note précédente, lorsque $\nu = 0$.

2. Puisque sin. $u = \frac{\text{sin.}\,\Omega\sqrt{(1-mm)}}{1-m\,\text{cos.}\,\Omega}$, on aura sin. $u$ $=$ à très-peu-près $\frac{\text{sin.}\,\Omega\sqrt{(2\alpha-\alpha\alpha)}}{\alpha+\frac{(1-\alpha)\,\text{sin.}\,\Omega^2}{2}}$, ou $\frac{\sqrt{(2\alpha-\alpha\alpha)}}{\alpha}\times$ $\left[\text{sin.}\,\Omega-\frac{\text{sin.}\,\Omega^3}{2\alpha}\right]$; on aura de même fort aisément les valeurs approchées de cos. $u = \frac{\text{cos.}\,\Omega-m}{1-m\,\text{cos.}\,\Omega}$, & de $1+m$ cos. $u = \frac{1-mm}{1-m\,\text{cos.}\,\Omega}$; d'où il sera aisé de tirer la valeur aussi approchée qu'on voudra, de l'angle que nous avons nommé $2\Omega'$ dans l'art. 28, & qui est proportionnel au secteur elliptique, ou à peu-près parabolique *ABaDA*. Je me contente d'indiquer ces calculs à cause de leur facilité, les résultats que nous avons donnés, art. 29, suffisant d'ailleurs pour les cas ordinaires.

3. Si le corps est lancé horisontalement sous l'équateur avec une vitesse absolue $g$, telle que $g^2 = \frac{2M}{a} - \frac{M}{a}$, il décrira une ellipse dont le grand axe sera $2a$, le petit axe $2a\sqrt{(1-mm)}$, le demi-paramètre $p$ ou $a(1-mm) = \frac{2aaM}{aM} - \frac{Maa}{Ma} = 2a - \frac{aa}{a}$; or pour que le corps revienne au même point de la terre d'où

il a été lancé, il faut que $g$ soit à $G$ comme l'aire de l'ellipse à l'aire du cercle dont le rayon est $a$, c'est-à-dire, comme $\mathrm{a}^2 \sqrt{(1 - mm)}$ à $a^2$; on aura donc $g^2 : G^2 :: \mathrm{a}^4(1 - mm) : a^4$, c'est-à-dire, $\frac{2}{a} - \frac{1}{\mathrm{a}} : \frac{1}{(17)^2 a} :: \mathrm{a}^3\left(\frac{2}{a} - \frac{1}{\mathrm{a}}\right) : a^2$; donc $\mathrm{a}^3 = (17)^2 a^3$, d'où l'on tire aisément la vitesse $g$, & par conséquent la vitesse de projection $g - G$, qu'il faudroit imprimer horisontalement au corps, pour qu'après un jour révolu, il revînt au même point de la terre d'où il est parti.

4. Si l'on fait $g : G :: \mathrm{a}^2 \sqrt{(1 - mm)} : aa \times k$, $k$ exprimant un nombre entier quelconque, on aura $\mathrm{a}^3 = (17)^2 a^3 k^2$; la terre fera $k$ révolutions pendant que le corps en fera une; & au bout de ce temps, le corps reviendra au point d'où il est parti.

5. Il faut remarquer que $\mathrm{a}$ ne doit pas être $< a$, autrement le grand diametre $2\mathrm{a}$ de l'ellipse seroit plus petit que le diametre $2a$ de la terre, & le corps ne pourroit réellement décrire cette ellipse, à cause de la solidité de la terre qui s'y opposeroit. Or dans le cas présent où $k$ est $> 1$, il est clair que $\mathrm{a}^3$ étant $= 17^2 a^3 k^2$, on a $\mathrm{a} > a$.

6. Si $k$ est une fraction $= \frac{p}{q}$, $p$ étant $< q$, alors, 1°. pour avoir les points où le corps & la terre se rencontreront, il faut considérer que la terre fera une partie $\frac{p}{q}$ de sa révolution pendant que le corps en fera une;

2°. que a³ doit être au moins égal à $a^3$, d'où il s'ensuit que $17^2 k^2$ ne doit pas être $< 1$, & $k < \frac{1}{17}$. Si $k = \frac{1}{17}$, on aura a = a, le corps rasera alors continuellement la surface de la terre, en décrivant un cercle, & en ne pressant point la surface, parce que sa force centrifuge détruira l'effet de la pesanteur; la terre fera $\frac{1}{17}$ de révolution pendant que le corps en fera une, & le corps reviendra au point d'où il est parti, après avoir parcouru un arc $\alpha$, tel que $\alpha - \frac{\alpha}{17} = 360°$ pris tel nombre de fois qu'on voudra; la plus petite valeur de $\alpha$ sera $\frac{360°.17}{16}$; la seconde sera double de celle-là, la troisiéme, triple, &c.

7. Si $k > \frac{1}{17}$, mais $= \frac{p}{q}$, $p$ étant $<$ ou $> q$, le corps fera dans son ellipse $q$ révolutions pendant que la terre en fera $p$, & le corps ne se retrouvera qu'au bout de ce temps au même point d'où il étoit parti; mais il retombera sur la terre au bout d'une révolution, sur un point différent de celui d'où il a été lancé. Ce point sera plus oriental, si $q$ est $> p$, & si $360 \left(1 - \frac{p}{q}\right)$ est $< 180$; & plus occidental si $q$ étant $> p$, on a $360 \left(1 - \frac{p}{q}\right) > 180$; il sera plus occidental, si $q$ est $< p$, & $360 \left(\frac{p}{q} - 1\right) < n.360 + 180$, $n$ étant un nombre entier positif, en y comprenant zero; &

plus oriental, si $q$ étant $<p$, on a $360\left(\frac{p}{q}-1\right)>n.360+180$.

8. Si $17k$ est $<1$, alors le corps ne pouvant décrire une ellipse, à cause de la solidité de la terre, décrira un cercle en rasant la terre, avec une vitesse uniforme $=g=\sqrt{\left(\frac{2M}{a}-\frac{M}{a}\right)}=\sqrt{\frac{M}{a}}\times\sqrt{\left(2-\frac{1}{(17k)^{\frac{2}{3}}}\right)}$, & il pressera la terre avec l'excès de sa pesanteur sur la force centrifuge, c'est-à-dire, avec une force $=\frac{M}{aa}-\frac{2M}{aa}+\frac{M}{aa}=\frac{M}{aa}-\frac{M}{aa}$.

9. Il faut remarquer encore que l'expression de $g$, savoir $\sqrt{\left(\frac{2M}{a}-\frac{M}{a}\right)}$, ne permet pas que $2a$ soit $<a$, puisqu'alors $g$ seroit imaginaire; ainsi dans ce cas même où $k$ est $<\frac{1}{17}$, on ne sauroit supposer $k$ telle que $2\sqrt[3]{[(17)^2k^2]}$, soit $<1$; donc $17^2k^2$ ne sauroit être $<\frac{1}{8}$, & $k<\frac{1}{2.17\sqrt{2}}$.

10. Dans ce dernier cas, $g:G::\sqrt{\left(2-\frac{1}{(17k)^{\frac{2}{3}}}\right)}:\frac{1}{17}$, & si $g$ est $>G$, le corps lancé ne retrouvera le point d'où il est parti, qu'après avoir parcouru un arc $\alpha$, tel que $\alpha-\frac{G\alpha}{g}=360^{\circ}$, pris tant de fois qu'on

voudra. Si $G = g$, le corps restera toujours au même point de la terre, parce qu'alors $a - \frac{Ga}{g} = 0$. Enfin si $G > g$, il faudra que $\frac{Ga}{g} - a = 360$ pris tant de fois qu'on voudra.

11. On voit aisément que dans le cas présent, où $17k$ est $< 1$, on a $\sqrt{\left(2 - \frac{1}{(17k)^{\frac{2}{3}}}\right)} < 1$; & qu'ainsi $\frac{g}{G} < 17$; mais $\frac{g}{G}$ peut être beaucoup moindre que 17, & même $=$ ou presque $= 0$ si $2 - \frac{1}{(17k)^{\frac{2}{3}}}$ est $= 0$ ou fort petit.

*Note (a¹⁰), article 44.*

1. En général, si dans le problême de l'art. *6*, on vouloit que le corps grave *A* retombât au point *a*, non pas après que le point *A* de la terre auroit décrit l'arc *Aa*, mais après qu'il auroit décrit l'arc $Aa + 360$, ou en général $Aa + p . 360°$, $p$ étant un nombre entier positif, ce qui dans tous les cas feroit retomber le corps grave au même point, on auroit dans la proportion de l'art. 8, $(1 + m \text{ cof. } u)^{\frac{3}{2}} \times (p . 360 + \Omega)$, au lieu du second terme de cette proportion, lequel est égal à $(1 + m \text{ cof. } u)^{\frac{3}{2}} \Omega$; & les ordonnées de la courbe qui sert à trouver $m$ (voyez ce même art. 8),

feroient augmentées de la quantité $(1 - m \text{ cof. } u)^{\frac{3}{2}} \times p.360^{\circ}$, en forte que la derniere ordonnée (répondante à $m = 1$), au lieu d'être égale à zero comme dans l'art. 9, feroit égale à $(1 - m \text{ cof. } u)^{\frac{3}{2}} \times p \times 360^{\circ}$. Donc si cette ordonnée prife 17 fois eft plus petite que l'abfciffe correfpondante $u +$ fin. $u$, l'angle $u$ étant fuppofé donné, la folution fera toujours poffible. On voit de plus, par les art. 30 & 31, que dans le cas dont il s'agit ici, la folution eft toujours poffible, en fuppofant même que le corps foit lancé verticalement, fans aucune impulfion horifontale, pourvu qu'il le foit avec la viteffe convenable.

2. Donc en général ayant trouvé (art. 10) l'angle $u$ & la quantité $m$ correfpondante, qui doivent faire retomber le corps au même point, après que le point $A$ aura décrit l'arc $Aa = 2\Omega$, on trouvera de même & par une méthode analogue, lorfque la chofe fera poffible, quelle eft la viteffe de projection néceffaire pour faire retomber le corps au même point après que le point $A$ de la terre aura décrit l'arc $2\Omega + p.360^{\circ}$, & on peut, fous ce point de vue, affigner différens angles & différentes viteffes de projection, qui feroient toutes retomber le corps au même point d'où il eft parti; foit avant que la terre ait fait une révolution, foit quand elle en aura fait un nombre donné.

3. Il eft prefqu'inutile de remarquer que dans le cas de la note ($a^5$) fi $G' = G$, cas où le corps décrit une ligne

droite verticale, on aura $Aa = 0$, (Fig. 49) & $a\alpha$ ou $\frac{A\alpha}{\sqrt{\left(\frac{M}{289a}\right)}} = \frac{4k}{\sqrt{\left(\frac{2Mk}{aa}\right)}}$; d'où l'on tire $a\alpha = 17.2\sqrt{(2ka)}$; & si $G' - G$ étoit négatif, alors $a\alpha$ au lieu d'être $= A\alpha - Aa$ seroit $= A\alpha + Aa$, le point $a$ se trouvant alors de l'autre côté de $A$.

*Note* $(a^{11})$, *article 55.*

Nous avons supposé dans les recherches précédentes, que la vitesse de rotation de la terre étoit donnée, comme elle l'est en effet; mais si elle ne l'étoit pas, il seroit très-facile de trouver quelle elle devroit être, pour que le corps $A$ lancé avec une vitesse & une direction donnée, retombât au même point; car ayant décrit l'ellipse $ABa$, que doit parcourir le corps en vertu de sa vitesse & de sa direction, & connoissant sa vitesse horisontale en $A$, on multipliera cette vitesse par le secteur circulaire $ACa$, & on la divisera par le secteur elliptique $ABaC$, ce qui donnera la vitesse de rotation de la terre. Cette considération peut faire comprendre aux Lecteurs même les moins Géomètres, la vérité du paradoxe avancé au commencement de ce Mémoire, savoir, qu'il faut imprimer au corps lancé une certaine vitesse horisontale, pour qu'il retombe précisément au même point. Car il est aisé de voir que $ABaC$ étant $< ACa$, la vitesse de rotation de la terre sera plus petite que la vitesse horiſontale abſolue du corps *A*. D'où il eſt évident que le corps *A* doit néceſſairement recevoir quelque viteſſe horiſontale de la part de la main ou de l'inſtrument qui le lance, indépendamment de la viteſſe horiſontale qu'il reçoit néceſſairement de la rotation de la terre.

*Note* ($a^{12}$), *article 55.*

1. Ayant trouvé l'ellipſe $ABa$ (Fig. 49) que le corps doit décrire pour retomber au même point d'où il eſt lancé, il eſt évident que ſi au point $B$ de l'ellipſe $ABa$, le corps eſt lancé horiſontalement avec une viteſſe abſolue égale à celle qu'il a en ce point, il retombera préciſément au point de la terre placé verticalement au-deſſous de $B$; car ce point eſt $D$, & il eſt évident par les ſolutions précédentes, que le point $D$ décrira l'arc $Da$ pendant que le point $B$ décrit l'arc $Ba$. Si donc la viteſſe abſolue imprimée au corps en $B$, étoit $= \frac{G \times CB}{CD}$, c'eſt-à-dire, égale à la viteſſe que le point $B$ reçoit par la rotation de la terre, le corps n'auroit beſoin d'aucune viteſſe horiſontale de projection pour retomber au point $D$, quand ce point $D$ feroit arrivé en $A$.

2. Or il eſt d'abord évident que ce cas ne ſauroit avoir lieu ſi $BD$ eſt fort petit par rapport à $AC$. Car en ce cas $BA$ eſt preſqu'une parabole, & $\frac{BaC}{DAC} =$

à

à très-peu-près $\frac{aD\times\left(\frac{2}{3}BD+\frac{DC}{2}\right)}{aD\times\frac{DC}{2}}=1+\frac{4BD}{3DC}$.

Donc si les vitesses en $B$, $D$ sont entr'elles comme $BC$ à $DC$, les temps par les arcs $Ba$, $Da$ sont entr'eux comme $1+\frac{4BD}{3DC}$ à $1+\frac{BD}{DC}$; c'est-à-dire, que le premier est plus grand que le second. Donc le corps lancé retomberoit sur un point plus occidental que $D$.

3. En général, le quarré de la vitesse en $B$ est $=\frac{2M}{a(1+m)}-\frac{M}{a}=\frac{M}{a}\left(\frac{1-m}{1+m}\right)=\frac{M(1-m)(1+m\,\text{cos}.\,u)}{a(1+m)}$; or pour que les points $B$ & $D$ arrivent en même-temps au point $a$, sans que le point $B$ ait reçu aucune impulsion horisontale, il faut que le quarré de la vitesse en $B$ soit au quarré de la vitesse en $D$, comme $BC^2$ à $DC^2$; c'est-à-dire, comme $aa(1+m)^2$ à $a^2$, ou comme $(1+m)^2$ à $(1+m\,\text{cos}.\,u)^2$, donc le quarré de la vitesse du point $D$ doit être $=\frac{M(1-m)(1+m\,\text{cos}.\,u)^3}{a(1+m)^3}$. Et comme le quarré de cette vitesse doit d'ailleurs être $=\frac{M}{(17)^2a}$; il s'ensuit qu'on aura $\frac{(1-m)(1+m\,\text{cos}.\,u)^3}{(1+m)^3}=\frac{1}{(17)^2}$. Delà on tire la valeur de cos. $u$ en $m$; savoir, $(1+m\,\text{cos}.\,u)^3=$

$\frac{(1+m)^3}{(1-m)17^2}$; d'où l'on voit que cof. $u$ doit être entre 1 & 0, & par conféquent avoir une valeur poffible, puifque cof. $u=1$, donne le premier membre $>$ que le fecond, & cof. $u=0$, le premier membre $<$ que le fecond, fi $m$ eft tel que $(1-m)17^2<(1+m)^3$. On cherchera enfuite parmi les courbes de l'art. 9, dont les coordonnées font $u+m\,\text{fin.}\,u$ & $(1+m\,\text{cof.}\,u)^{\frac{3}{2}}\Omega$, celle qui fatisfait en même-temps, & par la même valeur de $m$, à la condition précédente, & à la proportion de l'art. 6. Par-là on connoîtra $u$ & $m$, & on aura facilement enfuite le demi-axe 2a de cette ellipfe, c'eft-à-dire, $\frac{2a}{1+m\,\text{cof.}\,u}$, & la hauteur $BD=$ a$(1+m)-a$.

*Note (a[13]), article 40.*

Soit $MP$ (Fig. 54) l'arc de grand cercle & $MN$ l'arc de petit cercle, à qui la corde en queftion eft commune, les tangentes $QM$, $RM$ de ces deux arcs donneront le plan tangent de la fphere en $M$, lequel fera perpendiculaire au plan du grand cercle $MP$; or le plan $DCF$ (Fig. 52) qui coupe les deux arcs par la moitié fera auffi perpendiculaire au plan du grand cercle $MP$. Donc la commune fection $RQ$ du plan tangent & du plan $DCF$ fera perpendiculaire au plan $MP$, & par conféquent à $MR$. De plus, il eft aifé de voir que $MR$ & $MQ$ feront les tangentes des deux arcs; & que la tangente de l'angle $\omega$, représenté par l'arc $NM = \frac{MQ}{BF}$; donc cof. $RMQ$ ou $\frac{MR}{MQ} = \frac{\text{tang. } \Omega}{\text{tang. } \omega . BF}$.

## §. II.

### *Sur la rotation d'un corps de figure quelconque.*

1. ON fait que lorfqu'un corps de figure quelconque tourne, ou plutôt pirouette d'une maniere quelconque fur fon centre de gravité, il y a toujours une ligne paffant par ce centre, autour de laquelle le corps tourne dans un inftant quelconque, ligne qui peut varier pour chacun des inftans de mouvement. J'ai donné dans le Tome I de mes *Opufc.* pag. 95 & fuiv., les équations néceffaires pour déterminer à chaque inftant la pofition de cette ligne ou axe de rotation. Voici encore une maniere d'y parvenir, plus fimple qu'aucune que je connoiffe.

2. Imaginons une ligne à volonté, qui paffe par le centre de gravité du corps, & que j'appellerai *axe* du corps; & un plan paffant auffi par le centre de gravité, & perpendiculaire à l'axe, plan que je nommerai *l'équateur* du corps. Soit pris fur l'axe depuis le centre une longueur à volonté que j'appelle 1, & foit $d\omega$ le mouvement de ce point; faifons paffer par la petite ligne $d\omega$, & par l'axe du corps, un plan qui coupera l'équateur du corps en $CAB$ (Fig. 55), $C$ étant le centre de gravité; & foit menée dans le plan de l'équateur la ligne $DCE$ perpendiculaire à $ACB$.

3. Cela posé, imaginons, suivant la théorie que j'ai donnée à l'endroit cité, de la rotation des corps de figure quelconque, que tandis que l'axe & la ligne $ACB$, se meuvent du mouvement angulaire $d\omega$ dans le plan qui passe par l'axe & par $d\omega$, la ligne $DCE$ se meuve autour du centre $C$ d'un mouvement angulaire qui soit $= d\xi$ à la distance 1; supposons ensuite que le mouvement angulaire $d\omega$ soit de $C$ vers $B$, & le mouvement angulaire $d\xi$ de $E$ vers $B$, il est clair, 1°. que tous les points placés à une distance quelconque $\rho$, perpendiculaire à la ligne $DCE$, auront parallèlement à $CB$ un mouvement $= \rho d\omega$; 2°. que dans le plan parallèle à l'équateur, & placé à la distance $\rho$, tous les points éloignés de l'axe de la distance $f$, auront un mouvement $f d\xi$ dans le sens $EBD$. Donc prenant $\rho$ quelconque, si on prend $f$ ou $CV$ tel que $\frac{f}{\rho} = \frac{d\omega}{d\xi}$, il est clair que tous les points placés dans la diagonale du rectangle qui a pour côtés $f$ & $\rho$, auront des mouvemens opposés & égaux, & par conséquent seront en repos. Cette ligne sera donc le véritable axe de rotation qui ne sauroit, ce me semble, être déterminé par une équation plus facile & plus simple.

4. Puisqu'à chaque instant du mouvement il y a un axe de rotation, il est donc clair qu'il y a dans le corps une ligne fixe pendant chaque instant, c'est-à-dire, qui au commencement & à la fin de l'instant a la même position.

5. M. Euler a obſervé (Mém. de Peterſb. Tom. XX), qu'il en étoit de même pour un temps quelconque ; & nous allons prouver par un calcul très-ſimple que cela eſt en effet, c'eſt-à-dire qu'en ſuppoſant le centre de gravité immobile, il y a, au bout d'un temps quelconque, une ligne du corps, paſſant par le centre de gravité, qui ſe retrouve dans la même poſition où elle étoit au premier inſtant.

6. Pour le démontrer, imaginons que l'axe du corps ſoit au commencement du mouvement, & au bout d'un temps quelconque $t$, dans deux ſituations différentes & quelconques ; & par ces deux poſitions, imaginons un plan qui coupe l'équateur en $ACB$ ; cela poſé,

7. Je ſuppoſe, pour ne point me répéter, qu'on ait ici ſous les yeux le Tome I de nos *Opuſcules*, IIe Mémoire, je nomme $\Pi$ l'angle formé par les deux ſituations de l'axe au commencement du mouvement, & au bout du temps $t$ ; & faiſant pour abréger $a - b = \rho$, j'aurai d'abord, page 79 du volume cité, $\pi = \rho$ ſin. $\Pi + f$ coſ. $\Pi$ coſ. $(\xi + P)$ ; enſuite, comme on peut ſuppoſer le plan de projection tel que $e = 0$, j'aurai (*ibid.*) ſin. $e = 0$, & coſ. $e = 1$ ; donc $u = \rho$ coſ. $\Pi - f$ ſin. $\Pi$ coſ. $(\xi + P)$ ; & $\zeta = f$ ſin. $(\xi + P)$.

8. Or il faut trouver le point où ces valeurs ſont les mêmes que lorſque $t = 0$, $P = 0$, $\Pi = 0$, ce qui donne les trois équations

$\rho$ fin. $\Pi + f$ cof. $\Pi$ cof. $(\xi + P) = f$ cof. $\xi$,
$\rho$ cof. $\Pi - f$ fin. $\Pi$ cof. $(\xi + P) = \rho$,
$f$ fin. $(\xi + P) = f$ fin. $\xi$.

9. Les valeurs de $\frac{\rho}{f}$ tirées des deux premieres équations, donnent $\frac{\text{cof. } \xi - \text{cof. } \Pi \text{ cof. } (\xi + P)}{\text{fin. } \Pi} = \frac{\text{fin. } \Pi \text{ cof. } (\xi + P)}{\text{cof. } \Pi - 1}$, d'où l'on tire $\frac{\text{cof. } \xi}{\text{fin. } \Pi} = \text{cof. } (\xi + P) \times \left[\frac{\text{fin. } \Pi}{\text{cof. } \Pi - 1} + \frac{\text{cof. } \Pi}{\text{fin. } \Pi}\right] = -\frac{\text{cof. } (\xi + P)(1 - \text{cof. } \Pi)}{(\text{cof. } \Pi - 1)\text{ fin. } \Pi}$; donc $-$ cof. $\xi =$ cof. $(\xi + P)$; de plus, la troisiéme équation donne fin. $\xi =$ fin. $(\xi + P)$; d'où il est clair que $\xi + P$ doit être $= 180 - \xi$; & que par conséquent $\xi = \frac{180 - P}{2}$. Cette valeur de $\xi$ & la valeur trouvée de $\frac{\rho}{f}$ donneront évidemment la position de la ligne qui a la même position au bout du temps $t$, qu'elle avoit lorsque $t = 0$. Car il n'y a qu'à faire l'angle $ACF = \xi = \frac{180 - P}{2}$; & prendre $f = \frac{\rho(\text{cof. } \Pi - 1)}{\text{fin. } \Pi \text{ cof. } (\xi + P)}$; si la valeur de $f$ est positive, il faudra prendre $CF = f$, & la prendre de l'autre côté si elle est négative. La diagonale du rectangle formé sur $CF$ & sur $\rho$, menée par le point $C$, sera évidemment la ligne qu'on cherche.

10. Nous avons supposé que cette ligne passe par le centre de gravité, autour duquel le corps pirouette; mais si on faisoit pirouetter le corps autour d'un autre

point fixe quelconque, il eſt clair que la même propoſition auroit lieu, & qu'il y auroit toujours une ligne paſſant par ce point qui auroit la même poſition au bout du temps $t$, & lorſque $t=0$.

11. Imaginons préſentement que le corps ſoit libre; il eſt clair que le mouvement de chaque point ſera composé d'un mouvement égal & parallèle à celui du centre de gravité, ou d'un autre point quelconque, & d'un mouvement de pirouettement autour de ce point; d'où il eſt aiſé de conclure que la ligne que nous venons de voir conſerver ſa poſition, demeurera parallèle à elle-même, ſi le centre de gravité, ou le point quelconque par lequel elle paſſe, eſt ſuppoſé ſe mouvoir.

12. Donc non-ſeulement une des lignes qui paſſent par le centre de gravité, ſera parallèle à elle-même, au bout du temps $t$, & lorſque $t=0$, mais toutes les lignes menées dans le corps parallèlement à celle-là, auront la même propriété; ce qui eſt évident par la rigidité du corps.

13. Nous avons dit ci-deſſus (art. 7) qu'on peut ſuppoſer le plan de projection tel que $e=0$, & que de plus $\Pi=0$ lorſque $t=0$. En effet, on peut prendre pour ce plan de projection, celui qui paſſe par l'axe & par la ligne $DCE$, dans le premier inſtant du mouvement; ce qui donne d'abord $\Pi=0$ lorſque $t=0$; & comme outre cela l'axe du corps eſt ſuppoſé (au commencement & à la fin du temps $t$) dans le plan qui

qui passe par cet axe & par la ligne *ACB*, il s'ensuit qu'à la fin du temps $t$ la ligne *DCE* n'a point changé de position sur le plan de projection, ce qui donne $e = 0$.

14. Nous avons aussi supposé (art. 3) que le mouvement $d\omega$ étoit parallèle à *CB*, & dans le sens *CB*, & que le mouvement $d\xi$ se faisoit de *E* vers *B*, en sorte que le mouvement du point *V* est parallèle à *CB* & en sens contraire; si *un seul* de ces deux mouvemens avoit une direction contraire à celle que nous leur supposons, il faudroit prendre *CV* de l'autre côté de *C*; mais si *tous les deux* avoient une direction contraire, *V* resteroit du côté où il est dans la figure.

## §. IV.

### *Sur l'intégration de quelques équations différentielles.*

1. J'AI donné, il y a plus de trente ans, dans les Mém. de l'Acad. de Berlin, la méthode d'intégrer certaines équations linéaires à plusieurs variables, en multipliant ces équations par des coefficiens constans indéterminés, & en les ajoutant ensemble. On pourroit plus généralement supposer que le coefficient multiplicateur soit variable, ce qui donneroit l'intégration

dans plusieurs cas. Soit, par exemple,

$$dt + \rho u dx = 0,$$
$$du + \sigma t dx = 0,$$

$\sigma$ & $\rho$ étant des fonctions de $x$, & multiplions la seconde équation par une fonction indéterminée $\xi$ de $x$, on aura $dt + \xi du (\rho u + \sigma \xi t) dx = 0$, ou $d(t + \xi u) + \left(\rho u + \sigma \xi t - \frac{u d\xi}{dx}\right) \times dx = 0$, qui sera évidemment intégrable, si $\rho - \frac{d\xi}{dx} = \xi \times (\sigma \xi)$.

2. On pourroit aussi multiplier la premiere équation par un autre coefficient indéterminé $\xi'$, ce qui donneroit, en les ajoutant ensemble $\xi' dt + \xi du + (\rho \xi' u + \sigma \xi t) dx = 0$, ou $d(\xi' t + \xi u) + \left(\rho \xi' u + \sigma \xi t - \frac{u d\xi}{dx} - \frac{t d\xi'}{dx}\right) dx = 0$; équation qui sera intégrable si $\frac{\rho \xi' - \frac{d\xi}{dx}}{\xi} = \frac{\sigma \xi - \frac{d\xi'}{dx}}{\xi'}$.

3. Soient encore les équations $\lambda du + \nu dt + \rho u dx + \sigma t dx = 0$; & $\delta dt + \mu du + \varpi u dx + \gamma t dx = 0$, $\lambda$, $\nu$, $\rho$, $\sigma$, $\delta$, $\mu$, &c. étant des fonctions de $x$; on peut faire évanouir $dt$ de l'une de ces équations, & $du$ de l'autre, en multipliant d'abord la premiere par $\delta$, & la seconde par $\nu$, pour faire évanouir $dt$, & ensuite la premiere par $\mu$, & la seconde par $\lambda$ pour faire évanouir $du$; ce qui donnera deux équations de cette forme:

$$du + \rho' u dx + \sigma' t dx = 0,$$
$$dt + \varpi' u dx + \gamma' t dx = 0;$$

& on peut opérer de même ſur ces deux équations en multipliant la première par $\xi'$, & la ſeconde par $\xi$, & en faiſant ſi l'on veut $\xi' = 1$.

4. Soit l'équation $ddt + \zeta dtdx + \nu tdx^2 + Tdx^2 = 0$, $\zeta$, $\nu$, $T$ étant des fonctions données ou connues de $x$, on ſait que ſi cette équation eſt intégrable dans le cas de $T = 0$, elle le ſera auſſi en prenant pour $T$ telle fonction de $x$ qu'on voudra.

5. Préſentement ſoit miſe l'équation $ddt + \zeta dtdx + \nu tdx^2 = 0$, ſous la forme $ddt + (\mu + \zeta)dtdx - \mu dtdx + (\eta + \nu)tdx^2 - \eta tdx^2 = 0$, $\mu$ & $\eta$ étant des fonctions quelconques & indéterminées de $x$.

6. Soit fait enſuite $dt + \rho udx + \sigma tdx = 0$, $u$ étant une nouvelle indéterminée, & $\rho$, $\sigma$ des fonctions de $x$, auſſi indéterminées, on aura $ddt = -\rho dudx - ud\rho dx - \sigma dtdx - td\sigma dx$; & ſubſtituant les valeurs de $dt$, de $ddt$, & de $t$ dans les termes $ddt$, $-\mu dtdx$, & $-\eta tdx^2$ de la ſeconde équation, on aura les deux équations :

$$dt + \rho udx + \sigma tdx = 0,$$

$$\& \; -du - \frac{ud\rho}{\rho} - \frac{\sigma dt}{\rho} - \frac{td\sigma}{\rho} + \frac{\mu\rho udx^2}{\rho} + \frac{\mu\sigma tdx^2}{\rho} + \frac{(\mu+\zeta)dtdx}{\rho} + \frac{(\eta+\nu)tdx^2}{\rho} - \frac{\eta dtdx}{\sigma\rho} - \frac{\eta\rho udx^2}{\sigma\rho} = 0.$$

On peut mettre, pour abréger, la ſeconde équation ſous cette forme :

$$du + \varpi' dt + \varpi u dx + \gamma t dx = 0.$$

7. Soit multipliée la premiere équation par un coefficient indéterminé $\xi$, qui soit une fonction inconnue de $x$; & soient ajoutées ensemble les deux équations, on aura l'équation $du + (\xi + \varpi')dt + (\varpi u + \rho\xi u)dx + (\sigma\xi + \gamma) t dx = 0$; qu'on peut mettre sous cette forme :

$$d(u + \xi t + \varpi' t) + u dx(\varpi + \rho\xi) + t dx\left(\sigma\xi + \gamma - \frac{d\xi}{dx} - \frac{d\varpi'}{dx}\right) = 0,$$

équation qui sera évidemment intégrable, si on a

$$\varpi + \rho\xi = \frac{\sigma\xi + \gamma - \frac{d\xi}{dx} - \frac{d\varpi'}{dx}}{\xi + \varpi'}.$$

8. Or comme les quantités $\rho$ & $\sigma$ sont indéterminées, ainsi que $\mu$ & $\nu$, d'où dépendent $\varpi$, $\varpi'$ & $\gamma$, on voit que cette équation de condition renferme plusieurs indéterminéees, par le moyen desquelles on pourra peut-être parvenir, au moins en plusieurs cas, à l'intégration de l'équation différentielle proposée ; laquelle intégration se réduit à déterminer $\xi$ par l'équation différentielle précédente.

9. Connoissant $\xi$, on aura la valeur de $u + \xi t + \varpi' t$ en $x$, & par conséquent $u$ en $t$ & $x$, de maniere que $t$ ne sera qu'au premier degré dans cette équation, & pour lors en substituant cette valeur de $u$ dans l'équation $dt + \rho u dx + \sigma t dx = 0$, elle s'intégrera par les

méthodes connues, & donnera la valeur cherchée de $t$ en $x$.

10. Nous laissons aux Géomètres à pousser plus loin ces vues, qui pourroient s'étendre à plus de deux équations, & aux équations différentielles d'un ordre plus élevé, pourvu que les inconnues & leurs différences n'y fussent élevées qu'au premier degré.

11. En effet, si on a plusieurs équations différentielles du premier degré, il n'y a qu'à les multiplier successivement par $\xi'$, $\xi$, $\zeta$, &c. en supposant si l'on veut $\xi' = 1$, & ensuite les ajouter ensemble, & supposer que la résultante puisse être représentée par $d(t + \xi u + \zeta y +$ &c.$) + X(t + \xi u + \zeta y$ &c.$)\,dx = 0$.

12. Et si on a des équations différentielles d'un ordre plus élevé, on les réduira à plusieurs équations différentielles du premier degré, en introduisant de nouvelles inconnues, comme on a fait ci-dessus pour l'équation $ddt + \zeta dt dx$ &c. $= 0$, & on opérera ensuite sur toutes ces équations différentielles du premier degré, en employant la méthode que nous venons d'exposer.

13. A l'occasion de ces recherches sur les équations différentielles du second ordre, j'observerai qu'il faut ajouter quelque chose à la méthode que j'ai donnée sur ce sujet (Mém. Acad. 1769, pag. 108), pour completter cette méthode. Soit $\alpha'$ la valeur de $\frac{dt}{dz}$ lorsque $z = 0$, valeur qu'on suppose donnée; il faut d'abord

intégrer l'équation $ddt + \alpha t dz^2 + \varphi dz^2 = 0$ ($\varphi$ étant une fonction donnée de $t$ & de $z$), en multipliant par $dt$, ce qui donne $dt^2 + \alpha t^2 dz^2 + 2dz^2 \int \varphi dt + \alpha'^2 = 0$; & on substituera toujours à la place de $dt^2$ cette valeur dans les différentiations successives. La raison de cette opération, c'est qu'en faisant $t = Ac^{Nz}$, la valeur de $\alpha'$ doit influer sur celle de $N$; comme il est aisé de le voir en intégrant l'équation $ddt + \alpha t dz^2 + Bttdz^2$ &c. $= 0$.

14. Je dois remarquer aussi, en finissant cet article, que j'ai donné, ou plutôt indiqué dans les Mémoires de l'Académie de 1769, pag. 137, une méthode pour intégrer très-facilement, quand cela est possible, les équations différentielles d'un degré quelconque, où l'inconnue & ses différences sont linéaires. D'autres Géomètres se sont depuis exercés avec succès sur le même objet.

15. J'ajouterai encore que dans les Mémoires de Petersbourg de 1777, M. *Lexell* remarque avec raison que la méthode que j'ai donnée dans ma *Dynamique* pour intégrer plusieurs équations différentielles linéaires & du second ordre, qui renfermeroient plusieurs variables, ne peut s'appliquer au cas où ces équations contiendroient des différentielles de divers ordres. Mais j'ai donné depuis, dans les Mém. de Berlin de 1747 & ailleurs, une méthode générale pour intégrer ces équations, fondée sur un moyen dont M. *Lexell* fait lui-même usage d'une autre maniere dans le savant Mé-

moire qu'il a donné relativement à cet objet, c'est-à-dire, fondé sur la multiplication de toutes les équations par des coefficiens constans & indéterminés, après les avoir toutes réduites à des équations différentielles du premier ordre; ce qui est très-facile.

# APPENDICE

## Contenant quelques Remarques relatives à différens endroits de ce VII$^e$ Volume.

*Remarque sur la page 16, art. 40, lig. 8.*

On doit observer que nous mettons ici $\frac{ddy}{ds} = \frac{d\omega}{A}$, & non pas $\frac{ddy}{ds} = -\frac{d\omega}{A}$, comme on pourroit d'abord le penser ; parce que la courbe $AM$ du ressort (Fig. 1) étant convexe vers la tangente horisontale en $B$, & les $dy$ allant en diminuant à mesure que $AM(s)$ va en croissant, les $ddy$ qui seroient positifs, si $dy$ & $s$ croissoient en même-temps, doivent être pris négativement quand $dy$ décroît à mesure que $s$ croît. Donc on doit faire $-\frac{ddy}{ds} = -\frac{d\omega}{A}$, & par conséquent $\frac{ddy}{ds} = \frac{d\omega}{A}$.

*Remarque sur le LII$^e$ Mémoire, §. II, pag. 45.*

1. Si $\omega$ est supposé infiniment petit, on aura évidemment $\Omega = \omega(A + B\omega + C\omega^2$ &c.), $A$, $B$, $C$, étant

étant des coefficiens constans ; & il est à remarquer que ces quantités $A$, $B$, $C$, &c. sont très-grandes, & même infinies, si le nombre des coups est indéfini. En effet, si $n$ est le nombre des coups, on a $\Omega = \frac{2\omega[1-2^n(1-\omega)^n]}{1-2(1-\omega)}$ ; en sorte que $A$, par exemple, est $= 1 + 2 + 4 + \&c. = \frac{1-2^n}{1-2} = 2^n - 1$, & ainsi du reste. Il est d'ailleurs aisé de voir, par la nature de la supposition, & en partant de la théorie ordinaire des probabilités, qu'en supposant $\omega$ très-petit, $\Omega$ doit être très-grande, & que néanmoins $\Omega$ doit être $= 0$ si $\omega = 0$.

2. Ainsi $\int \Omega d\omega$, lorsque $\omega$ est très-petit, sera $\frac{A\omega^2}{2} + \frac{B\omega^3}{3} + \&c.$, & en général $\int \Omega d\omega = \int \frac{2\omega d\omega[2^n(1-\omega)^n - 1]}{1-2\omega}$, quantité qui s'intégre aisément par les méthodes connues.

3. Il faut observer encore que dans la quantité $\frac{\int \Omega d\omega}{\omega}$, le dénominateur $\omega$ étant supposé représenter tous les nombres depuis o jusqu'à 1, on peut supposer pour plus de simplicité $\omega = 1$, & réduire $\frac{\int \Omega d\omega}{\omega}$ à $\int \Omega d\omega$. Mais cette réduction suppose que tous les cas sont ici également possibles, & c'est ce qui n'est pas. Car quoiqu'en général il soit très-vraisemblable que la piece a plus de penchant à tomber d'un côté que de l'autre ; cepen-

dant il eſt évident qu'on peut regarder comme les cas les plus probables, ceux où $\omega$ ne ſera que peu différent de $\frac{1}{2}$; parce que la piéce eſt toujours (au moins très-probablement) conſtruite de maniere qu'elle n'aura que *peu de penchant* à tomber ſur l'une des deux faces de *préférence à l'autre*; le cas où $\omega$ feroit $= 0$, ou $= 1$, doit être regardé comme impoſſible, ou preſqu'impoſſible, parce qu'il n'eſt pas vraiſemblable que la piece ne puiſſe tomber jamais que ſur une ſeule de ſes deux faces; & le cas où $\omega$ feroit exactement & rigoureuſement $= \frac{1}{2}$ feroit auſſi preſqu'impoſſible, parce qu'elle ſuppoſeroit dans la conſtruction de la piece une perfection preſqu'inadmiſſible. Ainſi, pour rendre la ſolution plus exacte, la quantité $\Omega$ doit être multipliée par une quantité $\Omega'$, dont la propriété ſoit telle que $\Omega'$ ſoit $= 0$ lorſque $\omega = 0$ ou $1$; qu'elle ſoit encore $= 0$ lorſque $\omega = \frac{1}{2}$; & qu'elle ſoit enfin très-petite dans preſque tous les cas, excepté ceux où $\omega = \frac{1}{2} + \rho$, $\rho$ étant une très-petite quantité poſitive ou négative; & à l'égard du dénominateur $\omega$, il y faut ſubſtituer la quantité $\int \Omega' d\omega$, laquelle eſt à peu-près $= 2\rho$, puiſque tant que $\rho$ eſt très-petit, $\Omega'$ eſt preſque $= 1$, & que ce cas s'étend depuis $\Omega' = \frac{1}{2} + \rho$, juſqu'à $\Omega' = \frac{1}{2} - \rho$. Je ne fais qu'indiquer ces différentes remarques, & les calculs qui doivent en réſulter. On trouvera des recherches à peu-près du même genre dans le Tome IV de nos *Opuſcules*, pag. 74 & ſuiv. & dans le Tome II, pag. 57 & ſuiv.

*Remarque sur la pag. 171, art. 134.*

Quand je dis ici que j'ai intégré, par des arcs de sections coniques, la différentielle de l'attraction d'un sphéroïde, il faut se souvenir que l'intégration n'a été faite qu'en partie, puisque l'élément de l'attraction est composé d'une différentielle multipliée par une quantité logarithmique ou circulaire. Or c'est la différentielle seule qui se réduit à des arcs de sections coniques; & il reste encore, pour completter l'intégration, à intégrer le produit de cette différentielle par la quantité logarithmique ou circulaire, ce qui est le plus difficile. Je donne dans cet art. 134 quelques vues pour essayer de résoudre cette difficulté. C'est-là tout ce que je me propose.

*Remarque sur le LIIIe Mémoire, art. 134, pag. 172.*

1. A la seconde ligne de cette page, il faut — au lieu de +, & à la premiere $u$ au lieu de $u'$; cela posé, voici la preuve de ce qu'on avance en cet endroit. Soit en général $Xdx - Vdu = d\xi$, $\xi$ étant une quantité algébrique, on aura $Xdx \log. \left(\frac{\sqrt{x}+1}{\sqrt{x}-1}\right) + Vdu \log. \left(\frac{\sqrt{u}+1}{\sqrt{u}-1}\right) = Xdx \log. \left(\frac{\sqrt{x}+1}{\sqrt{x}-1}\right) - d\xi \log. A \left(\frac{\sqrt{x}-1}{\sqrt{x}+1}\right) + Xdx \log. A \left(\frac{\sqrt{x}-1}{\sqrt{x}+1}\right) = Xdx \log. A -$

$d\xi$ log. $A\left(\frac{\sqrt{x}-1}{\sqrt{x}+1}\right)$; l'intégrale de la premiere quantité est évidemment log. $A\int X dx$; l'intégrale de la seconde $d\xi$ log. $A\left(\frac{\sqrt{x}-1}{\sqrt{x}+1}\right)$, se réduira aisément (au moyen de l'intégration par parties) à un seul signe d'intégration; car on sait que l'intégrale de $d\xi$ log. $\zeta$ ($\zeta$ étant une fonction de $x$) est $\xi$ log. $\zeta - \int \frac{\xi d\zeta}{\zeta}$.

3. Si l'on supposoit $X dx + V du$ intégrable, il faudroit alors supposer $\frac{\sqrt{u}+1}{\sqrt{u}-1} = \frac{A\sqrt{x}+1}{\sqrt{x}-1}$; & en général si on supposoit $B X dx + V du$ intégrable, il faudroit supposer que $X dx$ log. $\left(\frac{\sqrt{x}+1}{\sqrt{x}-1}\right) - B X dx$ log. $\left(\frac{\sqrt{u}+1}{\sqrt{u}-1}\right)$ se réduisît à $C X dx$, $C$ étant une constante, ce qui donne log. $\left(\frac{\sqrt{x}+1}{\sqrt{x}-1}\right) - B$ log. $\left(\frac{\sqrt{u}+1}{\sqrt{u}-1}\right)$ $= C$, ou (pour plus de facilité) $=$ log. $E$; d'où l'on tire aisément la valeur de $\frac{\sqrt{u}+1}{\sqrt{u}-1}$ en $x$. On doit observer encore que dans cette même page, lig. 7, il faut mettre $- D dx \sqrt{x}$, au lieu de $+ D dx$.

*Remarque pour la page 34.*

Il n'est pas facile de déterminer la théorie des ressorts en les regardant en partie comme des leviers, & en partie comme des corps flexibles. L'hypothèse la plus naturelle eſt de regarder le reſſort comme compoſé de leviers infiniment petits, $AB$, qui ſe meuvent, ou peuvent ſe mouvoir circulairement autour d'une charniere circulaire auſſi infiniment petite, & même infiniment plus petite $Ac$ (Fig. 55, n°. 2); en ſorte qu'on imagine appliquée au point $c$ la force du poids, moins celle de l'élaſticité, laquelle force eſt détruite par la réſiſtance ou tenacité des fibres en $c$; d'après cette ſuppoſition, ſi on fait la force du reſſort en raiſon inverſe du rayon de courbure, on aura en chaque point le moment du poids $= \frac{k}{R} + A$, $k$ étant l'élaſticité, $R$ le rayon de courbure, & $A$ la force conſtante qui vient de la tenacité. Ce qui ne donne point d'autre différence dans l'équation de l'élaſtique (art. 45, pag. 18) qu'un terme $Bx$ ajouté à la conſtante $C$.

Cependant le problême reſteroit encore indéterminé, la conſtante $C$ étant toujours inconnue; mais pour la déterminer, on pourra ſuppoſer (Fig. 1) que la tangente en $B$ eſt parallèle aux $x$; car on ne voit pas de raiſon pourquoi le reſſort feroit en $B$ un angle aigu avec $BD$.

Il faut remarquer encore que la force de tenacité repréſentée par la conſtante $A$, étant ſimplement une force de réſiſtance, & non pas une force active, il n'y aura de flexion ſi le moment du poids moins $\frac{K}{R}$ eſt par-tout $<$ que $A$.

Nous donnons ici la ſolution d'après la théorie ordinaire; mais on peut y appliquer de même la théorie que nous avons proposée (art. 9 & suiv.) en ayant l'attention d'ajouter pour l'équilibre le moment constant $A$, qui résulte de la tenacité des fibres. Nous ne voulons que faire voir ici de quelle maniere on peut faire entrer cette tenacité dans la solution du problême; & nous invitons les Géomètres à perfectionner nos vues à ce sujet, si elles leur paroissent bien fondées.

### *Remarque pour la page 96.*

La quantité $nd(xu) \times \log. (B - Bnuu)$, étant intégrée par parties, donne à intégrer $\int \frac{nxu^2 du}{1 - nuu} =$ (en mettant pour $x$ sa valeur $\frac{\sqrt{(1-uu)}}{\sqrt{(1-nuu)}}$) $\int \frac{nu^2 du \sqrt{(1-uu)}}{(1-nuu)^{\frac{3}{2}}}$. Or en faisant $uu = z$, & $1 - nuu = t$, on verra aisément par les Mém. de Berlin, 1746, que cette intégrale dépend d'arcs de sections coniques.

On peut observer (ce qui donne de l'extension au calcul dont il s'agit) que la quantité complexe $\int \frac{dx \sqrt{(1-nxx)}}{\sqrt{(1-xx)}} - \int \frac{du \sqrt{(1-nuu)}}{\sqrt{(1-uu)}}$, représente également, ou la différence de deux arcs d'ellipse qui vont en sens contraires, ou la somme de deux arcs qui vont dans le même sens, en ajoutant s'il est nécessaire, une constante convenable.

### *Remarque pour l'art. 112 du LIII^e Mémoire.*

1. L'attraction suivant $BD$ est exactement $\frac{rdz}{(aa+bb-2br\,\text{cof.}\,z+rr)^{\frac{1}{2}}}$; & l'attraction en $D$ parallèlement à $CB$ est $\frac{rdz\times(b-r\,\text{cof.}\,z)}{(aa+bb-2br\,\text{cof.}\,z+rr)^{\frac{3}{2}}}$; fuppofons $CD=\rho$, & l'angle $BCD=u$, ce qui donne $a=\rho$ fin. $u$, $b=\rho$ cof. $u$, on trouvera que l'attraction perpendiculaire à $CD$ au point $D$, eft après les réductions $\frac{rdz}{(\rho\rho-2\rho r\,\text{cof.}\,u\,\text{cof.}\,z+rr)^{\frac{3}{2}}}\times -r$ cof. $z$ fin. $u$.

2. D'où il s'enfuit que fi on fuppofe le point $D$ placé fur une fphere ou demi-fphere du rayon $\rho$, & qu'on imagine une infinité de grands cercles de cette fphere, paffans par le centre $C$, & attirans le point $D$, l'attraction en $D$ perpendiculaire à $CD$ aura pour élément $\frac{rdz}{(\rho\rho-2\rho r\,\text{cof.}\,u\,\text{cof.}\,z+rr)^{\frac{3}{2}}}\times(r\,\text{cof.}\,udu)\times-(r\,\text{cof.}\,z$ fin. $u)$, quantité qui s'intégrera, d'abord par rapport à $r$, enfuite par rapport à $u$, au moyen des formules connues, en faifant cof. $u=x$, ce qui donnera à intégrer une quantité de la forme $\frac{xdx}{(A+Bx)^{\frac{3}{2}}}$; enfin, par rapport à $z$; mais dans ce dernier cas, on aura befoin de la rectification des fections coniques.

3. Ceci pourroit ſervir à trouver la déviation du fil à plomb, par l'attraction d'une montagne ſphérique, en un point quelconque $D$ de cette montagne. Car le rayon $CD$ étant très-petit par rapport au rayon de la terre, l'attraction perpendiculaire à $CD$, l'eſt auſſi à peu-près au rayon de la terre, & donne par conſéquent à très-peu-près la déviation horiſontale.

4. Si le pendule eſt au pied de la montagne, ſuppoſée de la denſité $\delta$, l'attraction horiſontale eſt alors la moitié de l'attraction d'une ſphère du rayon $r$ & de la denſité $\delta$, ce qui rend la déviation facile à calculer.

5. Nous ne devons pas oublier d'obſerver, que dans l'intégrale indiquée ci-deſſus (art. 2) les quantités dépendantes de la rectification des ſections coniques, doivent s'évanouir s'il eſt queſtion d'une ſphere entiere, & même d'un hémiſphere où le point $D$ ſeroit placé de telle ſorte que l'angle $DCB$ fût $=0$; il pourroit de même arriver que ces quantités vinſſent à s'évanouir, s'il étoit queſtion d'un hémiſphere, & d'un angle fini $DCB$. C'eſt un calcul que nous nous contentons d'indiquer, & dont le réſultat pourroit être plus ſimple qu'on ne le croiroit d'abord.

6. Si on ne veut pas regarder la montagne comme ſphérique, mais comme une maſſe d'une grande étendue par rapport à ſa hauteur, ainſi que nous l'avons fait dans le Tome VI de nos *Opuſc.* pag. 86 & ſuiv. on pourroit alors regarder $a$ comme très-petite par rapport à $r$ & à $b$, & l'attraction ſuivant $BD$ ſeroit cenſée

=

$= \frac{r a d z}{(bb - 2br \cos. z + rr)^{\frac{3}{2}}}$, mais l'intégration totale dépendroit toujours de la rectification des sections coniques.

*Remarque pour le LIII^e Mémoire, art. 126, page 166.*

A propos de ces solides formés par la révolution de l'ellipse autour de ses diametres conjugués, on peut voir dans l'*Encyclopédie*, au mot *Ellipse*, Tom. V, pag. 517, col. 2, la démonstration très-simple que j'ai donnée de deux autres théorêmes connus sur ces diamètres; savoir, que les parallélogrammes faits sur eux sont égaux, & que la somme de leurs quarrés est constante. J'indique ici ces démonstrations, parce que la méthode que j'y ai employée peut être employée dans beaucoup d'autres cas, pour prouver très-simplement qu'une quantité est toujours la même, en faisant voir que sa différence est nulle. On peut voir dans l'endroit cité de l'*Encyclopédie*, nos réflexions sur ce sujet.

*Sur le LV^e Mémoire, §. II.*

1. A l'occasion des nouvelles recherches que je donne dans cet article, sur la rotation d'un corps de figure quelconque, je crois devoir dire un mot sur la question que j'ai traitée dans le Tome IV de mes *Opusc.* pag. 20 & suiv. sur les solides dans lesquels tout axe passant par

le centre de gravité, eſt un axe ſpontané de rotation. La ſolution que j'ai donnée de ce problême, pag. 27, art. 76 & ſuiv. n'étant que pour des ſolides peu différens d'une ſphere, n'eſt pas rigoureuſement exacte, à cauſe des petites quantités qu'on y néglige, ſuivant la méthode uſitée dans ces ſortes de queſtions. Ainſi la rotation autour d'un axe quelconque, n'eſt pas rigoureuſement conſtante, mais ſeulement à un infiniment petit du ſecond ordre près. Il en eſt à peu-près ici comme d'un ſphéroïde elliptique peu différent d'une ſphere, & recouvert d'un fluide, tel que les denſités du ſphéroïde & du fluide ſoient entr'elles comme 3 à 5. J'ai démontré que ce ſphéroïde ſeroit toujours en équilibre, quelque figure qu'on lui ſuppoſât, pourvu qu'elle fût elliptique & peu différente d'une ſphere. Mais l'équilibre n'a lieu qu'à un infiniment petit du ſecond ordre près, à cauſe des quantités qu'on néglige. Ainſi la recherche *rigoureuſe* du ſphéroïde dont tous les axes donnent une rotation uniforme, mérite encore le travail des Géomètres, & peut-être trouvera-t-on que de tous les ſolides homogènes il n'y a que la ſphere qui ait exactement cette propriété. Il eſt certain que dans la ſphère (où tout eſt ſemblable dans toutes ſes parties) *il n'y a point de raiſon* pour qu'un axe ſoit plutôt que l'autre un axe de rotation uniforme, & qu'ainſi ils le doivent être tous. Cette raiſon n'auroit pas lieu pour un corps non-ſphérique, & peut-être ſeroit-il permis d'en conclure que tous les axes de ce corps indifféremment n'ont pas la propriété dont il s'agit. Mais j'avoue que cette preuve n'est pas démonstrative, & que le calcul seul peut nous éclairer pleinement sur ce sujet.

*Fin du septiéme Volume.*

## *Fautes à corriger dans le septiéme Volume.*

PAGE 4, *ligne* 2 : *Le — qui est au-devant de la barre, doit être au-dessus ; cette faute se trouve dans quelques autres endroits ; il suffit d'en avertir, les Lecteurs la corrigeront aisément.*

*Page* 60, *ligne* 10, *au lieu de* en parlant, *lisez* en partant.

*Page* 92, *ligne* 4, *à compter d'en-bas, au lieu de* $R\times$, *lisez* $Rx$.

*Page* 93, *ligne* 2, *après* un nombre entier, *ajoutez* impair.

*Page* 101, *ligne* 3, *à compter d'en-bas*, au lieu de $b$ négatif, lisez $b$ positif.

*Page* 136, *ligne* 9, *à compter d'en-bas*, au lieu de $a^2\mu^2 + \frac{b^2}{c^2}$, lisez $-a^2\mu^2 - \frac{b^2}{c^2}$.

*Page* 144, *ligne* 11, au lieu de $y = \delta u^2$, lisez $yx - u^2$.

*Page* 185, *ligne* 3, au lieu de $> 1$, lisez $< 1$.

*Page* 200, *ligne* 4, *à compter d'en-bas, au lieu de* multipliés, *lisez* multiplié.

*Page* 203, *ligne* 16, au lieu de $F =$, lisez $F +$.

*Page* 205, *ligne* 11, au lieu de $B$, $C$, lisez $B'$, $C'$.

*Page* 224, *ligne* 7, *au lieu de* verticale, *lisez* horisontale.

*Page* 232, *ligne* 13, *à compter d'en-bas*, au lieu de $\alpha y$, lisez $\alpha\,y$.

*Page* 303, *ligne* 2, *à compter d'en-bas, au lieu de* proposée, *lisez* proposés.

*Page* 365, *ligne* 10, *au lieu de* art. 44, *lisez* art. 32.

*Page* 367, *ligne* 6, *au lieu de* art. 55, *lisez* art. 34.

*Page* 368, *ligne* 6, *au lieu de* art. 36, *lisez* art. 55.

UNE inadvertance de l'Imprimeur est cause que dans l'*Appendice* de ce Volume, l'ordre des Remarques n'est pas exactement (comme il l'auroit dû être) le même que celui des pages auxquelles ces Remarques se rapportent ; le Lecteur est prié d'y faire attention.

L'ordre des Remarques dans l'*Appendice* doit être tel qu'il ſuit :



Ce même ordre a été rétabli tel qu'il doit être, dans la Table des Titres.

# AVIS AU RELIEUR.

Le Relieur aura attention à bien placer les cartons des Tomes VII & VIII.

Il y en a un pour le Tome VII, pages 95 & 96.

Pour le Tome VIII, il y en a quatre; ſavoir, un pour les pages 27 & 28; les trois autres ſont pour les pages 47, 48, 49, 50, 51 & 52.

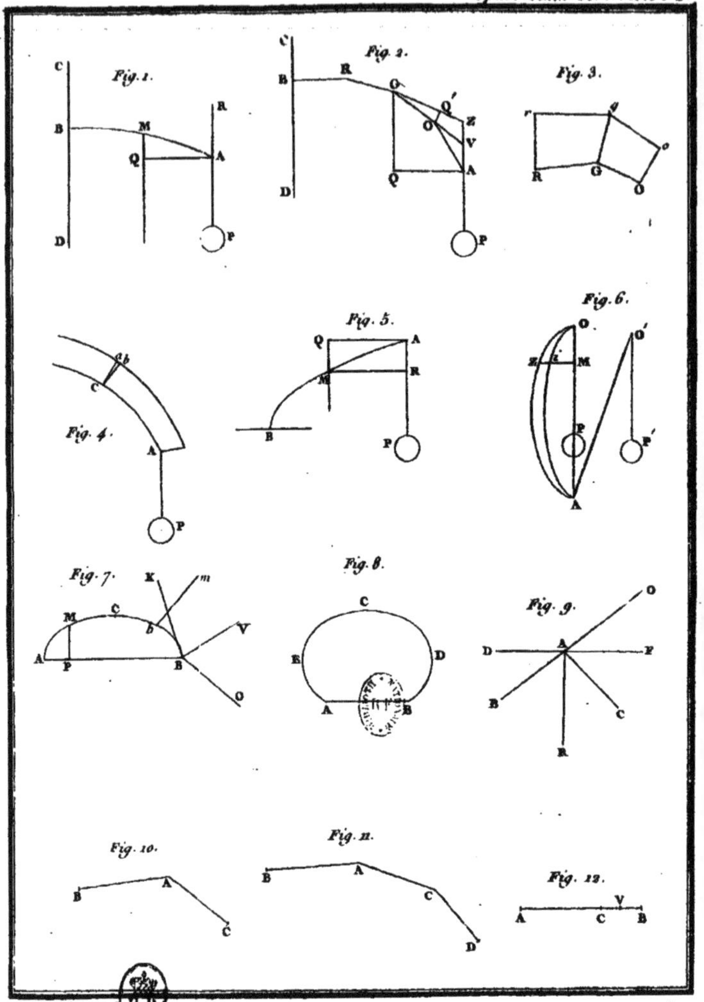

Fig. 1.

Fig. 2.

Fig. 3.

Fig. 4.

Fig. 5.

Fig. 6.

Fig. 7.

Fig. 8.

Fig. 9.

Fig. 10.

Fig. 11.

Fig. 12.

De la Gardette Sculp.

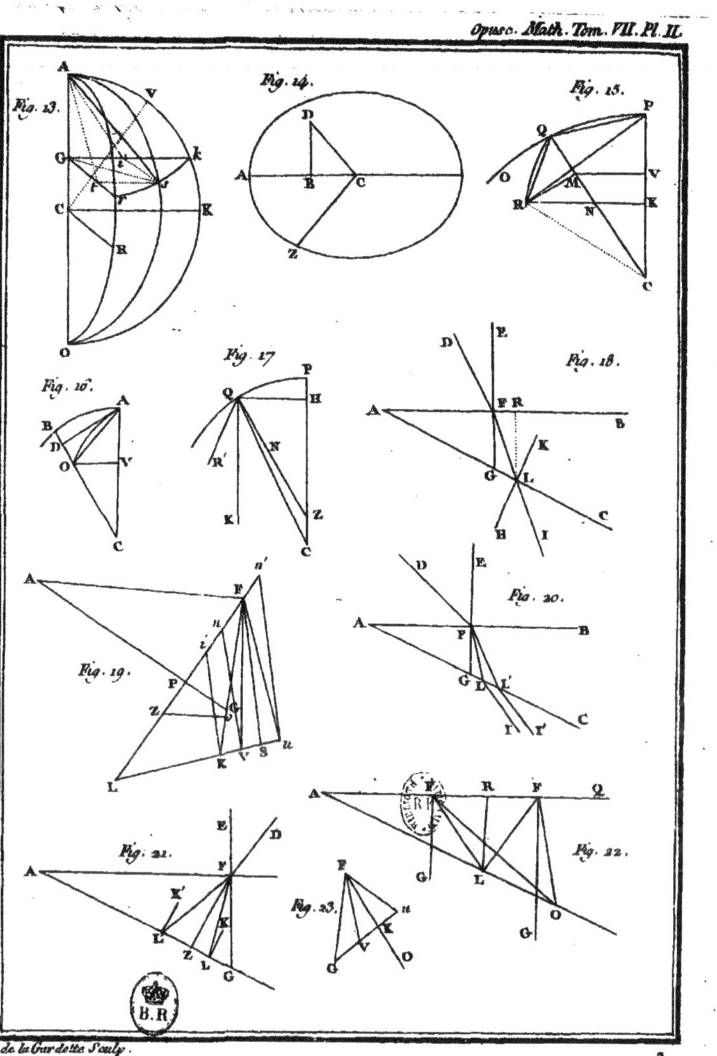




de la Gardette Sculp.

Fig. 24.

Fig. 25.

Fig. 26

Fig. 27.

Fig. 28.

Fig. 29.

Fig. 30.

Fig. 31.

Fig. 32.

Fig. 33

Fig. 34.



De la Gardette Sculp.

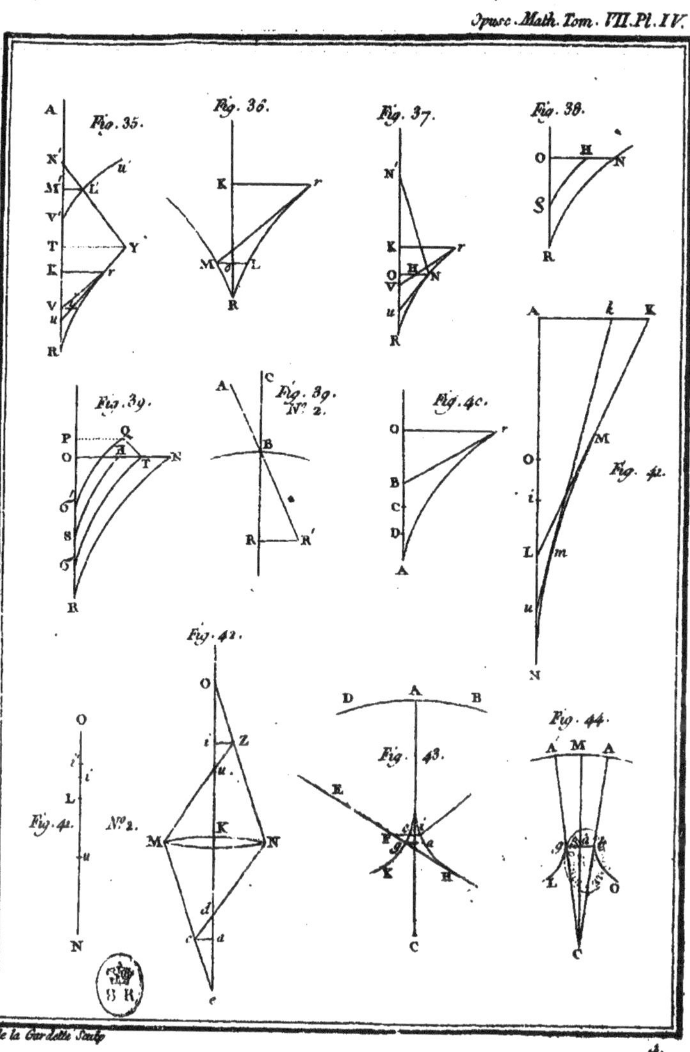




de la Gardette Sculp.

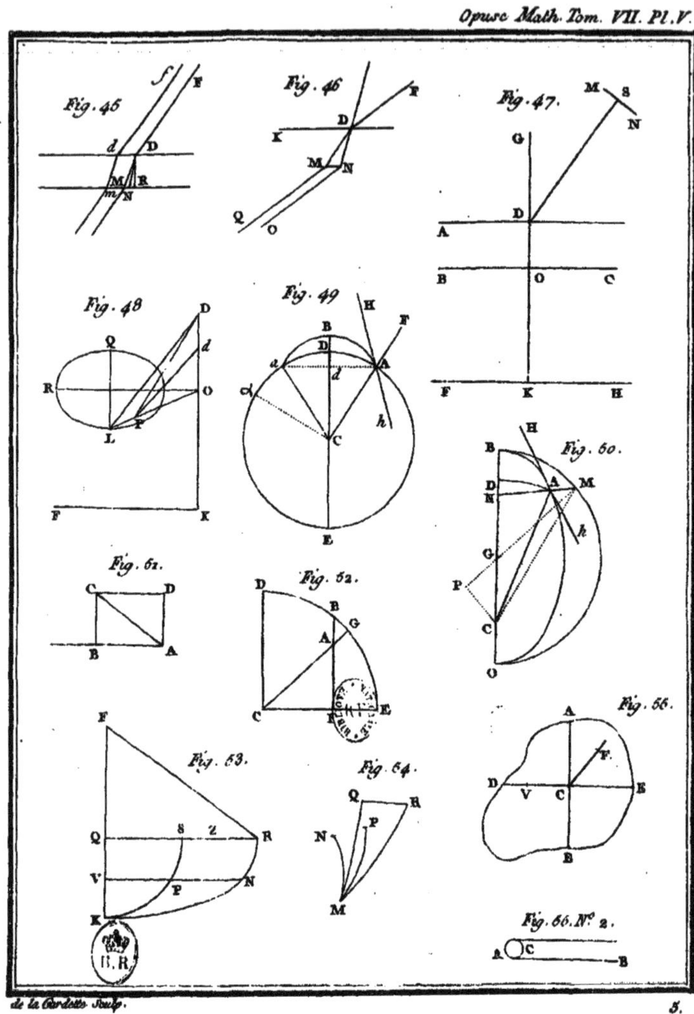


de la Gardette Sculp.

BIBLIOTHEQUE NATIONALE

SERVICE DES NOUVEAUX SUPPORTS

58, rue de Richelieu, 75084 PARIS CEDEX 02 Téléphone 266 62 62

Achevé de micrographier le 14 / 11 / 1977

Défauts constatés sur le document original

www.ingramcontent.com/pod-product-compliance
Ingram Content Group UK Ltd.
Pitfield, Milton Keynes, MK11 3LW, UK
UKHW020318200726
13857UKWH00001B/201